名师名著 教育中国·畅销精品系列

教育部高等学校轻工与食品学科教学指导委员会推荐教材

中国石油和化学工业优秀教材一等奖

首届黑龙江省教材建设优秀教材二等奖

SENSORY ANALYSIS AND EXPERIMENT OF FOODS

食品感官分析与实验

第三版

徐树来 主编　张水华 主审

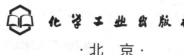
化学工业出版社

·北京·

内容提要

《食品感官分析与实验》第三版在保留前两版教材特色的基础上，结合多所高校本课程的教学和科研实践中发现的问题，对原有教材存在的疏漏和不当之处加以修正；并根据食品感官领域的最新发展现状和实际使用要求，更新了相关标准，增加了实验及例题、新增测定仪器及演示视频，补充了食品感官分析的应用及发展趋势。修订后的教材更加易读、易懂，实用性更强，内容更新，但篇幅与前两版相近。

本书可作为食品科学与工程、食品质量与安全等食品专业的本科生教学用书，也可作为生物、制药、轻工、农林等相关专业人员的参考书，还可供食品工程技术人员、科研人员和教师参考使用。

图书在版编目（CIP）数据

食品感官分析与实验 / 徐树来主编 . —3 版 . —北京：化学工业出版社，2020.7（2024.1重印）

教育部高等学校轻工与食品学科教学指导委员会推荐教材；中国石油和化学工业优秀教材一等奖

ISBN 978-7-122-36574-3

Ⅰ . ①食… Ⅱ . ①徐… Ⅲ . ①食品感官评价 - 高等学校 - 教材 Ⅳ . ①TS207.3

中国版本图书馆CIP数据核字（2020）第052719号

责任编辑：赵玉清 李姿娇
责任校对：宋 夏
书籍设计：尹琳琳

出版发行：化学工业出版社
　　　　　（北京市东城区青年湖南街13号 邮政编码100011）
印　　装：大厂聚鑫印刷有限责任公司
880mm×1230mm　1/16　印张16　字数419千字
2024年1月北京第3版第6次印刷

购书咨询：010-64518888
售后服务：010-64518899
网　　址：http://www.cip.com.cn
凡购买本书，如有缺损质量问题，本社销售中心负责调换。

定　　价：49.00元

《食品感官分析与实验》作为教育部高等学校轻工与食品学科教学指导委员会推荐的特色教材，除介绍食品感官分析的原理，感觉的基础，食品感官分析的环境条件，评价员的选拔与培训，以及食品感官实验的设计、实施及统计分析等基础知识之外，力图结合中国的国情和课程特点，更加注重实用性和教学需要，尽量简化烦琐的统计学理论，加大应用案例和实验内容比例，使教材可读性和实用性更强。本书自出版以来，得到了广大读者的认可与好评，前两版多次重印，发行销售量近 7 万册，取得了良好的使用效果，荣获中国石油和化学工业出版物奖（教材奖）一等奖。

近年来，食品感官分析及应用得到了快速发展，应用领域不断拓展，方法体系不断完善，相关标准不断更新，为适应现代教学和科研的实际需要，应广大读者的要求，我们适时推出了本书的第三版。第三版在保留前两版教材特色的基础上，结合多所高校本课程的教学和科研实践中发现的问题，对原有教材存在的疏漏和不当之处加以修正；并根据食品感官领域最新发展现状和实际使用要求，更新了相关标准，增加了实验及例题，新增测定仪器及演示视频，补充了食品感官分析的应用及发展趋势。另外，在每章添加了章前导入、学习目标、章后总结、思考题及工程实践，而一些常用仪器如质构仪、电子鼻、电子舌等配置了视频资源，便于读者快速浏览每章的核心内容，明确学习目标及工程实践要点。同时，本书配有 PPT 供教师选用。修订后的教材力争更加易读、易懂，实用性更强。

参加本书修订工作的有哈尔滨商业大学的徐树来（第一章、第二章、第三章、第五章、第八章、第九章、第十章、第十一章）和陕西科技大学的朱振宝（第四章、第六章、第七章和第十二章）。全书由徐树来统稿。

本书在编写过程中得到了有关单位和同志的大力支持和帮助。感谢华南理工大学张水华教授、王永华教授在本书前两版编写过程中所做的大量工作及辛苦付出；感谢北京盈盛恒泰科技有限责任公司及耿利华先生为本书提供的部分设备图片及视频资源；同时，感谢在本书前两版编写过程中参与图文处理的研究生们。

限于编者的水平及经验，书中仍难免存在不足及疏漏之处，恳请广大读者批评指正。

徐树来
2020 年 3 月

第一版前言

食品感官分析自 20 世纪 90 年代在我国正式推广以来，得到了迅速发展和普及，已先后出版多部科技书籍和教材。国家技术监督局也已颁布了相关的国家标准。目前，感官分析已成为许多食品企业进行新产品开发、工艺改进、成分替换、市场调查、品质检验及质量控制等工作的重要手段。许多学校也相继开设了本课程，食品感官分析的技术和应用日趋成熟，其应用范围也越来越广泛。

本教材自 1994 年首次以《食品感官鉴评》出版以来，先后经过两次再版和多次重印。这次由教育部食品科学与工程专业教学指导分委员会推荐为该学科的特色教材，在保持原有教材特色的基础上，重新进行编写，并力图结合中国的国情和课程特点，更加注重实用性和教学需要，尽量简化烦琐的统计学理论，加大了应用案例和实验内容比例，使教材可读性和实用性增强。本教材不仅可作为高等院校教材，对食品企业和科研院所技术人员也具有一定的参考价值。

参加本书编写的有：华南理工大学张水华（第一章，第二章第一、二节，第三章，第九章，第十一章）；哈尔滨商业大学徐树来（第二章第三节、第五章、第八章、第十章）；华南理工大学王永华（第四章、第六章、第七章和第十一章部分）。全书最后由张水华统稿。

本书在编写过程中得到了许多同志的支持和帮助。哈尔滨商业大学的金万浩副教授提了许多宝贵建议，华南理工大学食品学院的在读研究生罗文、杨丽等同学为本书的文字、图表处理做了大量工作，在此一并致谢。

当然，感官分析技术国内起步较晚，许多资料出自外文，还有待于今后进一步消化和吸收。限于编者的水平及经验，书中难免存在不足及错误之处，殷请读者批评指正。

编　者
2006 年 3 月

《食品感官分析与实验》第一版作为教育部食品科学与工程专业教学指导分委员会"十五"期间推荐的特色教材，除介绍食品感官分析的原理，感觉的基础，食品感官分析的环境条件，评价员的选拔与培训，以及食品感官实验的设计、实施及统计分析等基础知识之外，力图结合中国的国情和课程特点，更加注重实用性和教学需要，尽量简化烦琐的统计学理论，加大了应用案例和实验内容比例，使教材可读性和实用性增强。本书一经出版就得到了广大读者的认可与好评，重印多次，销售一万多册，取得良好的社会效益。

随着现代食品感官科学的不断发展，特别是现代仿生技术的发展，迫切要求对原版教材加以改进和修订，以更加适应现代教学和科研的实际需要。应广大读者的要求，我们推出了《食品感官分析与实验》的第二版。

第二版在保留原有教材特色的基础上，结合多所高校本课程的教学及科研实践，对原教材存在的疏漏及不当之处加以修正；简化原有文字赘述之处，使概念及方法更便于理解；增加食品感官机器人等现代食品感官测试仪器的相关内容，以及食品感官检验与仪器测试一章，便于读者分析感官检验与仪器测试的相关性；同时新增了部分实例。修订后的教材力求更加易读、易懂，实用性更强，内容更新，但篇幅与第一版相近，保持内容精炼的特色。

参加本书编写的有：哈尔滨商业大学徐树来（第一章、第二章、第三章、第五章、第八章、第九章、第十章、第十一章），华南理工大学王永华（第四章、第六章、第七章和第十二章）。全书由徐树来统稿。

本书在编写过程中得到了许多同志的支持和帮助。本书第一版主编华南理工大学张水华教授对第二版提了许多宝贵建议并担任主审工作，哈尔滨商业大学食品学院在读研究生范爱月和华南理工大学食品学院在读研究生徐迅为本书的文字、图表处理做了大量的工作，在此一并致谢。

限于编者的水平及经验，书中难免存在不足及疏漏之处，恳请广大读者批评指正。

编　者
2009 年 6 月

第十二章　实验　213

附录　229

参考文献　245

第一章　概述

❈ 为什么学习食品感官分析？

"感官"一词由来已久，在古代，人们只能依靠感官来判断食物的可食性及安全性。即使到检测手段和方法如此发达的今天，感官分析依然在产品研发、生产生活中具有不可替代的作用。食品感官分析是在食品理化分析的基础上，集心理学、生理学、统计学等学科知识发展起来的一门学科。该学科不仅实用性强、操作简便、结果可靠，而且解决了一般理化分析所不能解决的复杂生理感受问题，在人们的生产生活、科学研究等很多领域具有其他检测分析方法无法替代的作用。随着该学科的不断发展和完善，食品感官分析在食品实验研究、开发、生产、质检、销售、流通、市场调查等很多相关领域发挥着越来越重要的作用。

◉ 学习目标

1. 掌握感官分析的概念、特点。
2. 了解感官分析与其他分析科学及方法的相互关系。
3. 了解食品感官分析的可靠性及科学性。
4. 熟悉食品感官分析的相关标准依据。
5. 掌握食品感官分析的应用领域。
6. 了解食品感官分析的未来发展趋势。

一、食品感官分析的意义与特点

与其他许多应用技术一样，食品感官分析或感官评价也在应用中不断发展和完善。食品感官分析技术已成为许多食品公司在产品质量管理、新产品开发、市场预测、市场营销、顾客心理研究等许多方面的重要手段。食品感官分析的应用同时也促进了心理学、生理医学、仿生学等交叉学科在食品工程领域的应用和发展，以及现代食品感官检测设备的开发，如近年来开发并得到广泛应用的电子鼻、电子舌、食品感官机器人等。

食品感官分析是在食品理化分析的基础上，集心理学、生理学、统计学等学科知识发展起来的一门学科。该学科不仅实用性强、灵敏度高、结果可靠，而且解决了一般理化分析所不能解决的复杂生理感受问题。感官分析在世界许多发达国家已普遍采用，是食品生产、营销管理、产品开发等方面的从业人员甚至广大消费者所必须掌握的一门知识。食品感官分析在新产品研制、食品质量评价、市场预测、产品评优等方面都已获得广泛应用。

与传统意义上的感官评价不同，现代感官分析不只是靠具有敏锐的感觉器官和长期经验积累的某一方面的专家的评价结果，这是因为：由专家担任评价员，只能是少数人，而且不易召集；不同的人具有不同的感觉敏感性、嗜好和评判标准，所以评价结果往往不相一致；人的感觉状态常受到生理（如疾病、生理周期）、环境等多方面因素的影响；专家对评判对象的标准与普通消费者的看法常有较大差异；不同方面的专家也会遇到感情倾向和利益冲突等问题的干扰。为了避免传统意义上的感官分析中存在的各种缺陷，现代的感官分析实验中引入了生理学、心理学和统计学方面的研究成果。

现代感官分析包括两个方面的内容：一是以人的感官测定物品的特性；二是以物品的特性来形成人对物品的感知特性或感受，即人与物和物与人的交互作用。其中后者对评审员的培训及遴选十分重要。每次感官分析实验均由不同类别的感官评价小组承担，实验的最终结论是评价小组中评价员各自分析结果的综合。所以，在感官分析实验中，并不看重个人的结论如何，而是注重于评价小组的综合结论。

现代感官分析技术可以精确测定人对食品各种特性的反应，并把可能存在的各种偏见对消费者的影响降低到最低程度；同时，尽量解析食品本身的感官特性，向食品科学家、产品开发者和企业管理人员提供该产品感官性质的重要而有价值的信息。

食品感官分析是通过评价员的视觉、嗅觉、味觉、听觉和触觉而引起反应的一种科学方法，常包括四种活动：组织、测量、分析和结论。

组织：包括评价员的组成、评价程序的建立、评价方法的设计和评价时的外部环境的保障。其目的在于感官分析实验应在一定的控制条件下制备和处理样品，在规定的程序下进行实验，从而使各种偏见和外部因素对结果的影响降到最低。

测量：评价员通过视觉、嗅觉、味觉、听觉和触觉的行为反应收集信息，在产品性质和人的感知之间建立一种联系，从而表达产品的定性、定量关系。

分析：采用统计学的方法对来自评价员的数据进行分析统计。它是感官分析过程的重要部分，可借助计算机和相关软件完成。

结论：在基于数据、分析和实验结果的基础上进行合理判断，包括所采用的方法、实验的局限性和可靠性。

食品感官分析也是一门测量科学，像其他的分析检验过程一样，也涉及精密度、准确度和可靠性。统计学的应用可将风险降到很低的水平。感官分析中通常采用的显著水平≤5%。

感官分析的应用范围极为广泛，除了食品行业外，机械、电子、纺织、印刷、化工、环保等行业也都有涉及，如彩色电视的色调、音响器材的调音、塑料制品的外形、纺织品的手感、大气环境异味检测等。

二、食品感官分析的适用范围与标准依据

食品的感官分析最早应用于食品的评比上，例如饮料酒的品评鉴定，我国人民习惯地称为评酒，在国内外文献中则有不同的名称，例如饮料酒的品评、品尝、感官检查等，其实都是对饮料酒的感官分析或感官评定。对其他食品也是一样，例如罐头食品评比、饼干评比、烹饪评比等。

对于广大消费者，甚至包括儿童，食品的感官分析鉴定则是择良的最基本手段。我们每天都在自觉或不自觉地做着每一件食品的感官检查，这也是人类和动物的最原始、最实用的自我保护的一种本能。人类由于某些功能已经退化，这种择良本能的可靠性已经降低了，然而对于动物来说，这仍然是它们生存的最可靠的技能。人类已很容易因辨别能力的退化而造成食物中毒，他们只能由知识和经验来判断，而动物因其保留了高度的感觉敏锐性，在复杂的自然界中它们很少发生食物中毒，如兔子不会采食毒蘑菇，牛不吃蕨类植物等。

而现代食品感官分析更多地被食品开发商应用于考虑商业利益和战略决策方面，例如市场调查、消

费群体的偏爱、工艺或原材料的改变是否对产品带来质量的影响，一种新产品的推出是否会受到更多消费者的喜欢等。这方面的应用，本书将在第十一章作详细介绍。

食品感官分析评价除了在产品开发方面应用较多外，还可给其他部门提供信息。产品质量的感官标准是质量控制体系的一个重要组成部分。政府服务部门，例如工商管理人员在查假冒伪劣食品时，最快速直接的方法是感官鉴别。食品质量的好坏，首先表现在感官性状的变化上，有些食品在轻微劣变时精密仪器也难以检出，但通过人体的感觉器官却可以判断出来。

食品感官分析所采用的方法和技术，也适用于产品质量标准中的感官指标检查。

我国自 1988 年开始，相继制定和颁布了一系列感官分析方法的国家标准，包括《感官分析　方法学　总论》（GB 10220—2012）、《感官分析　术语》（GB 10221—2012）、感官分析的各种方法（GB 12310～GB 12316），以及感官分析评价员的培训与考核（GB/T 16291.1—2012）和建立感官分析实验室的一般导则（GB/T 13868—2009）等。这些标准一般都是参照采用或等效采用相关的国际标准（ISO），具有较高的权威性和可比性，对推进和规范我国的感官分析方法起了重要作用，也是执行感官分析的标准依据。

三、食品感官分析与其他分析方法的关系

食品的质量标准通常包括感官指标、理化指标和卫生指标。理化指标和卫生指标主要涉及产品质量的优劣和档次、安全性等问题，由质检部门和卫生监督部门督查。感官分析除了传统意义上的感官指标外，更多的还在于该产品在人的感受中的细微差别和好恶程度。感官指标通常具有否决性，即如果某一产品的感官指标不合格，则不必再做理化指标检测和卫生指标检测，直接判该产品为不合格品。但是，食品的感官分析不能代替理化分析和卫生指标检测，它只是在产品性质和人的感知之间建立起一种合理的、特定的联系。

现代感官分析是建立在统计学、生理学和心理学基础上的。在感官分析实验中，并不看重个人的结论如何，而是注重于评价员的综合评价结论。

由于感官分析是利用人的感觉器官进行的，而人的感官状态又常受环境、身体、感情等很多因素的影响，因此为尽量避免各种因素对感官评价结果的影响，人们也一直在寻求用理化分析，特别是用仪器测试的方法来代替人的感觉器官，以期将主观的定性化语言描述转化为客观的定量化表达，如电子舌、电子鼻、食品感官机器人的开发和应用，可使评价结果更趋科学、合理、公正。

随着科学技术的发展及计算机技术的应用，将逐渐有不同的理化分析方法与分析型感官分析相对应，特别是随着现代仿生技术的发展及各种先进食品感官测试仪器的开发，食品感官检验与仪器测试相结合已成为食品感官科学发展的必然趋势，研究二者之间的相关性也将成为该领域的一个重要内容。

尽管理化分析方法不断发展和完善，且新型食品感官检测设备不断开发，但这些方法还无法代替感官分析，其主要原因如下：

① 理化分析方法操作复杂，费时费钱，不及感官分析方法简便、实用；

② 一般理化分析方法还达不到感官分析方法的灵敏度；

③ 用感官感知的产品性状，其理化性能尚不明了；

④ 还没有开发出能够完全替代感官分析的合适的理化分析方法；

⑤ 测试仪器一般价格昂贵，且仪器测试具有较强的专一性，仅限于有限指标的测试，很难获得感官分析的综合评价结果；

⑥ 食品感官测试仪器设备尚处于发展阶段，其准确度、数据库等尚需不断完善和提高。

对于嗜好型的感官分析，用理化方法或仪器测试代替感官测定更是不可能的。可见，无论是理化分析，还是仪器测试，都只能作为食品感官分析检验的辅助手段和有益补充。故食品感官分析检验具有其他方法无法替代的重要作用和地位。

四、食品感官分析的发展现状及发展趋势

近年来，食品感官分析得到了迅速发展，在感官分析技术方法（标准）、感官仪器设备（包括软件）、科学研究及应用领域等诸多方面都得到了长足的进步和发展，呈现出如下几个方面的发展趋势：

1. 学科交叉不断深入

食品感官科学是在食品感官鉴评及食品感官分析基础上发展起来的一门新兴学科，是食品科学、心理学、生理医学、仿生学等交叉学科在食品工程领域的应用。随着该学科的不断发展，呈现出多学科深度交叉融合的发展趋势，如物理学、化学、机械学、神经科学、大数据、生物传感器及计算机信息技术等在食品感官领域相继得以应用，多学科交叉及现代信息技术在该领域的应用，使食品感官科学得到了进一步的完善和发展。

2. 应用领域不断拓宽

随着感官分析技术的不断发展，其应用已不仅局限于食品领域。近年来，感官分析应用领域呈不断拓展的发展趋势，成为化妆品、轻工纺织、机械制造、环境保护等诸多领域，产品质量管理、新产品开发、市场预测、市场营销、顾客心理研究等许多方面的重要手段。

3. 研究不断深入细化

近年来，食品感官研究异常活跃，呈现出不断深入细化的发展趋势。例如，食品口腔加工与感官的食品物理学和口腔生理学原理研究，食品感官在能量摄入、饮食行为和食物选择的相关性研究，大数据分析与食品消费，感官宣传证实，消费者测试新维度，真实场景下过胖或过瘦人群眼部运动和食物选择行为差异比较研究，食物气味可视化检测研究，仿生嗅觉与味觉传感技术研究等，使食品感官科学得到了极大的丰富和完善。

4. 标准规范不断完善

近年来，感官分析相关组织机构及技术委员会相继成立，如 ISO/TC34/SC12（国际标准化组织食品技术委员会感官分析分技术委员会）、ASTM/E18（美国材料与试验协会感官评价技术委员会）、SAC/TC 566（全国感官分析标准化技术委员会）等，是国内外感官分析标准化的主要组织机构。另外，特色食品

及食品原料的感官评价体系已经或正在构建，如食品感官特色与控制标准体系、重庆麻辣火锅底料标准化、川菜调味标准化、茶叶的感官质量分级及标准化等，为现代食品感官科学的发展提供了重要依据和保障。

 总结

通过本章的学习，读者可总体了解感官分析的概念特点、学科体系、标准依据、应用领域及发展趋势；并充分认识到，感官分析并非简单的感觉表述，而是一门具有严谨体系和标准依据的科学，在食品工程及相关应用领域具有不可替代的重要作用。本章主要介绍了如下内容：

- 食品感官分析的意义与特点；
- 食品感官分析的适用范围与标准依据；
- 食品感官分析与其他分析方法的关系；
- 食品感官分析的发展现状及发展趋势。

 思考题

1）为什么要学习食品感官分析？食品感官分析有哪些特点？
2）感官分析与其他分析科学及方法有什么区别？它们之间有什么相关性？
3）食品感官分析有哪些国内外相关标准？
4）感官分析的应用领域有哪些？

 工程实践

1）结合本章内容并查阅相关资料，了解食品感官相关标准的内容。
2）结合本章内容并查阅相关资料，了解食品感官分析的相关应用。
3）结合本章内容并查阅相关资料，谈谈食品感官分析的未来发展趋势。
4）你对感官分析重要性的认识是怎样的？举一个你日常生活中通过食品感官分析评价食品质量及安全性的例子，比如牛奶、畜肉、果蔬等。

第二章　感觉的基础

 为什么学习感觉的基础?

　　感觉是食品感官分析的重要基础，要解决食品感官分析与评价这一工程实践问题，就要学习感觉的形成原理、特点、影响因素等基础知识，了解感觉与生理及心理的相互关系，重点掌握食品感官分析中视觉、听觉、嗅觉、味觉、触觉这五种主要感觉的形成原理、相互关系及其应用。

👁 学习目标

1. 掌握感觉的概念、特点。
2. 了解感觉的形成机理。
3. 熟悉感觉的影响因素。
4. 了解感觉与生理及心理的相互关系。
5. 掌握食品感官分析中的视觉、听觉、嗅觉、味觉、触觉形成原理及应用。

第一节　感觉概述

一、感觉的定义和分类

　　感觉是生物体（包括人类）认识客观世界的本能，是外部世界通过机械能、辐射能或化学能刺激到生物体的受体部位后，在生物体中产生的印象和（或）反应。因此，感觉受体可按下列不同的情况分类。

　　① 机械能受体：听觉、触觉、压觉和平衡。

　　② 辐射能受体：视觉、热觉和冷觉。

　　③ 化学能受体：味觉、嗅觉和一般化学感。

　　以上三者也可更广义地概括为物理感（如视觉、听觉和触觉）和化学感（如味觉、嗅觉和一般化学感），后者包括皮肤、黏膜或神经末梢对刺激性物质的感觉。

　　人的感觉远比一般动物复杂，它除了感知外，还有复杂的心理活动。

　　任何事物都有许多属性。例如，一块面包有颜色、形状、气味、滋味、质地等属性。不同属性，通过刺激不同感觉器官反映到人的大脑，从而产生不同的感觉。人的感觉不仅反映外界事物的属性，也反映人体自身的活动情况。人之所以知道自己是躺着还是站立着，就是凭着对自身状态的感觉。

感觉虽然是低级的反映形式，但它是一切高级复杂心理活动的基础和前提，感觉对人类的生活有重要作用和影响。

在人类产生感觉的过程中，感觉器官直接与客观事物特性相联系。不同的感官对于外部刺激有较强的选择性。感官由感觉受体或一组对外界刺激有反应的细胞组成，这些受体物质获得刺激后，能将这些刺激信号通过神经传导至大脑。感官通常具有下面几个特征：

① 一种感官只能接受和识别一种刺激；

② 刺激量只有在一定范围内才会对感官产生作用；

③ 某种刺激连续施加到感官上一段时间后，感官会产生疲劳、适应现象，感觉灵敏度随之明显下降；

④ 心理作用对感官识别刺激有影响；

⑤ 不同感官在接受信息时会相互影响。

二、感觉与心理

人的心理现象复杂多样，心理活动内容也丰富多彩，它涉及所有学科研究的对象与内容，从本质上讲，人的心理是人脑的机能，是对客观现实的主观反映。详细研究和认识人的心理，远非本书之所能，这里之所以提出这个话题，是因为在人的心理活动中，认知是第一步，其后才有情绪和意志。而认知活动包括感觉、知觉、记忆、想象、思维等不同形式的心理活动。感觉和知觉通常合称为感知，是人类认识客观现象的最基本的认知形式，人们对客观世界的认识始于感知。

感觉反映客观事物的个别属性或特性。通过感觉，人获得有关事物的某些外部的或个别的特征，如形状、颜色、大小、气味、滋味、质感等。知觉反映事物的整体及其联系与关系，它是人脑对各种感觉信息的组织与解释的过程。人认识某种事物或现象，并不仅仅局限于它在某方面的特性，而是把这些特性组合起来，将它们作为一个整体加以认识，并理解其意义。例如，就感觉而言，我们可以获得各种不同的声音特性（音高、音响、音色），但却无法理解它们的意义。知觉则将这些听觉刺激序列加以组织，并依据我们头脑中过去的经验，将它们理解为各种有意义的声音。知觉并非是各种感觉的简单相加，而是感觉信息与非感觉信息的有机结合。

感知过的事物，可被保留、储存在头脑中，并在适当的时候重新显现，这就是记忆。人脑对已储存的表象进行加工改造形成新现象的心理过程则称为想象。思维是人脑对客观现实的间接的、概括的反映，是一种高级的认知活动。借助思维，人可以认识那些未直接作用于人的事物，也可以预见事物的未来及其发展变化。例如，一个有经验的食品感官分析人员，根据食品的成分表，可以粗略地判断出该食品可能具有的感官特性。

情绪活动和意志活动是认知活动的进一步活动，认知影响情绪和意志，并最终与心理状态相关联，它们之间的复杂关系，这里不作进一步讨论。

三、感觉定律

感官或感受体并不是对所有变化都会产生反应，只有当引起感受体发生变化的外部刺激处于适当范围内时，才能产生正常的感觉。刺激量过小或过大都会造成感受体无反应而不产生感觉或反应过于强烈而失去感觉。例如，人眼只对波长为 380～780nm 光波产生的辐射能量变化有反应。因此，各种感觉都有一个感受体所能接受的外界刺激变化范围。

19 世纪 40 年代，德国生理学家韦伯（E.H.Weber）在研究质量感觉的变化时发现，100g 质量至少需

要增减 3g，200g 的质量至少需要增减 6g，300g 则至少需要增减 9g，人才能觉察出质量的变化，由此导出了韦伯定律公式：

$$K=\Delta I/I$$

式中，ΔI 表示物理刺激恰好能被感知差别所需的能量；I 表示刺激的初始水平；K 表示韦伯常数。

德国的心理物理学家费希纳（G.T.Fechner）在韦伯的研究基础上，进行了大量的实验研究。在 1860 年出版的《心理物理学纲要》一书中，他提出了一个经验公式，用以表达感觉强度与物理刺激强度之间的关系，又称为费希纳定律：

$$S=K\lg I$$

式中，S 表示感觉强度；I 表示物理刺激强度；K 表示韦伯常数。

感觉阈是指从刚能引起感觉至刚好不能引起感觉的刺激强度的一个范围。依照测量技术和目的的不同，可以将各种感觉的感觉阈分为两种。

（1）绝对阈　将刚刚能引起感觉的最小刺激量和刚刚导致感觉消失的最大刺激量，称为感觉的两个绝对阈限。低于其中下限值的刺激称为阈下刺激，高于其中上限值的刺激称为阈上刺激，而刚刚能引起感觉的刺激称为刺激阈或觉察阈。阈下刺激或阈上刺激都不能产生相应的感觉。

（2）差别阈　指感官所能感受到的刺激的最小变化量，或者是最小可察觉差别水平（JND）。差别阈不是一个恒定值，它会随一些因素的变化而变化。

第二节　影响感觉的因素

一、影响感觉的几种现象

1. 疲劳现象

疲劳现象是经常发生在感官上的一种现象。当一种刺激长时间施加在一种感官上后，该感官就会产生疲劳现象。疲劳现象发生在感官的末端神经、感受中心的神经和大脑的中枢神经上，疲劳的结果是感官对刺激感受的灵敏度急剧下降。嗅觉器官若长时间嗅闻某种气体，就会使嗅感受体对这种气味产生疲劳，敏感性逐步下降，随着刺激时间的延长甚至达到忽略这种气味存在的程度。例如，顾客刚刚进入出售新鲜鱼品的水产鱼店时，会嗅到强烈的鱼腥味，随着在鱼店逗留时间的延长，所感受到的鱼腥味渐渐变淡；而长期在鱼店工作的人甚至可以忽略这种鱼腥味的存在。味觉器官也有类似现象发生，例如吃第二块糖总觉得不如第一块糖甜。实际上，除痛觉外，几乎所有感觉都存在这种疲劳现象。感觉的疲劳程度依所施加刺激强度的不同而有所变化，在去除产生感觉疲劳的强烈刺激之后，感官的灵敏度会逐渐恢复。一般情况下，感觉疲劳产生越快，感官灵敏度恢复就越快。值得注意的是，强烈刺激的持续作用会使感觉产生疲劳，敏感度降低，而微弱刺激的结果则会使敏感度提高。

2. 对比现象

当两个刺激同时或连续作用于同一个感受器官时，由于一个刺激的存在造成另一个刺激增强的现象称为对比增强现象。在感觉这两个刺激的过程中，两个刺激量都未发生变化，而感觉上的变化只能归因于这两种刺激同时或先后存在时对人心理上产生的影响。例如，在15g/100mL的蔗糖溶液中加入17g/L的氯化钠溶液后，会感觉甜度比单纯的15g/100mL蔗糖溶液要高。在吃过糖后，再吃山楂会感觉山楂特别酸，这是常见的先后对比增强现象。同一种颜色，将深浅不同的两种放在一起观察，会感觉颜色深的更加突出，这是同时对比增强现象。

与对比增强现象相反，若一种刺激的存在减弱了另一种刺激，则称为对比减弱现象。

各种感觉都存在对比现象。对比现象提高了两个同时或连续刺激的差别反应。因此，在进行感官检验时，应尽量避免对比现象的发生。

3. 变调现象

当两个刺激先后施加时，一个刺激造成另一个刺激的感觉发生本质的变化时的现象，称为变调现象。例如，尝过氯化钠或奎宁后，即使饮用无味的清水也会感觉有甜味。对比现象和变调现象虽然都是前一种刺激对后一种刺激的影响，但后者影响的结果是本质性的改变。

4. 相乘作用

当两种或两种以上的刺激同时施加时，感觉水平超出每种刺激单独作用效果叠加的现象，称为相乘作用。例如，20g/L的味精和20g/L的核苷酸共存时，会使鲜味明显增强，增强的强度超过20g/L味精单独存在的鲜味与20g/L核苷酸单独存在的鲜味的加和。相乘作用的效果广泛应用于复合调味料的调配中。

5. 阻碍作用

由于某种刺激的存在导致另一种刺激的减弱或消失，称为阻碍作用或拮抗作用。例如，产于西非的神秘果会阻碍味感受体对酸味的感觉。在食用过神秘果后，再食用带酸味的物质，会感觉不出酸味的存在。又如，匙羹藤酸（gymnemic acid）能阻碍味感受体对苦味和甜味的感觉，但对咸味和酸味无影响。

二、温度对感觉的影响

环境温度对感官品评的影响，将在第三章讨论。这里仅讨论食物温度对感觉的影响。食物可分为热吃食物、冷吃食物和常温食用食物。如果将最适食用温度弄反了，将会造成很不好的效果。理想的食物温度因食品的不同而异，以体温为中心，一般在 $\pm(25\sim30)$℃的范围内。热菜肴的温度最好在 $60\sim65$℃，冷菜肴最好在 $10\sim15$℃。适宜于室温下食用的食物不太多，一般只有饼干、糖果、西点等。

表2-1列举了几种食品的最佳食用温度，但它们也因个人的健康状态和环境因素的影响而有所不同。

表2-1 食品的最佳食用温度

食品类型	食品名称	最佳食用温度 /℃	食品类型	食品名称	最佳食用温度 /℃
热的食物	咖啡	67 ~ 73	冷的食物	水	10 ~ 15
	牛奶	58 ~ 64		冷咖啡	6
	汤类	60 ~ 66		牛奶	10 ~ 15
	面条	58 ~ 70		果汁	5
	炸鱼	64 ~ 65		啤酒	10 ~ 15
				冰激凌	-6

注：资料来源于"［日］太田静行著. 食品调味论. 北京：中国商业出版社，1989：23"。

三、年龄与生理

随着年龄的增长，人的各种感觉阈值都在升高，敏感程度下降，对食物的嗜好也有很大的变化。有人调查对甜味食品的满意程度，发现孩子对糖的敏感度是成人的两倍。幼儿喜欢高甜味，初中生、高中生喜欢低甜味，以后随着年龄的增长，对甜味的要求逐步上升。老人的口味往往难以满足，主要是因为他们的味觉在衰退，吃什么东西都觉得无味，不如在年轻时觉得那么好吃，还以为是现在的食物不及从前的好。

人的生理周期对食物的嗜好也有很大的影响，平时觉得很好吃的食物，在特殊时期（如妇女的妊娠期）会有很大变化。许多疾病也会影响人的感觉敏感度，如果味觉、嗅觉突然发现异常，往往是重大疾病的讯号。

第三节　食品感官分析中的主要感觉

一、视觉

视觉是人类重要的感觉之一，绝大部分外部信息要靠视觉来获取。视觉是认识周围环境，对客观事物建立第一印象的最直接和最简捷的途径。由于视觉在各种感觉中占据非常重要的地位，因此在食品感官分析上（尤其是消费者试验中），视觉起到相当重要的作用。

（一）视觉的生理特征及视觉形成

视觉是眼球接受外界光线刺激后产生的感觉。眼球形状为圆球形，其表面由三层组织构成。最外层是起保护作用的巩膜，它的存在使眼球免遭损伤并保持眼球形状。中间层是布满血管的脉络膜，它可以阻止多余光线对眼球的干扰。最内层大部分是对视觉感觉最重要的视网膜，视网膜上分布着柱形和锥形光敏细胞。在视网膜的中心部分只有锥形光敏细胞，这个区域对光线最敏感。在眼球面对外界光线的部分有一块透明的凸状体，称为晶状体，晶状体的屈曲程度可以通过睫状肌肉运动而变化，保持外部物体的图像始终集中在视网膜上。晶状体的前部是瞳孔，这是一个中心带有孔的薄肌隔膜，瞳孔直径可变化，以控制进入眼球的光线。

产生视觉刺激的物质是光波，但不是所有的光波都能被人所感受，只有波长在 380 ～ 780nm 范围内的光波才是人眼可接受光波。超出或低于此波长的光波都是不可见光。物体反射的光线，或者透过物体的光线照在角膜上，透过角膜到达晶状体，再透过玻璃体到达视网膜，大多数的光线落在视网膜中的一个小凹陷处。视觉感受器、视杆细胞和视锥细胞位于视网膜中。这些感受器含有光敏色素，当它们收到光能刺激时会改变形状，导致电神经冲动的产生，并沿着视神经传递到大脑，再由大脑转换成视觉。

（二）视觉的感觉特征

1. 闪烁效应

当用一系列明暗交替的光线刺激眼球时，就会产生闪烁感觉，随刺激频率的增加，到一定程度时，闪烁感觉消失，由连续的光感所代替。出现上述现象的频率称为临界融合频率（CFF）。在研究视觉特性及视觉与其他感觉之间的关系时，都以 CFF 值变化为基准。

2. 颜色与色彩视觉

颜色是光线与物体相互作用后，对其检测所得结果的感知。感觉到的物体颜色受三个实体的影响：物体的物理和化学组成、照射物体的光源光谱组成和接收者眼睛的光谱敏感性。改变这三个实体中的任何一个，都可以改变感知到的物体颜色。

色彩视觉通常与视网膜上的锥形细胞和适宜的光线有关。在锥形细胞上有三种类型的感受体，每一种感受体只对一种基色产生反应。当代表不同颜色的不同波长的光波以不同强度刺激光敏细胞时，产生色彩感觉。对色彩的感觉还会受到亮度（光线强度）的影响。在亮度很低时，只能分辨物体的外形、轮廓，分辨不出物体的色彩。每个人对色彩的分辨能力有一定差别。不能正确辨认红色、绿色和蓝色的现象称为色盲。色盲对食品感官鉴评有影响，在挑选感官评析人员时应注意这个问题。

3. 暗适应和亮适应

当从明亮处转向黑暗时，会出现视觉短暂消失而后逐渐恢复的情形，这样一个过程称为暗适应。在暗适应过程中，由于光线强度骤变，瞳孔迅速扩大以适应这种变化，视网膜也逐步提高自身灵敏度使分辨能力增强。因此，视觉从一瞬间的最低程度渐渐恢复到该光线强度下正常的视觉。亮适应正好与之相反，是从暗处到亮处视觉逐步适应的过程。亮适应过程所经历的时间要比暗适应短。这两种视觉效应与感官分析实验条件的选定和控制相关。

视觉的感觉特征除上述外，还有残像效应、日盲、夜盲等。

（三）视觉与食品感官鉴评

视觉虽不像味觉和嗅觉那样对食品感官鉴评起决定性作用，但仍有重要影响。食品的颜色变化会影响其他感觉。实验证实，只有当食品处于正常颜色范围内时才会使味觉和嗅觉在对该种食品的鉴评上正

常发挥，否则这些感觉的灵敏度会下降，甚至不能正确感觉。颜色对分析评价食品具有下列作用：

① 便于挑选食品和判断食品的质量。食品的颜色比另外一些因素（如形状、质构等）对食品的接受性和食品质量影响更大、更直接。

② 食品的颜色和接触食品时环境的颜色显著加深或变浅会影响食欲。

③ 食品的颜色也决定其是否受欢迎。备受喜爱的食品常常是因为这种食品带有使人愉快的颜色。没有吸引力的食品，颜色不受欢迎是一个重要因素。

④ 通过各种经验的积累，可以掌握不同食品应该具有的颜色，并据此判断食品所应具有的特性。

以上作用显示，视觉在食品感官分析尤其是嗜好性分析上占据重要地位。

二、听觉

听觉也是人类用作认识周围环境的重要感觉。听觉在食品感官分析中主要用于某些特定食品（如膨化谷物食品）和食品的某些特性（如质构）的评析上。

1. 听觉的感觉过程

听觉是接受声波刺激后而产生的一种感觉。感觉声波的器官是耳朵。人类的耳朵分为内耳和外耳，内耳和外耳之间通过耳道相连接。外耳由耳郭构成；内耳则由鼓膜、耳蜗、中耳、听觉神经和基膜等组成。外界的声波以振动的方式通过空气介质传送至外耳，再经耳道、鼓膜、中耳、听小骨进入耳蜗，此时声波的振动已由鼓膜转换成膜振动，这种振动在耳蜗内引起耳蜗液体相应运动进而导致耳蜗后基膜发生移动，基膜移动对听觉神经的刺激产生听觉脉冲信号，这种信号传至大脑即感受到声音。

声波的振幅和频率是影响听觉的两个主要因素。声波振幅大小决定听觉所感受声音的强弱。振幅大则声音强，振幅小则声音弱。声波振幅通常用声压或声压级表示，其单位为分贝（dB）。频率是指声波每秒钟振动的次数，它是决定音调的主要因素。正常人只能感受频率为 30～15000Hz 的声波，对其中 500～4000Hz 的声波最为敏感。频率变化时，所感受的音调相应变化。通常把感受音调和音强的能力称为听力。和其他感觉一样，能产生听觉的最弱声信号定义为绝对听觉阈，而把辨别声信号变化的能力称为差别听觉阈。正常情况下，人耳的绝对听觉阈和差别听觉阈都很低，能够敏感地分辨出声音的变化并察觉出微弱的声音。

2. 听觉与食品感官分析

听觉与食品感官分析有一定的联系。食品的质感特别是咀嚼食品时发出的声音，在决定食品质量和食品接受性方面起重要作用。比如，焙烤制品中的酥脆薄饼、爆玉米花和某些膨化制品，在咀嚼时应该发出特有的声响，否则可认为质量已变化而拒绝接受这类产品。声音对食欲也有一定影响。

三、嗅觉

挥发性物质刺激鼻腔嗅觉神经，并在中枢神经引起的感觉就是嗅觉。嗅觉也是一种基本感觉。它比视觉原始，比味觉复杂。在人类没有进化到直立状态之前，原始人主要依靠嗅觉、味觉和触觉来判断周围环境。随着人类转变成直立姿态，视觉和听觉成为最重要的感觉，而嗅觉等退至次要地位。尽管现在嗅觉已不是最重要的感觉，但嗅觉的敏感性还是比味觉的敏感性高很多。最敏感的气味物质——甲基硫醇，在 $1m^3$ 空气中只要有 $4\times10^{-5}mg$（约为 $1.41\times10^{-10}mol/L$）就能感觉到；而最敏感的呈味物质——马钱子碱的苦味，浓度要达到 $1.6\times10^{-6}mol/L$ 才能感觉到。嗅觉感官能够感受到的乙醇溶液的浓度是味觉感官所能感受到的浓度的 1/24000。

食品除具有各种味道外，还具有各种不同气味。食品的味道和气味共同组成的食品的风味特性影响人类对食品的接受性和喜好性，同时对内分泌亦有影响。因此，嗅觉与食品有密切的关系，是进行感官分析时所使用的重要感官之一。

（一）嗅觉器官的特征

嗅黏膜是人的鼻腔前庭部分的一块嗅感上皮区，面积有两张邮票大小（ $5cm^2$ ）。这一位置对防止伤害有一定的保护作用。只有很小比例的空气可传播物质流经鼻腔，真正到达这一感觉器官附近。许多嗅细胞及其周围的支持细胞、分泌粒在上面密集排列形成嗅黏膜。由嗅纤毛、嗅小胞、细胞树突和嗅细胞体等组成的嗅细胞是嗅感器官，人类鼻腔每侧约有 2000 万个嗅细胞。支持细胞上面的分泌粒分泌出的嗅黏液，形成约 $100\mu m$ 厚的液层覆盖在嗅黏膜表面，有保护嗅纤毛、嗅细胞组织以及溶解食品成分的功能。嗅纤毛是嗅细胞上面生长的纤毛，它不仅在黏液表面生长，也可在液面上横向延伸，并处于自发运动状态，有捕捉挥发性嗅感分子的作用。

感觉气味的途径是，人在正常呼吸时，挥发性嗅感分子随空气流进入鼻腔，先与嗅黏膜上的嗅细胞接触，然后通过内鼻进入肺部。嗅感物质分子应先溶于嗅黏液中才能与嗅纤毛相遇而被吸附到嗅细胞上。溶解在嗅黏液中的嗅感物质分子与嗅细胞感受器膜上的分子相互作用，生成一种特殊的复合物，再以特殊的离子传导机制穿过嗅细胞膜，将信息转换成电信号脉冲，经与嗅细胞相连的三叉神经的感觉神经末梢，将嗅黏膜或鼻腔表面感受到的各种刺激信息传递到大脑。

（二）嗅觉的特征

人的嗅觉相当敏锐，可感觉到一些浓度很低的嗅感物质，这点仍然超过化学分析中仪器方法测量的灵敏度。我们可以检测许多重要的，在十亿分之几水平范围内的风味物质，如含硫化合物。

嗅觉在人所能体验和了解的性质范围上相当广泛。试验证明，人所能标识的比较熟悉的气味数量相当大，而且似乎没有上限。训练有素的专家能辨别 4000 种以上不同的气味。但犬类嗅觉的灵敏性更加惊人，它比普通人的嗅觉灵敏约 100 万倍，连现代化的仪器也不能与之相比。

不同的人嗅觉差别很大，即使嗅觉敏锐的人也会因气味而异。通常认为女性的嗅觉比男性敏锐，但世界顶尖的调香师都是男性。对气味极端不敏感的嗅盲则是由遗传因素决定的。

持续的刺激易使嗅觉细胞产生疲劳而处于不灵敏状态，如人闻芬芳香水时间稍长就不觉其香，同样，长时间处于恶臭气味中也能忍受。但一种气味的长期刺激可使嗅球中枢神经处于负反馈状态，感觉受到抑制，对其产生适应。另外，注意力的分散会使人感觉不到气味，时间长些便对该气味形成习惯。由于疲劳、适应和习惯这 3 种现象是共同发挥作用的，因此很难彼此区别。

嗅感物质的阈值受身体状况、心理状态、实际经验等人的主观因素的影响尤为明显。当人身体疲劳、营养不良、生病时可能会发生嗅觉减退或过敏现象。如人患萎缩性鼻炎时，嗅黏膜上缺乏黏液，嗅细胞不能正常工作造成嗅觉减退。心情好时，敏感性高，辨别能力强。实际辨别的气味越多，越易于发现不同气味间的差别，辨别能力就会提高。

（三）嗅觉机理

目前对嗅感学的研究多集中于嗅感物质与鼻黏膜之间的对应变化方面。而对嗅感过程的解释则分为化学学说、振动学说和酶学说。关于这三种学说的详细内容，感兴趣的读者可参阅相关书籍，这里就不再赘述了。

应当指出，各种嗅感学说目前都不够完善，每一种学说都有自己的道理，但还没有任何一个学说能提出足够的证据来说服其他的学说，各自都存在一定的矛盾，有的尚需要实验验证。但相比之下，化学学说被更多人所接受。

（四）食品的嗅觉识别

1. 嗅技术

嗅觉受体位于鼻腔最上端的嗅上皮内，在正常的呼吸中，吸入的空气并非倾向通过鼻上部，多通过下鼻道和中鼻道。带有气味物质的空气只能极少量而且缓慢地通入鼻腔嗅区，所以只能感受到有轻微的气味。要使空气到达这个区域获得一个明显的嗅觉，就必须作适当用力的吸气（收缩鼻孔）或扇动鼻翼作急促的呼吸，并且把头部稍微低下对准被嗅物质，使气味自下而上地通入鼻腔，使空气易形成急驶的涡流。气体分子较多地接触嗅上皮，从而引起嗅觉的增强效应。

这样一个嗅过程就是所谓的嗅技术（或闻）。注意：嗅技术并不适用于所有气味物质，如一些能引起痛感的含辛辣成分的气体物质就不适合。因此，使用嗅技术要非常小心。通常对同一气味物质使用嗅技术不超过 3 次，否则会引起"适应"，使嗅敏度下降。

2. 气味识别

（1）范氏试验   一种气体物质不送入口中而在舌上被感觉出的技术，就是范氏试验。首先，用手捏住鼻孔通过张口呼吸，然后把一个盛有气味物质的小瓶放在张开的口旁（注意：瓶颈靠近口但不能咀嚼），迅速地吸入一口气并立即拿走小瓶，闭口，放开鼻孔使气流通过鼻孔流出（口仍闭着），从而在舌上感觉到该物质。这个试验已广泛地应用于训练和扩展人们的嗅觉能力。

（2）气味识别   各种气味就像语言学习那样可以被记忆。人们时时刻刻都可以感觉到气味的存在，但由于无意识或习惯性也就并不觉察它们。因此要记忆气味就必须设计专门的试验，有意地加强训练这种记忆（注意感冒者例外），以便能够识别各种气味，详细描述其特征。

训练试验通常是选用一些纯气味物（如十八醛、对丙烯基茴香醚、肉桂油、丁香等）单独或者混合用纯乙醇（99.8%）作溶剂稀释成 10g/mL 或 1g/mL 的溶液（当样品具有强烈辣味时，可制成水溶液），装入试管中或用纯净无味的白滤纸制备尝味条（长 150mm，宽 10mm），借用范氏试验训练气味记忆。

3. 香识别

（1）啜食技术　因为吞咽大量样品不卫生，品茗专家和鉴评专家发明了一项专门技术——啜食技术，来代替吞咽的感觉动作，使香气和空气一起流过后鼻部被压入嗅味区域。这种技术是一种专门技术，对于一些人来说，要用很长的时间来学习正确的啜食技术。

品茗专家和咖啡品尝专家使用匙把样品送入口内并用劲地吸气，使液体杂乱地吸向咽壁（就像吞咽时一样），气体成分通过鼻后部到达嗅味区。样品不需吞咽，可以吐出。品酒专家随着酒被送入张开的口中，轻轻地吸气进行咀嚼。酒香比茶香和咖啡香具有更多挥发性成分，因此品酒专家的啜食技术更应谨慎。

（2）香的识别　香识别训练首先应注意色彩的影响，通常多采用红光以消除色彩的干扰。训练用的样品要有典型性，可选各类食品中最具典型香的食品进行。果蔬汁最好用原汁，糖果蜜饯类要用纸包原块，面包要用整块，肉类应该采用原汤，乳类应注意异味区别的训练。训练方法用啜食技术，并注意必须先嗅后尝，以确保准确性。

四、味觉

味觉是人的基本感觉之一，对人类的进化和发展起着重要的作用。味觉一直是人类对食物进行辨别、挑选和决定是否予以接受的主要因素之一。同时食品本身所具有的风味对相应味觉的刺激，使得人类在进食的时候产生相应的精神享受。味觉在食品感官鉴评上占有重要地位。

（一）味觉的生理与机理

1. 味觉器官特征

呈味物质溶液对口腔内的味感受体形成刺激，神经感觉系统收集和传递信息到大脑的味觉中枢，经大脑的综合神经中枢系统的分析处理，使人产生味感。

（1）味感受体　人对味的感觉主要依靠口腔内的味蕾，以及自由神经末梢。胎儿几个月就有味蕾，10个月时支配味觉的神经纤维生长完全，因此新生儿能辨别咸味、甜味、苦味、酸味。味蕾在哺乳期最多，甚至在脸颊、上腭咽头、喉头的黏膜上也有分布，以后就逐渐减少、退化。成年后味蕾的分布范围和数量都减少，只在舌尖和舌侧的舌乳头和轮廓乳头上，因而舌中部对味较迟钝。不同年龄，轮廓乳头上味蕾的数量不同（见表 2-2）。20 岁时的味蕾最多，随着年龄增大味蕾数减少。味蕾的分布区域，随着年龄增大逐渐集中在舌尖、舌缘等部位的轮廓乳头上，一个乳头中的味蕾数也随着年龄的增长而减少。同时，老年人的唾液分泌也会减少，所以老人的味觉能力一般都明显衰退，一般是从 50 岁开始出现迅速衰退的现象。

表2-2　年龄与轮廓乳头中味蕾数的关系

年龄	0～11个月	1～3岁	4～20岁	30～45岁	50～70岁	74～85岁
味蕾数 / 个	241	242	252	200	214	88

　　味蕾通常由 40～150 个香蕉形的味细胞板样排列成桶状组成，内表面为凹凸不平的神经元突触，10～14 天由上皮细胞变为味细胞。味细胞表面的蛋白质、脂质及少量的糖类、核酸和无机离子，分别接受不同的味感物质，蛋白质是甜味物质的受体，脂质是苦味和咸味物质的受体，有人认为苦味物质的受体可能与蛋白质相关。

　　（2）味觉神经　无髓神经纤维的棒状尾部与味细胞相连。把味的刺激传入脑的神经有很多，不同的部位信息传递的神经不同。舌前的 2/3 区域是鼓索神经，舌后部 1/3 是舌咽神经，面部神经的分枝叫作岩浅大神经，负责传递来自腭部的信息，另外，咽喉部感受的刺激由迷走神经负责，因而，它们在各自位置上支配着所属的味蕾。试验证明，不同的味感物质在味蕾上有不同的结合部位，尤其是甜味、苦味和鲜味物质，其分子结构有严格的空间专一性，即舌头上不同的部位有不同的敏感性。一般来说，人的舌前部对甜味最敏感，舌尖和边缘对咸味较为敏感，而靠腮两边对酸味敏感，舌根部则对苦味最为敏感，但因人而异。

　　各个味细胞反应的味觉，由神经纤维分别通过延髓、中脑、视床等神经核送入中枢，来自味觉神经的信号先进入延髓的弧束核中，由此发出味觉第二次神经元，反方向交叉上行进入视床，来自视床的味觉第三次神经元进入大脑皮质的味觉区域。

　　延髓、中脑、视床等神经核还掌管反射活动，控制唾液的分泌和吐出等动作，即使没有大脑的指令，也会由延髓等的反射而引起相应的反应。

　　大脑皮质中的味觉中枢，是非常重要的部位，如果因手术、患病或其他原因受到破坏，将导致味觉的全部丧失。

　　（3）口腔唾液腺　唾液对味感关系极大。味感物质须溶于水才能进入并刺激味细胞，口腔内腮腺、颌下腺、舌下腺和无数小唾液腺分泌的唾液是食物的天然溶剂。唾液分泌的数量和成分，受食物种类的影响。唾液的清洗作用，有利于味蕾准确地辨别各种味。

　　食物在舌头和硬腭间被研磨最易使味蕾兴奋，因为味觉通过神经几乎以极限速度传递信息。人的味觉感受到滋味仅需 1.6～4.0ms，比触觉（2.4～8.9ms）、听觉（1.27～21.5ms）和视觉（13～46ms）都快得多。自由神经末梢是一种囊包着的末梢，分布在整个口腔内，也是一种能识别不同化学物质的微接受器。

2．味觉机理

　　关于味觉机理的研究尚处于探索阶段。当前已有定味基和助味基理论、生物酶理论、物理吸附理论、化学反应理论等，多数依据化学感觉这一方面。

　　现在普遍接受的机理是：呈味物质分别以质子键、离子键、氢键和范德华力形成 4 类不同化学键结构，对应酸、咸、甜、苦 4 种基本味。在味细胞膜表层，呈味物质与味受体发生一种松弛、可逆的结合反应，刺激物与受体彼此诱导相互适应，通过改变彼此构象实现相互匹配契合，进而产生适当的键合作用，形成高能量的激发态。此激发态是亚稳态，有释放能量的趋势，从而产生特殊的味感信号。不同呈味物质的激发态不同，产生的刺激信号也不同。由于甜味受体穴位是按一定顺序排列的氨基酸组成的蛋白体，若刺激物极性基的排列次序与受体的极性不能互补，则将受到排斥，就不可能有甜感。换句话说，甜味物质的结构是很严格的。由表蛋白结合的多烯磷脂组成的苦味受体，对刺激物的极性和可极化性同样也有相应的要求。因受体与磷脂头部的亲水基团有关，对咸味剂和酸味剂的结构限制较小。

在 20 世纪 80 年代初期，中国学者曾广植在总结前人研究成果的基础上，提出了味细胞膜的板块振动模型。味细胞膜的板块振动模型对于一些味感现象作出了满意的解释。

① 镁离子、钙离子产生苦味，是由于它们在溶液中水合程度远高于钠离子，从而破坏了味细胞膜上蛋白质 - 脂质间的相互作用，导致苦味受体构象改变。

② 神秘果能使酸变甜和朝鲜蓟使水变甜，则是因为它们不能全部进入甜味受体，但能使味细胞膜发生局部相变而处于激发态，酸和水的作用只是触发味受体改变构象和启动低频信息。而一些呈味物质产生后味，是因为它们能进入并激发多种味受体。

③ 味盲是一种先天性变异。甜味盲者的甜味受体是封闭的，甜味剂只能通过激发其他受体而产生味感。因为少数几种苦味剂难以打开苦味受体口上的金属离子桥键，所以苦味盲者感受不到它们的苦味。

（二）食品的味觉识别

1. 四种基本味的识别

制备甜（蔗糖）、咸（氯化钠）、酸（柠檬酸）和苦（咖啡碱）四种呈味物质的两个或三个不同浓度的水溶液，按规定号码排列顺序（见表 2-3）。然后，依次品尝各样品的味道。品尝时应注意品味技巧：样品应一点一点地啜入口内，并使其滑动时接触舌的各个部位（尤其应注意使样品能到达感觉酸味的舌边缘部位）。样品不得吞咽，在品尝两个样品的中间应用 35℃ 的温水漱口去味。

表2-3　四种基本味识别的编码排列

样品	基本味	呈味物质	实验溶液 /（g/100mL）	样品	基本味	呈味物质	实验溶液 /（g/100mL）
A	酸	柠檬酸	0.02	F	甜	蔗糖	0.60
B	甜	蔗糖	0.40	G	苦	咖啡碱	0.03
C	酸	柠檬酸	0.03	H	—	水	
D	苦	咖啡碱	0.02	J	咸	氯化钠	0.15
E	咸	氯化钠	0.08	K	酸	柠檬酸	0.40

2. 四种基本味的觉察阈试验

味觉识别是味觉的定性认识，阈值试验才是味觉的定量认识。

制备一种呈味物质（蔗糖、氯化钠、柠檬酸或咖啡碱）的一系列浓度的水溶液（见表 2-4）。然后，按浓度增大的顺序依次品尝，以确定这种味道的觉察阈。

表2-4 四种基本味的觉察阈   单位：g/100mL

样品	物味			
	蔗糖（甜）	氯化钠（咸）	柠檬酸（酸）	咖啡碱（苦）
1	0.00	0.00	0.000	0.000
2	0.05	0.02	0.005	0.003
3	0.10	0.04	0.010	0.004
4	0.20	0.06	0.013	0.005
5	0.30	0.08	0.015	0.006
6	0.40	0.10	0.018	0.008
7	0.50	0.13	0.020	0.010
8	0.60	0.15	0.025	0.015
9	0.80	0.18	0.030	0.020
10	1.00	0.20	0.035	0.030

注：带有下划线的数据为平均阈值。

五、触觉

　　食品的触觉是口部和手与食品接触时产生的感觉，通过对食品的形变所施加力产生刺激的反应表现出来，表现为咬断、咀嚼、品味、吞咽的反应。

（一）触觉感官特性

　　触觉能感受食品的如下特性。

1. 大小和形状

　　口腔能够感受到食品组成的大小和形状。Tyle（1993）评价了悬浮颗粒的大小、形状和硬度对糖浆砂性口部知觉的影响。研究发现，柔软的、圆的，或者相对较硬的、扁的颗粒，大小约80μm，人们都感觉不到有沙粒；然而，硬的、有棱角的颗粒在大于11～22μm的大小范围内时，人们就能感觉到口中有沙粒。在另一些研究中，口中可察觉的最小单个颗粒大小小于3μm。

　　感官质地特性受到样品大小的影响。样品大小不同，口中的感觉可能也会不一样。一个有争论的问题是：人类对样品大小间的差异是否会做出一些自动的补偿，或人类是否只对样品大小的很大变化敏感。1989年，Cardello和Segars研究了样品大小对质地感知的影响，他们评价了样品大小对能感知到的咀嚼度的影响，如奶油乳酪、美国干酪、生胡萝卜和中间切开的黑麦面包、无皮的牛肉以及Tootsico糖果卷。被评价的样品大小（体积）为0.125cm³、1.00cm³和8.00cm³，实验条件与样品的顺序同时呈现，样品以任意的顺序呈现或者按大小顺序进行排列。被蒙住了眼睛和没有被蒙住眼睛的评价成员对样品进行评价，此外，有时允许、有时不允许评价成员触摸样品。研究发现，与主体对样品大小的意识无关，作为样品大小的一个函数，硬度和咀嚼度增加了。因此，质地知觉并非与样品大小无关。

2. 口感

口感特征表现为触觉，通常其动态变化要比大多数其他口部触觉的质地特征更少。原始的质地剖面法只有单一与口感相关的特征——黏度。Szczesniak（1979）将口感分为 11 类：关于黏度的（稀的、稠的），与软组织表面相关的感觉（光滑的、有果肉浆的），与 CO_2 饱和相关的（刺痛的、泡沫的、起泡性的），与主体相关的（水质的、重的、轻的），与化学相关的（收敛的、麻木的、冷的），与口腔外部相关的（附着的、脂肪的、油脂的），与舌头运动的阻力相关的（黏糊糊的、黏性的、软弱的、浆状的），与嘴部的后感觉相关的（干净的、逗留的），与生理的后感觉相关的（充满的、渴望的），与温度相关的（热的、冷的），与湿润情况相关的（湿的、干的）。Jowitt（1974）定义了这些口感的许多术语。Bertino 和 Lawless（1995）使用多维度的分类和标度，在口腔健康产品中，测定与口感特性相关的基本维数。他们发现，这些维数可以分成 3 组：收敛性、麻木感和疼痛感。

3. 口腔中的相变化（溶化）

人们并没有对食品在口腔中的溶化行为以及与质地有关的变化进行扩展研究，由于在口腔中温度的升高，因此许多食品在嘴中经历了一个相的变化过程，巧克力和冰激凌就是很好的例子。Hyde 和 Witherly（1995）提出了一个"冰激凌效应"。他们认为动态的对比（口中感官质地瞬间变化的连续对比）是冰激凌和其他产品高度美味的原因所在。

Lawless（1996）研究了一个简单的可可黄油模型食品系统，发现这个系统可以用于脂肪替代品的质地和溶化特性的研究。按描述分析和时间 - 强度测定到的评价溶化过程中的变化，与碳水化合物的多聚体对脂肪的替代水平有关。但是，Mela 等人（1994）已经发现，评价人员不能利用在口腔中的溶化程度来准确地预测溶化温度范围在 $17 \sim 41\,℃$ 的水包油乳化液（类似于黄油的产品）中的脂肪含量。

4. 手感

纤维或纸张的质地评价经常包括用手指触摸材料。这个领域中的许多工作都来自于纺织品艺术。感官评价在这个领域和食品领域一样，具有潜在的应用价值。

Civille 和 Dus（1990）描述了与纤维和纸张相关的触觉性质，包括机械特性（强迫压缩、有弹力和坚硬）、几何特性（模糊的、有沙砾的）、湿度（油状的、湿润的）、耐热特性（温暖的）以及非触觉性质（声音）。由 Civille（1996）发展起来的纤维、纸张方法论建立在一般食品质地剖面的基础上，并且包括一系列用于每个评估特性的参考值和精确定义的标准标度。

（二）触觉识别阈

对于食品质地的判断，主要靠口腔的触觉进行感觉。通常口腔的触觉可分为以舌头、口唇为主的皮肤触觉和牙齿触觉。皮肤触觉识别阈主要有两点识别阈、压觉阈、痛觉阈等。

1. 皮肤的识别阈

皮肤的触觉敏感程度，常用两点识别阈表示。所谓两点识别阈，就是对皮肤或黏膜表面两点同时进

行接触刺激，当距离缩小到开始要辨认不出两点位置区别的尺寸时，即可以清楚分辨两点刺激的最小距离。显然这一距离越小，说明皮肤在该处的触觉越敏感。人的口腔及身体部位的两点识别阈如表 2-5 所示。

表2-5　人的口腔及身体部位的两点识别阈

部位	纵向 /mm	横向 /mm	部位	纵向 /mm	横向 /mm
舌尖	0.80 ± 0.55	0.68 ± 0.38	颊黏膜	8.57 ± 6.20	8.60 ± 6.04
嘴唇	1.45 ± 0.96	1.15 ± 0.82	前额	12.50 ± 4.26	9.10 ± 2.70
上腭	2.40 ± 1.31	2.40 ± 1.31	前腕	19.00	42.00
舌表面	4.87 ± 2.46	3.24 ± 1.70	指尖	1.80	0.20
齿龈	4.13 ± 1.90	4.20 ± 2.00			

从表 2-5 可以看出，口腔前部感觉敏感。这也符合人的生理要求，因为这里是食品进入人体的第一关，需要敏感地判断这食物是否能吃，需不需要咀嚼，这也是口唇、舌尖的基本功能。感官品尝试验，这些部位都是非常重要的检查关口。

口腔中部因为承担着用力将食品压碎、嚼烂的任务，所以感觉迟钝一些。从生理上讲这也是合理的。口腔后部的软腭、咽喉部的黏膜感觉也比较敏锐，这是因为咀嚼过的食物，在这里是否应该吞咽，要由它们判断。

口腔皮肤的敏感程度也可用压觉阈值或痛觉阈值来分析。压觉阈值的测定是用一根细毛压迫某部位，把开始感到疼痛时的压强称作这一部位的压觉阈值。痛觉阈值是用微电流刺激某部位，当觉得有不快感时的电流值。这两种阈值都同两点识别阈一样，反映出口腔各部位的不同敏感程度。例如，口唇舌尖的压觉阈值只有 10 ～ 30kPa，而两腮黏膜在 120kPa 左右。

2. 牙齿的感知功能

在多数情况下，对食品质地的判断是通过牙齿咀嚼过程感知的。因此，认识牙齿的感知机理，对研究食品的质地有重要意义。牙齿表面的珐琅质并没有感觉神经，但牙根周围包着具有很好弹性和伸缩性的齿龈膜，它被镶在牙床骨上。用牙齿咀嚼食品时，感觉是通过齿龈膜中的神经感知的。因此，安装假牙的人，由于没有齿龈膜，比正常人的牙齿感觉迟钝得多。图 2-1 表示正常人不同部位牙齿的咬合压力阈值。由图 2-1可以看出，门齿的感觉非常敏锐，而后

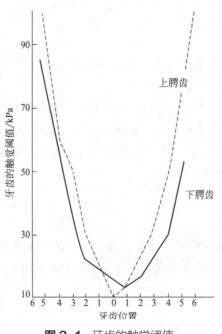

图 2-1　牙齿的触觉阈值

面的臼齿要迟钝得多。据测定，假牙的感觉比正常牙齿要迟钝 10 倍。

3. 颗粒大小和形状的判断

在食品质地的感官评价中，试样组织颗粒的大小、分布、形状及均匀程度，也是很重要的感知项目。例如，某些食品从健康角度需要添加一些钙粉或纤维质成分，然而这些成分如果颗粒较大又会造成粗糙的口感。为了解决这一问题，就需要把这些颗粒的大小粉碎到口腔的感知阈以下。口腔对食品颗粒大小的判断，比用手摸复杂得多。在感知食品颗粒大小时，参与的口腔器官有：口唇与口唇、口唇与牙齿、牙齿与牙齿、牙齿与舌头、牙齿与颊、舌与口唇、舌与腭、舌与齿龈等。通过这些器官的张合、移动而感知。在与食品的接触中，各器官组织的感觉阈值不同，接受食品刺激的方式也不同。所以，很难把对颗粒尺寸的判断归结于某一部位的感知机构。一般在考虑颗粒大小的识别阈时，需要从两方面分析：一是口腔可感知颗粒的最小尺寸，二是对不同大小颗粒的分辨能力。以金属箔做的口腔识别阈试验表明，感觉敏锐的人，可以感到牙间咬有金属箔的最小厚度为 20 ～ 30μm；但有些感觉迟钝的人，这一厚度要增加到 100μm。对不同粗细的条状物料，口腔的识别阈在 0.2 ～ 2mm 之间。门齿附近比较敏感。有人用三角形、五角形、方形、长方形、圆形、椭圆形、十字形等小颗粒物料，对人口腔的形状感知能力做了测试，发现人口腔的形状识别能力较差，通常三角形和圆形尚能区分，多角形之间的区别往往分不清。

4. 口腔对食品中异物的识别能力

口腔识别食品中异物的能力很高。例如，吃饭时，食物中混有毛发、线头、灰尘等很小异物，往往都能感觉得到。那么一些果酱糕点类食品中，由于加工工艺的不当，产生的糖结晶或其他正常添加物的颗粒，就可能作为异物被感知，而影响对美味的评价。因此，异物的识别阈对感官评价也很重要。

Manly 曾对 10 人评审组做了如下的异物识别阈试验：在布丁中混入碳酸钙粉末，当添加量增加到 2.9% 时，才有 100% 的评审成员感觉到了异物的存在；对安装假牙的人，这一比例要增加到 9% 以上。

Dwall 把不同直径的钢粉分别混入花生、干酪和爆玉米花中去，让 10 人评审组用牙齿去感知。试验发现钢粉末直径的感知阈为 50μm 左右，且与混入食物的种类无关。以上说明，对异物的感知与其浓度和尺寸大小都有一定关系。

总之，人对食品美味（包括质地）的感觉机理十分复杂，它不仅与味觉、口腔触觉有关，还与人的心理、习惯、唾液分泌，以及口腔振动、听觉有关。深入了解感觉的机理，对设计感官评价实验和分析食品质地品质都有很大帮助。

六、感官的相互作用

各种感官感觉不仅有直接刺激该感官所引起的反应，而且感官感觉之间还有相互作用。

食品整体风味感觉中味觉与嗅觉相互影响，较为复杂。烹饪技术认为风味感觉是味觉与嗅觉印象的结合，并伴随着质地和温度效应，甚至也受外观的影响。但在心理物理学实验室的控制条件下，将蔗糖（口味物质）和柠檬醛（柠檬的气味、风味物质）简单混合，表现出几乎完全相加的效应，对各自的强度评分很少或没有影响。食品专业人员和消费者普遍认为味觉和嗅觉以某种方式相关联。以上问题部分是由于使用"口味"一词来表示食品风味的所有方面而产生的，但如果限定为口腔中被感知的非挥发性物质所产生的感觉，则与主要表现为嗅觉的香气和挥发性风味物质有相互影响。

从心理物理学文献中得到一个重要的观察结果：感官强度是叠加的。设计关于产品风味强度总体印

象的味觉和嗅觉刺激的总和效应时，几乎没有证据表明这两种模式间有相互影响。

人们会将一些挥发性物质的感觉误认为是"味觉"。

令人难受的味觉一般抑制挥发性风味，而令人愉快的味觉则使其增强。这一结果提出了几种可能性。一种解释是将这一作用看作是一种简单的光环效应。按照这一原理，光环效应意味着一种突出的、令人愉快的风味物质含量的增加会提高其他愉快风味物质的得分；相反，令人讨厌的风味成分含量的增加会降低愉快特性的强度得分（"喇叭"效应）。换句话说，一般的快感反应对于品质评分会产生相关性，甚至是那些生理学上没有关系的反应。这一原理的一个推论是评价员一般不可能在简单的强度判断中将快感反应的影响排除在外，特别是在评价真正的食品时。虽然在心理物理学环境中可能会采取一种非常独立的和分析的态度，但这在评价食品时却困难得多，特别是对于没有经验的评价员和消费者，食品仅仅是情绪刺激物。

口味和风味间的相互影响会随它们的不同组合而改变。这种相互影响可能取决于特定的风味物质和口味物质的结合，该模式由于这种情况而具有潜在的复杂性。相互间的影响会随对受试者的指令而改变。给予受试者的指令可能对于感官评分有深刻影响，就像在许多感官方法中发生的一样。受试者接受指令所做出的反应也会明显影响口味和气味的相互作用。

这一发现对于那些感官评价应该加以引导的方法具有广泛的意义，特别是对复合食品的多重特性进行评分的描述分析来说。

另两类相互影响的形式在食品中很重要。一是化学刺激与风味的相互影响；二是视觉外观的变化对风味评分的影响。人们对三叉神经风味感觉与味觉和嗅觉的相互影响了解很少。然而，任何比较过跑气及含气碳酸饮料的人都会认识到二氧化碳所赋予的麻刺感会改变一种产品的风味均衡，通常当碳酸化作用不存在时对产品风味会有损害。跑气的汽水通常太甜，脱气的香槟酒通常是很乏味的葡萄酒味。

一些心理物理学研究者考察了化学物质对三叉神经的刺激与口味和气味感觉的相互作用。在大多数实验心理物理学中，这些研究注重于单一化学物质在简单混合物中所感知的强度变化。最先考察化学刺激对嗅觉作用的研究人员发现了鼻中二氧化碳对嗅觉的共同抑制作用。即使 CO_2 麻刺感的出现比嗅觉的产生略微滞后，这一现象也会发生。由于许多气息也含有刺激性成分，有些抑制作用在日常风味感觉中也可能是一件平常的事情。如果有人对鼻腔刺激的敏感性降低了，芳香的风味感觉的均衡作用有可能被转换成嗅觉成分的风味。如果刺激减小，那么刺激的抑制效应也将减小。

人类是一个受视觉驱使的物种。在许多具有成熟烹调艺术的社会中，食品的视觉表象与它的风味和质地特性同样重要。在消费者检验中普遍认为，食品色泽越深，就会得到越高的风味强度得分。

在关于改变脂肪含量的牛奶感觉的文献中，可以发现视觉对于食品感觉影响的例子。大多数人认为脱脂奶很容易从外观、风味和质地（口感）上与全脂奶，甚至与 2% 的低脂奶相区分。但他们对于脂肪含量的感觉大多数受外观的影响。有经验的描述性评价员很容易根据外观（颜色）评估、口感和风味区分脱脂奶和2％的低脂奶。当视觉因素被清除后，风味和质地对于脂肪含量的心理物理学函数就变得较平缓，差别明显地被削弱。当用冷牛奶在暗室中检验时，脱脂奶与2％低脂奶的区分降低到几乎是一种偶然的现象，只得到饮用者发现脱脂奶难以下咽的结果。这一研究强调人类是对食品感官刺激的整体做出反应的，即使是较为"客观"的描述性评价员也可能会受视觉偏见的影响。

任何位于鼻中或口中的风味化学物质都可能有多重感官效应。食品的视觉和触觉印象对于正确评价和接受食品很关键。声音同样影响食品的整体感觉。咀嚼食物时，产生的声音与食物如何酥脆有紧密的关系。

总之，人类的各种感官是相互作用、相互影响的。在食品感官鉴评实施过程中，应该重视它们之间的相互影响对鉴评结果所产生的影响，以获得更加准确的鉴评结果。

 总结

通过本章的阅读，读者可总体了解感觉的概念、特点、形成机理，感觉与生理及心理的相互关系，以及感觉的影响因素；可以搞清楚视觉、听觉、嗅觉、味觉、触觉这五种主要感觉的形成原理，认识到它们在食品感官分析中的重要作用，奠定食品感官分析的重要基础。

✎ **思考题**

1）什么是感觉？它有哪些类型及特点？

2）感觉与心理及生理有什么关系？

3）试用感觉定律解释为什么单张拍摄的电影胶片在放映时是连续的画面。

4）感觉的影响因素有哪些？

5）什么是识别阈？试结合嗅觉识别阈、味觉识别阈加以说明。

6）什么是感觉的相乘作用、阻碍作用？

7）视觉、听觉、嗅觉、味觉、触觉分别是怎样形成的？

8）视觉、听觉、嗅觉、味觉、触觉这五觉之间有什么相互关系？

 工程实践

1）自己动手配制不同浓度的白糖水，测试一下自己的味觉敏感度（可参考本书第十二章实验一）。

2）试用感觉的影响因素解释为什么第一口咖啡最苦，久处香气环境中为什么会感觉不到香气的浓郁。

3）人们常说"淡而无味"，试用感觉的相乘作用加以解释说明。

4）视觉、听觉、嗅觉、味觉、触觉这五觉之间有主次分工和协同作用，试结合分析食用麻辣火锅、酥脆薯片时的主要感觉及协同作用加以说明。

第三章 食品感官分析的
环境条件

 为什么学习食品感官分析的环境条件?

　　环境条件对食品感官分析有很大影响，这种影响体现在两个方面，即对品评人员心理和生理上的影响以及对样品品质的影响。学习了解食品感官分析的环境条件，并在建立食品感官分析实验室时，尽量创造有利于感官检验顺利进行和评价员正常评价的良好环境，尽量减少评价员的精力分散以及可能引起的身体不适或心理因素的变化使得判断上产生错觉，是确保工程实践中食品感官分析顺利、准确、科学实施的基本前提。

学习目标

1. 掌握食品感官分析实验室应达到的要求。
2. 了解食品感官分析实验室的设计。
3. 掌握样品的制备方法和呈送程序。
4. 熟悉食品感官分析的组织和管理。

　　环境条件对食品感官分析有很大影响，这种影响体现在两个方面，即对品评人员心理和生理上的影响以及对样品品质的影响。建立食品感官分析实验室时，应尽量创造有利于感官检验顺利进行和评价员正常评价的良好环境，尽量减少评价员的精力分散以及可能引起的身体不适或心理因素的变化使得判断上产生错觉。食品感官分析的环境条件包括感官分析实验室的硬件环境和运行环境。

第一节　食品感官分析实验室

一、食品感官分析实验室应达到的要求

1. 一般要求

　　食品感官分析实验室应建立在环境清净、交通便利的地区，周围不应有外来气味或噪声。设计感官分析实验室时，一般要考虑的条件有噪声、振动、室温、湿度、色彩、气味、气压等，针对检查对象及种类，还需满足适合各自对象的特殊要求。

2. 功能要求

食品感官分析实验室由两个基本部分组成——试验区和样品制备区，若条件允许，也可设置一些附属部分，如办公室、休息室、更衣室、盥洗室等。

试验区是感官检验人员进行感官检验的场所，专业的试验区应包括品评区、讨论区以及评价员等候区等。最简单的试验区可以设置为一间大房子，里面有可以将评价员分隔开的、互不干扰的独立工作台和座椅。

样品制备区是准备试验样品的场所。该区域应靠近试验区，但又要避免试验人员进入试验区时经过制备区，因看到所制备的各种样品和（或）嗅到气味而产生影响，也应该防止制备样品时的气味传入试验区。

休息室是供试验人员在试验前等候，多个样品试验时中间休息的地方，有时也可用作宣布一些规定或传达有关通知的场所。如果有多功能考虑，也可兼作讨论室。

品评试验区是感官分析实验室的中心区，品评试验区的大小和实验室的个数，应视检验样品数量的多少及种类而定。如果除了做一般食品的感官检验之外，还可能评价一些个人消费品之类的产品，如剃须膏、肥皂、除臭剂、清洁剂等，则需建立特殊的评价室。

3. 试验区内的环境要求

（1）试验区内的微气候　这里专指试验区工作环境内的气象条件，包括温度、湿度、换气速度和空气纯净度。

① 温度和湿度　温度和湿度对感官检验人员的舒适度和味觉有一定影响。当处于不适当的温度和湿度环境中时，或多或少会抑制感官感觉能力的发挥，如果条件进一步恶劣，还会造成一些生理上的反应。所以试验区内应有空气调节装置，室温保持在 20 ～ 22℃，相对湿度保持在 55% ～ 65%。

② 换气速度　有些食品本身带有挥发性气味，加上试验人员的活动，加重了室内空气的污染。试验区内应有良好的换气设施，换气速度以半分钟左右置换一次室内空气为宜。

③ 空气纯净度　试验区应安装带有磁过滤器的空调，用以清除异味。允许在试验区增大一定大气压强以减少外界气味的侵入。试验区的建筑材料和内部设施均应无味，不吸附和不散发气味。

（2）光线和照明　照明对感官检验特别是颜色检验非常重要。试验区的照明应是可调控的、无影的和均匀的，并且有足够的亮度以利于评价。桌面上的照度应有 300 ～ 500lx，灯的推荐色温为 6500K。在做消费者检验时，灯光应与消费者家中的照明相似。

（3）颜色　试验区墙壁和内部设施的颜色应为中性色，以免影响检验样品。推荐使用乳白色或中性浅灰色。

（4）噪声　检验期间应控制噪声，推荐使用防噪声装置。

二、食品感官分析实验室的设计

1. 平面布置

食品感官分析实验室各个区的布置有各种类型，常见的形式见图 3-1 ～图 3-4。共同的基本要求是：试验区和制备区以不同的路径进入，而制备好的样品只能通过检验隔挡上带活动门的窗口送入到检验工作台上。

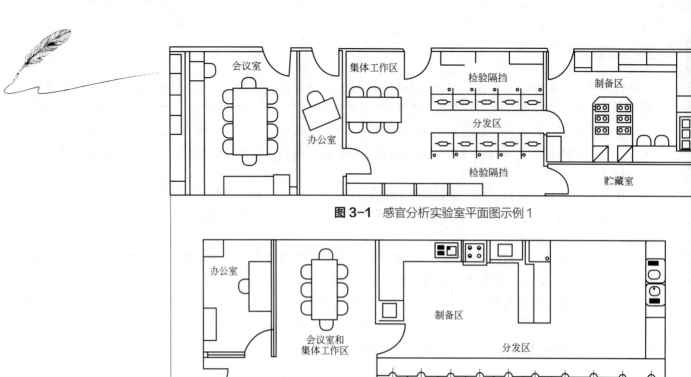

图 3-1 感官分析实验室平面图示例 1

图 3-2 感官分析实验室平面图示例 2

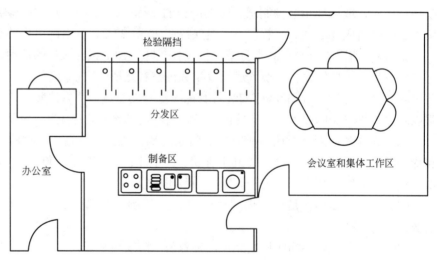

图 3-3 感官分析实验室平面图示例 3

2. 隔挡

　　建立隔挡的目的是便于评价员独立进行个人品评，每个评价员占用一个隔挡，隔挡的数目应根据试验区实际空间的大小和通常进行检验的类型而定，一般为 5 ~ 10 个，但不得少于 3 个。每一隔挡内应设有一工作台，工作台应足够大，以便能放下评价样品、器皿、回答表格和笔或用于传递回答结果的计

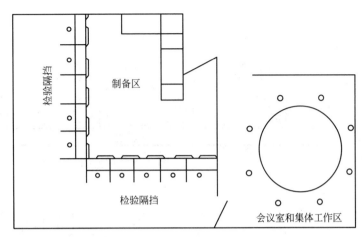

图3-4 感官分析实验室平面图示例4

算机等设备。隔挡内应设一舒适的座椅，座椅下应安装橡皮滑轮，或将座位固定，以防移动时发出响声。隔挡内还应设有信号系统，使评价员做好准备和检验结束可通知检验主持人。

检验隔挡应备有水池或痰盂，并备有带盖的漱口杯和漱口剂。安装的水池，应控制水温、水的气味和水的响声。

一般要求使用固定的专用隔挡，两种方式的专用隔挡示意图见图3-5和图3-6。若检验隔挡是沿着试验区和制备区的隔挡设立的，则应在隔挡中的墙上开一窗口以传递样品，窗口应带有滑动门或其他装置，以便能快速地紧密关闭，见图3-7。

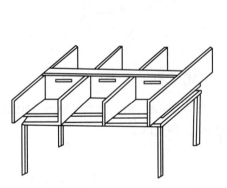

图3-5 带有可拆卸隔板的桌子

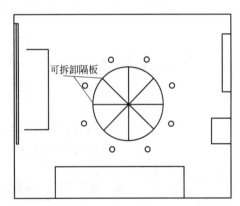

图3-6 用于个人检验或集体工作的带有可拆卸隔板的桌子

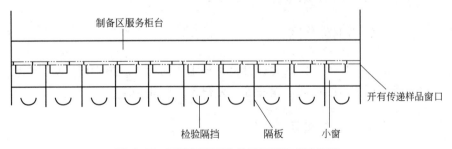

图3-7 用墙隔离开的检验隔挡和柜台示意

如果实验室条件有限，也可使用简易隔挡，见图3-8和图3-9。

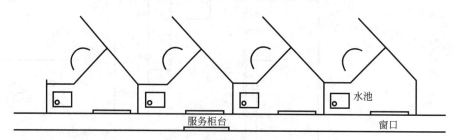

图 3-8　人字形检验隔挡

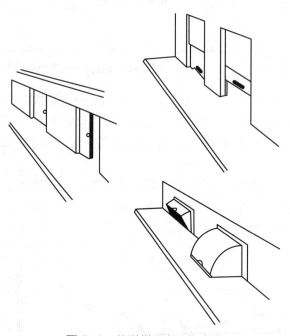

图 3-9　传递样品窗口的式样

　　推荐隔挡工作区长 900mm，工作台宽 600mm，台高 720～760mm，座椅高 427mm，两隔板之间距离为 900mm，参见图 3-10。

3. 检验主持人座席

　　有些检验可能需要检验主持人现场观察和监督，此时可在试验区设立座席供检验主持人就座，见图 3-11。

4. 集体工作区

　　集体工作区是评价员集体工作的场所，用于评价员之间的讨论，也可用于评价员的培训、授课等，见图 3-1～图 3-4。

5. 样品制备区

　　样品制备区应紧靠试验区，其内部布局应合理，并留有余地，空气应流通，能快速排除异味。

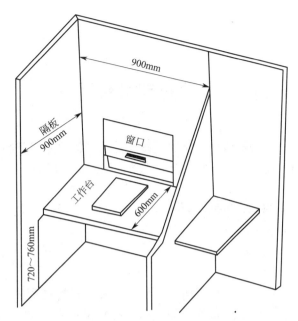

图 3-10 检验隔挡的尺寸设计

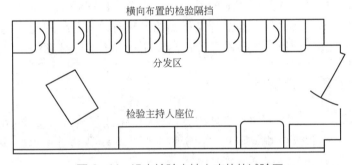

图 3-11 设立检验主持人座位的试验区

三、实验室的设施和人员要求

前面已经谈到试验区的设计和设施要求，这里主要讨论制备区的设施和人员要求。制备区应紧靠试验区，并有良好的通风性能，防止样品在制备过程中气味传入试验区。

1. 常用设施和用具

样品制备区应配备必要的加热、保温设施，如电炉、燃气炉、微波炉、恒温箱、冰箱、冷冻机等，用于样品的烹调和保存，以及必要的清洁设备，如洗碗机等。

此外，还应有用于制备样品的必要设备（如厨具、容器、天平等）、仓储设施、清洁设施、办公辅助设施等。

用于制备和保存样品的器具应采用无味、无吸附性、易清洗的惰性材料制成。

2. 样品制备区工作人员

样品制备区工作人员应是经过一定培训，具有常规化学实验室工作能力，熟悉食品感官分析有关要求

和规定的人员。

第二节　样品的制备和呈送

样品是感官检验的受体，样品制备的方式及制备好的样品呈送至检验人员的方式，对检验结果会有重要的影响。下面分几个方面加以讨论。

一、样品制备的要求

1. 均一性

均一性就是指所制备样品的各项特性均应完全一致，包括每份样品的量、颜色、外观、形态、温度等。在样品制备中要达到均一的目的，除精心选择适当的制备方式以减少出现特性差异的机会外，还可选择一定的方法以掩盖样品间的某些明显的差别。对不希望出现差别的特性，可选择适当的方法予以掩盖。例如，在品评某样品的风味时，就可使用无味色素物质掩盖样品间的色差，使检验人员在品评样品风味时，不受样品颜色差异的干扰。

2. 样品量

由于物理、心理因素，提供给检验人员的实验样品量，对他们的判断会产生很大影响。因此，在实验中要根据样品品质、实验目的，提供合适的样品个数和每个样品的样品量。

感官分析人员在感官检验期间，理论上可以检验许多不同类型的样品，但实际能够检验的样品数还取决于下列情况。

（1）感官检验人员的预期值　这主要指参加感官检验的人员事先对试验了解的程度和对试验难易程度的估计。如果对试验方法了解不够，或试验难度较大，就可能会造成拖延试验时间，或减少检验样品数。

（2）检验人员的主观因素　检验人员对被检验品特性的熟悉程度，以及对试验的兴趣和认识也会影响其所能正常检验的样品数。

（3）样品特性　具有强烈气味或味道的样品，会造成检验人员感觉疲劳。通常样品特性强度越高，能够正常检验的样品数应越少。

大多数食品感官分析试验在考虑到各种因素影响后，每组试验的样品数为4～8个，每评价一组样品后，应间歇一段时间再评。

每个样品的数量应随试验方法和样品种类的不同而有所差别。通常，对于差别试验，每个样品的分量控制在液体30mL、固体30～40g为宜；嗜好试验的样品分量可比差别试验多一倍；描述试验的样品分量可依实际情况而定，应提供给检验人员足够试验的量。

3. 样品的温度

恒定和适当的样品温度才可能获得稳定的结果。样品温度的控制应以最容易感受所检验特性为基础，通常是将样品温度保持在该产品日常食用的温度。表 3-1 列出了几种样品呈送时的最佳温度。

表3-1　几种样品在感官检验时的最佳呈送温度

食品种类	最佳温度 /℃	食品种类	最佳温度 /℃
啤酒	11 ～ 15	食用油	55
白葡萄酒	13 ～ 16	肉饼、热蔬菜	60 ～ 65
红葡萄酒、餐味葡萄酒	18 ～ 20	汤	68
乳制品	15	面包、糖果、鲜水果、咸肉	室温
冷冻橙汁	10 ～ 13		

样品温度的影响除过冷、过热的刺激造成感官不适、感觉迟钝外，还涉及温度升高，挥发性气味物质挥发速度加快，影响其他的感觉，以及食品的质构和其他一些物理特性，如酥脆性、黏稠性会随温度的变化产生相应的变化而影响检验结果。在试验中，可事先制备好样品保存在恒温箱内，然后统一呈送，保证样品温度恒定和一致。

4. 器皿

呈送样品的器皿以素色、无气味、清洗方便的玻璃或陶瓷器皿为宜。同一试验批次的器皿，外形、颜色和大小应一致。

试验器皿和用具的清洗应选择无味清洗剂洗涤。器皿和用具的贮藏柜应无味，不相互污染。

二、样品的编码与呈送

所有呈送给检验人员的样品都应编码，推荐的编码方法采用随机的三位数字编码（见附录 8），并随机地分发给评价员，避免因样品分发次序的不同影响评价员的判断。

样品内的摆放顺序应避免可能产生的某种暗示，或者对感觉顺序上的误差，通常采用的摆放方法是圆形摆放法。

三、不能直接进行感官分析的样品的制备

有些试验样品由于食品风味浓郁或物理状态（黏度、颜色、粉状度等）原因而不能直接进行感官分析，如香精、调味料、糖浆等。为此，需根据检验目的进行适当稀释，或与化学组分确定的某一物质进行混合，或将样品添加到中性的食品载体中，再按照常规食品的样品制备方法进行制备与分发、呈送。

1. 为评估样品本身的性质

将均匀定量的样品用一种化学组分确定的物质（如水、乳糖、糊精等）稀释或在这些物质中分散，每一个试验系列的每个样品使用相同的稀释倍数或分散比例。

由于这种稀释或分散可能改变样品的原始风味，因此配制时应避免改变其所测特性。

当确定风味剖面时（见第九章第二节），对于相同样品有时推荐使用增加稀释倍数或分散比例的方法。

也可将样品添加到中性的食品载体中，在选择样品和载体混合的比例时，应避免二者之间的拮抗或协同作用。操作时，将样品定量地混入所选用的载体中或放在载体（如牛奶、油、面条、大米饭、馒头、菜泥、面包、乳化剂和奶油等）上面，然后按直接感官分析样品的制备与呈送方法进行操作。

2. 为评估食物制品中样品的影响

该法适用于评价将样品加到需要它的食物制品中的一类样品，如香精、香料等。

一般情况下，使用的是一个较复杂的制品，样品混于其中，在这种情况下，样品将与其他风味竞争。

在同一检验系列中，评估品每个样品使用相同的样品与载体比例。

制备样品的温度应与评估时的正常温度相同（例如冰激凌处于冰冻状态），同一检验系列的样品温度也应相同。有关具体操作，见 GB 12314—1990 的规定。

不能直接进行感官分析的几种食品的试验条件见表 3-2。

表3-2　不能直接进行感官分析的几种食品的试验条件

样品	试验方法	器皿	数量及载体	温度
果冻片	P	小盘	夹于 1/4 三明治中	室温
油脂	P	小盘	一个炸面包圈或 3 ~ 4 个油炸点心	烤热或油炸
果酱	D、P	小杯和塑料匙	30g 夹于淡奶油饼干中	室温
糖浆	D、P	小杯	30g 夹于威化饼干中	32℃
芥末酱	D	小杯和塑料匙	30g 混于适宜肉中	室温
色拉调料	D	小杯和塑料匙	30g 混于蔬菜中	60 ~ 65℃
奶油沙司	D、P	小杯	30g 混于蔬菜中	室温
卤汁	D DA	小杯 150mL 带盖杯、不锈钢匙	30g 混于土豆泥中 60g 混于土豆泥中	60 ~ 65℃ 65℃
火腿胶冻	P	小杯、碟或塑料匙	30g 与火腿丁混合	43 ~ 49℃
酒精	D	带盖小杯	4 份酒精加 1 份水混合	室温
热咖啡	P	陶瓷杯	60g 加入适宜奶、糖	65 ~ 71℃

注：D 表示辨别检验；P 表示嗜好检验；DA 表示描述检验。

第三节　食品感官分析的组织和管理

食品感官分析应在专人组织指导下进行。组织者必须具有较高的感官识别能力和专业知识水平，熟悉多种试验方法，并能根据实际情况合理地选择试验方法和设计试验方案。

　　根据实验目的的不同，组织者可组织不同的感官分析小组。通常感官分析小组有生产厂家组织、实验室组织、协作会议组织及地区性和全国性产品评优组织等多种形式。他们各自所承担的任务往往有所侧重，生产厂家所组织的检验小组是为了改进生产工艺，提高产品质量或监管原材料及半成品质量而成立；实验室组织是为开发、研制新产品的需要而设置；协作会议组织是为同行经验交流而设置；产品评优组织是为评选地方或国家级优秀产品的需要而设立，通常由政府部门召集组织，一般具有较高的权威性和充分的代表性。生产厂家和研究单位（实验室）组织的感官分析人员，大都由生产技术人员或市场营销人员组成，他们除了熟悉产品的生产技术外，还应了解市场对产品的反馈意见。

总结

　　食品感官分析的环境条件是食品感官分析顺利、准确、科学实施的基本前提和重要保障。本章介绍了食品感官分析实验室应达到的要求，说明了食品感官分析实验室的设计要求和常用设施，详细介绍了食品感官分析样品的制备及呈送方法和要求，并简要介绍了食品感官分析的组织和管理。

思考题

　　1）食品感官分析实验室应具备哪些功能？
　　2）食品感官分析实验室试验区内应满足哪些环境方面的要求？
　　3）食品感官分析实验室包括哪些功能区的设计？
　　4）试验样品的制备及呈送要求是什么？

工程实践

　　1）设计一个食品感官分析实验室，要求功能完备，环境良好，并用计算机制图绘制实验室的平面图。
　　2）以一种食品为例，如液态乳、烘焙产品、果蔬等，完成试验样品的制备、呈送、组织实施及管理文件。

第四章 评价员的选拔与培训

✿ **为什么学习评价员的选拔与培训?**

食品感官分析是以人的感觉为基础,通过感官评价食品的各种属性后,再经过统计分析而获得客观评价结果的实验方法,其实施主体是评价员,所以其结果必然受到感官评价员的基本条件和素质等主观条件的影响。因此,食品感官评价员的选拔与培训,是使评价员具备良好的感官分析技能及专业素养,并获得可靠和稳定的感官分析试验结果的首要条件,也是食品感官分析的组织者、参与者及管理者必备的实践技能,更是应聘、招聘和管理评价员的技术指导。

👁 **学习目标**

1. 了解食品感官分析评价员选拔与培训的重要意义。
2. 掌握食品感官分析评价员的类型特点。
3. 熟悉食品感官分析评价员的初选方法。
4. 熟悉候选评价员的筛选方法。
5. 掌握优选评价员的培训内容及方法。

食品感官分析是以人的感觉为基础,通过感官评价食品的各种属性后,再经过统计分析而获得客观评价结果的实验方法。所以其结果不但受到客观条件的影响,也受到主观条件的影响,而主观条件则涉及参与感官分析评价人员的基本条件和素质。因此,食品感官分析评价人员的选拔与培训是获得可靠和稳定的感官分析试验结果的首要条件。

第一节　感官分析评价员的类型

食品感官分析试验种类繁多。目前公认的感官分析检验方法主要有差别检验法、标度和类别检验、描述分析法等,每类方法中又包含许多具体方法。各种试验对参加人员的要求不完全相同,而且能够参加食品感官分析试验的人员在感官分析上的经验及相应的训练层次也不相同。通常可以把参加食品感官分析试验的人分成五类。

1. 专家型

这是食品感官分析人员中层次最高的一类。他们专门从事产品质量控制、评估产品特定属性与记忆中该属性标准之间的差别,以及评选优质产品等工作。此类食品感官分析评价人员数量最少而且不容易培养,品酒师、品茶师等属于这一类人员。他们不仅需要积累多年专业工作经验和感官分析经历，而且在特性感觉上具有一定的天赋，在特征表述上具有突出的能力。

2. 消费者型

这是食品感官分析人员中代表性最广泛的一类。通常这一类型的食品感官分析评价人员由各个阶层食品消费者的代表组成。与专家型感官分析人员相反，消费者型感官分析人员仅仅从自身的主观愿望出发，评价是否喜欢或接受所试验的产品及喜爱或接受的程度。这一类人员不对产品的具体属性或属性间的差别作出评价。

3. 无经验型

这也是一类只对产品的喜爱或接受程度进行评价的食品感官分析评价人员，但这一类人员不及消费者型代表性强。一般是在实验室小范围内进行感官分析，由与所试验产品有关的人员组成，无须经过特定的筛选和训练程序，根据情况轮流参加感官分析实验。

4. 有经验型

通过感官分析评价员筛选试验并具有一定分辨差别能力的感官分析试验人员，可以称为有经验型分析评价员。他们可专业从事差别类试验，但要经常参加有关的差别试验，以保持分辨差别的能力。

5. 训练型

这是从有经验型食品感官分析评价人员中经过进一步筛选和训练而获得的食品感官分析评价人员。通常他们都具有描述产品感官品质特性及特性差别的能力，专门从事产品品质特性的评价。

上面提及的五类人员，由于各种因素的限制，通常建立在感官实验室基础上的感官分析员都不包括专家型和消费者型，只考虑其他三类人员。

第二节 评价员的初选

感官分析是用人来对样品进行测量，他们对环境、产品及试验过程的反应方式都是试验潜在的误差因素。因此食品感官分析评价人员对整个试验是至关重要的，为了减少外界因素的干扰，得到正确的试验结果，就要在食品感官分析评价人员这一关上做好筛选和培训的工作。在感官实验室内参加感官分析评价的人员大多数都要经过筛选程序确定。筛选过程包括挑选候选人员和在候选人员中确定通过特定试验手段筛选两个方面。

一、初选的方法和程序

感官评价试验组织者可以通过发放问卷或面谈的方式获得相关信息。

问卷要精心设计，不但要求包含候选人员选择时所应该考虑的各种因素，而且要能够通过答卷人的回答获得准确信息。调查问卷的设计一般要满足以下几方面的要求：

① 问卷应能提供尽量多的信息；

② 问卷应能满足组织者的需求；

③ 问卷应能初步识别合格与不合格人选；

④ 问卷应通俗易懂、容易理解；

⑤ 问卷应容易回答。

面谈能够得到更多的信息。通过组织者和候选人员之间的双向交流，可以直接理解候选人员的有关情况。在面谈中，候选人员会提出相关的问题，而组织者也可以向候选人员谈谈感官评价方面的信息资料，并从对方获得相应的反馈信息。面谈可以收集问卷调查单中没有或者不能反映的问题，从而可获取更丰富的信息。面谈应以感官评价组织者的精心准备及其所拥有的感官评价知识和经验为基础，否则很难达到预期的效果。为了使面谈更富有成效，应注意以下几点：

① 感官评价组织者应具有专业的感官分析知识和丰富的感官评价经验；

② 面谈之前，感官评价组织者应准备所有要询问的问题要点；

③ 面谈的气氛应轻松融洽，不能严肃紧张；

④ 感官评价组织者应认真记录面谈内容；

⑤ 面谈中提出的问题应遵循一定的逻辑性，避免随意发问。

以下为感官分析评价员筛选常用表举例。

1. 风味评价员筛选调查表

个人情况

姓名：＿＿＿＿＿＿＿　性别：＿＿＿＿＿＿＿　年龄：＿＿＿＿＿＿＿

地址：＿＿＿＿＿＿＿＿＿＿＿＿＿＿＿＿＿＿＿＿＿＿＿＿＿＿＿

联系电话：＿＿＿＿＿＿＿＿＿＿＿＿＿＿＿＿＿＿＿＿＿＿＿＿＿

你从何处听说我们这个项目？＿＿＿＿＿＿＿＿＿＿＿＿＿＿＿＿＿

时间：＿＿＿＿＿＿＿＿＿＿＿＿＿＿＿＿＿＿＿＿＿＿＿＿＿＿＿

（1）一般来说，一周中，你的时间安排怎样？你哪一天有空余的时间？

＿＿＿＿＿＿＿＿＿＿＿＿＿＿＿＿＿＿＿＿＿＿＿＿＿＿＿＿＿＿＿

（2）从×月×日到×月×日，你是否要外出？如果外出，那需要多长时间？

＿＿＿＿＿＿＿＿＿＿＿＿＿＿＿＿＿＿＿＿＿＿＿＿＿＿＿＿＿＿＿

健康状况

（1）你是否有下列情况？

假牙＿＿＿＿＿＿＿＿＿＿＿＿＿＿＿＿＿＿＿＿

糖尿病＿＿＿＿＿＿＿＿＿＿＿＿＿＿＿＿＿＿＿

口腔或牙龈疾病＿＿＿＿＿＿＿＿＿＿＿＿＿＿＿

食物过敏＿＿＿＿＿＿＿＿＿＿＿＿＿＿＿＿＿＿

低血糖＿＿＿＿＿＿＿＿＿＿＿＿＿＿＿＿＿＿＿

高血压＿＿＿＿＿＿＿＿＿＿＿＿＿＿＿＿＿＿＿

（2）你是否在服用对感官尤其对味觉和嗅觉有影响的药物？

＿＿＿＿＿＿＿＿＿＿＿＿＿＿＿＿＿＿＿＿＿＿＿＿＿＿＿＿＿＿＿

饮食习惯

（1）你目前是否在限制饮食？如果有，限制的是哪种食物？

_____

（2）你每月有几次在外就餐？ _____

（3）你每月吃几次速冻食品？ _____

（4）你每月吃几次快餐？ _____

（5）你最喜爱的食物是什么？ _____

（6）你最不喜欢的食物是什么？ _____

（7）你不能吃什么食物？ _____

（8）你不愿意吃什么食物？ _____

（9）你认为你的味觉和嗅觉辨别能力如何？ _____

	嗅觉	味觉
高于平均水平	_____	_____
平均水平	_____	_____
低于平均水平		_____

（10）你目前的家庭成员中有在食品公司工作的吗？

_____

（11）你目前的家庭成员中有在广告公司或市场研究机构工作的吗？

_____

风味小测验

（1）如果一种配方需要香草香味物质，而手头又没有，你会用什么代替？ _____

（2）还有哪些食物吃起来像奶酪？ _____

（3）为什么往肉汁里加咖啡会使其风味更好？ _____

（4）你怎样描述风味和香味之间的区别？ _____

（5）你怎样描述风味和质地之间的区别？ _____

（6）用于描述啤酒的最适合的词语（一个或两个词）是什么？ _____

（7）请对食醋的风味进行描述。 _____

（8）请对可乐的风味进行描述。 _____

（9）请对某种火腿的风味进行描述。 _____

（10）请对苏打饼干的风味进行描述。 _____

2．香味品评人员筛选调查表

个人情况

姓名：_____ 性别：_____ 年龄：_____

地址：_____

联系电话：_____

你从何处听说我们这个项目？ _____

时间：_____

（1）一般来说，一周中你哪一天有空余的时间？

_____

（2）从×月×日到×月×日，你是否要外出？如果外出，那需要多长时间？

_____

健康状况

（1）你是否有下列情况？

　　鼻腔疾病_____

　　低血糖_____

　　过敏史_____

　　经常感冒_____

（2）你是否在服用一些对感官尤其是对嗅觉有影响的药物？

_____

日常生活习惯

（1）你是否喜欢使用香水？_____

　　如果用，是什么品牌？_____

（2）你喜欢带香味还是不带香味的物品？如香皂等。_____

　　陈述理由：_____

（3）请列出你喜爱的香味产品。_____

　　它们是何种品牌？_____

（4）请列出你不喜爱的香味产品。_____

　　陈 述 理 由：_____

（5）你最讨厌哪些气味？_____

　　陈述理由：_____

（6）你最喜欢哪些气味或者香气？_____

（7）你认为你辨别气味的能力在何种水平？_____

　　高于平均值_____平均值_____低于平均值_____

（8）你目前的家庭成员中有在香精、食品或者广告公司工作的吗？_____

　　如果有，是在哪一家？_____

（9）品评人员在品评期间不能用香水，在品评小组成员集合之前1h不能吸烟，如果你被选为品评人员，你愿意遵守以上规定吗？_____

香气检测

（1）如果某种香水类型是"果香"，你还可以用什么词汇来描述它？_____

（2）哪些产品具有植物气味？_____

（3）哪些产品有甜味？_____

（4）哪些气味与"干净""新鲜"有关？_____

_____

（5）你怎样描述水果味和柠檬味之间的不同？_____

（6）你用哪些词汇来描述男用香水和女用香水的不同？_____

（7）哪些词语可以用来描述一篮子刚洗过的衣服的气味？_____

（8）请描述一下面包坊里的气味。_____

（9）请描述一下某种品牌的洗涤剂气味。_____

（10）请描述一下某种品牌的香皂气味。_____

（11）请描述一下地下室的气味。_____

（12）请描述一下某食品店的气味。_____

（13）请描述一下香精开发实验室的气味。_____

二、候选评价员的基本要求

由于食品感官分析试验具有与其他试验不同的性质，根据试验的特性对感官分析评价试验的人员会提出具体的标准和要求。选择候选人员就是感官试验组织者按照制定的标准和要求在能够参加试验的人员中挑选合适的人选。组织者可以通过调查问卷方式或者进行面谈来了解和掌握每个人的情况。尽管不同类型的感官评价试验方法对评价人员要求不完全相同，但下列几个因素在挑选各类型感官评价人员时都是必须考虑的。

（1）兴趣　兴趣是调动一个人主观能动性的基础。只有对感官评价有兴趣的人才能认真学习感官评价相关知识，才能按照试验要求的基本操作进行品评，才会在感官评价试验中集中注意力，并圆满完成试验所规定的任务。兴趣是挑选候选人员的前提条件。候选人员对感官评价的兴趣与他对该试验重要性的认识和理解有关。因此，在候选人员的挑选过程中，组织者要通过一定的方式，让候选人知道进行感官评价的意义和参加试验的人员在试验中的重要性。之后，通过反馈的信息判断各候选人员对感官评价的兴趣。

（2）健康状况　感官评价试验候选人应挑选身体健康、感觉正常、无过敏症、无服用影响感官灵敏度药物的人员。身体不适如感冒或过度疲劳的人，暂时不能参加感官评价试验。

（3）表达能力　感官评价试验所需的语言表达及叙述能力与试验方法相关。差别试验重点要求参加试验者的分辨能力，而描述试验则重点要求感官评价人员叙述和定义出产品的各种特性，因此，对于这类试验需要良好的语言表达能力。

（4）准时性　感官评价试验要求参加试验的人员每次都必须按时出席。试验人员迟到不仅会浪费别人的时间，而且会造成试验样品的损失和破坏试验的完整性。此外，试验人员的缺席率会对结果产生影响。经常出差、旅游和工作任务较多难以抽身的人员不适宜作为感官评价试验的候选人。

（5）对试样的态度　感官评价试验的候选人必须能客观地对待所有的试验样品，即在感官评价中根据要求去除对样品的好恶，否则就会因为对样品偏爱或厌恶造成评价偏差。

除上述几个方面外，另外有些因素在挑选人员时也应充分考虑，诸如职业、受教育程度、工作经历、感官评价经验、年龄、性别等。

第三节　候选评价员的筛选

食品感官分析人员的筛选工作要在初步确定评价候选人选后再进行。筛选就是通过一定的筛选试验方法观察候选人员是否具有感官评价能力，诸如普通的感官分辨能力、对感官评价试验的兴趣、分辨和再现试验结果的能力、语言表达及叙述能力、适当的感官评价人员行为（合作性、主动性和准时性）。根据筛选试验的结果获知每个参加筛选试验的人员在感官评价试验上的能力，从而决定候选人是否符合参加感官评价的条件。如果不符合，则淘汰；如果符合，则进一步考察适宜作为哪种类型的感官评价员。

筛选试验通常包括基本识别试验（基本味或气味识别试验）和差异分辨试验（三点检验、顺位试验等）。有时根据需要也会设计一系列试验来多次筛选人员，或者采用初步选定的人员分组进行相互比较性质的试验。有些情况下，也可以将筛选试验和训练内容结合起来，在筛选的同时进行人员训练。

在筛选感官评价人员的过程中，应注意下列几个问题：

① 最好使用与正式感官评价试验相类似的试验材料，这样既可以使参加筛选试验的人员熟悉今后试验中将要接触的样品的特性，也可以减少由于样品间差距而造成人员选择不适当。

② 在筛选过程中，要根据各次试验的结果随时调整试验的难度。难易程度取决于参加筛选试验的人员识别气味或者差别判断的能力。在筛选过程中，以大多数人员能够分辨出差别或识别出味道（气味），但其中少数人员不能正确分辨或识别为宜。

③ 参加筛选试验的人数要多于预定参加实际感官评价试验的人数。若是多次筛选，则应采用一些简单易行的试验方法，并在每一步筛选中随时淘汰明显不适合参加感官评价的人选。

④ 多次筛选以相对进展为基础，连续进行直至挑选出人数适宜的最佳人选。

在感官评价人员的筛选中，感官评价试验的组织者起决定性作用。他们不但要收集有关信息，设计整体试验方案，组织具体实施，而且要对筛选试验取得进展的标准和选择人员所需要的有效数据作出正确判断。只有这样，才能达到筛选的目的。

一、感官功能的测试

感官评价员应具有正常的感觉功能，每个候选者都要经过各有关感官功能的检验，以确定其是否有视觉缺陷、嗅觉缺失、味觉缺失等。此过程可采用相应的敏感性检验来完成。可对候选者进行基本味道识别能力的测定，按表4-1制备四种基本味道的储备液，然后分别按几何系列或算术系列制备稀释溶液，见表4-2和表4-3。

表4-1 四种基本味道的储备液

基本味道	参比物质		浓度/（g/L）
酸	DL-酒石酸（结晶） 柠檬酸（一水化合物结晶）	$M=150.1\text{mol/L}$ $M=210.1\text{mol/L}$	2 1
苦	盐酸奎宁（二水化合物） 咖啡因（一水化合物结晶）	$M=397.3\text{mol/L}$ $M=212.1\text{mol/L}$	0.020 0.200
咸	无水氯化钠	$M=58.5\text{mol/L}$	6
甜	蔗糖	$M=342.3\text{mol/L}$	32

注：1. M 为物质的摩尔质量。
2. 酒石酸和蔗糖溶液，在试验前几小时配制。
3. 试剂均为分析纯。

表4-2 四种基本味液几何系列稀释液

稀释液	成分		试验溶液浓度 / (g/L)					
	储备液 /mL	水 /mL	酸		苦		咸	甜
			酒石酸	柠檬酸	盐酸奎宁	咖啡因	氯化钠	蔗糖
G_6	500	稀释至 1000	1	0.5	0.010	0.100	3	16
G_5	250		0.5	0.25	0.005	0.050	1.5	8
G_4	125		0.25	0.125	0.0025	0.025	0.75	4
G_3	62		0.12	0.062	0.0012	0.012	0.37	2
G_2	31		0.06	0.030	0.0006	0.006	0.18	1
G_1	16		0.03	0.015	0.0003	0.003	0.09	0.5

表4-3 四种基本味液算术系列稀释液

稀释液	成分		试验溶液浓度 / (g/L)					
	储备液 /mL	水 /mL	酸		苦		咸	甜
			酒石酸	柠檬酸	盐酸奎宁	咖啡因	氯化钠	蔗糖
A_9	250	稀释至 1000	0.50	0.250	0.0050	0.050	1.50	8.0
A_8	225		0.45	0.225	0.0045	0.045	1.35	7.2
A_7	200		0.40	0.200	0.0040	0.040	1.20	6.4
A_6	175		0.35	0.175	0.0035	0.035	1.05	5.6
A_5	150		0.30	0.150	0.0030	0.030	0.90	4.8
A_4	125		0.25	0.125	0.0025	0.025	0.75	4.0
A_3	100		0.20	0.100	0.0020	0.020	0.60	3.2
A_2	75		0.15	0.075	0.0015	0.015	0.45	2.4
A_1	50		0.10	0.050	0.0010	0.010	0.30	1.6

选用几何系列 G_6 稀释溶液或算术系列 A_9 稀释溶液,分别放置在 9 个已编号的容器内,每种味道的溶液分别置于 1 ～ 3 个容器中,另有一容器盛水,评价员按提供的顺序分别取约 15mL 溶液,品尝后按表4-4 填写。表 4-5 为某一评价员的味觉测定实例。

表4-4 四种基本味道识别能力测定记录

姓名:_____ 　年 　月 　日

容器编号	未知样	酸味	苦味	咸味	甜味

表4-5 味觉测定实例

姓名:_____ 　　2019 年 1 月 18 日

容器编号	未知样	酸味	苦味	咸味	甜味
13		×			
40	×				

续表

容器编号	未知样	酸味	苦味	咸味	甜味
76				×	
28			×		
99		×			
37			×		×
85				×	
72	×				
22					×

注：容器编号取自随机数表。

二、感官灵敏度的测试

确定候选者具有正常的感官功能后，应对其进行感官灵敏度的测试。感官评价员不仅应能够区别不同产品之间的性质差异，而且应能够区别相同产品某项性能的差别程度或强弱。一般的感官灵敏度测试有多种方法，常用的方法如下。

1. 匹配检验

用来评判评价员区别或者描述几种不同物质（强度都在阈值以上）的能力。试验方法是给候选者第一组样品，约 4 ～ 6 个，并让他们熟悉这些样品。然后再给他们第二组样品，约 8 ～ 10 个，让候选者从第二组样品中挑选出和第一组相似或者相同的样品。以下实例是做匹配试验常用的样品或问卷。试验结束后，匹配正确率低于 75% 和气味的对应物选择正确率低于 60% 的候选人将不能参加试验。

（1）识别检验　识别明显高于阈限水平的具有不同感官特性的材料样品。制备明显高于阈限水平的材料样品（检验味道所用材料的例子见表 4-6），每个样品都编上不同的随机三位数代码。先向候选评价员提供每种类型的一个样品并让其熟悉这些样品，然后向他们提供一系列同材料但带有不同编码的样品，让候选评价员与原来的样品配比并描述他们的感觉。若候选评价员对表 4-6 中所给出的不同材料的浓度配比的正确识别率小于 80%，则不能选为优选评价员。同时要求对样品产生的感觉作出正确描述。

表4-6　检验味道所用材料举例

味　道	材　　料	室温下水溶液浓度 / (g/L)
甜	蔗糖	16
酸	酒石酸或柠檬酸	1
苦	咖啡因	0.5
咸	氯化钠	5
涩	鞣酸[①] 或槲皮素（栎精） 或硫酸铝钾（明矾）	1 0.5 0.5

续表

味　道	材　料	室温下水溶液浓度 /（g/L）
金属味	水合硫酸亚铁[②]（$FeSO_4 \cdot 7H_2O$）	0.01

① 该物质不易溶于水。
② 尽管该物质有最典型的金属味，但其水溶液有颜色，所以最好在彩灯下用密闭不透明的容器提供这种溶液。

（2）对味觉灵敏度的测试　可按表 4-2 或表 4-3 稀释溶液，自清水开始依次从低浓度到高浓度送交评价员，由评价员取 15mL，品尝后按表 4-7 填写。

表4-7　四种基本味道不同阈值的测定记录

姓名：_____									年　　月　　日		
容器顺序	水	1	2	3	4	5	6	7	8	9	10	11
容器编号												
记录												

品尝时要求评价员细心品尝每种溶液。如果溶液不需（或不能）咽下，需含在口中停留一段时间。每次品尝后，用清水漱口，在品尝下一个基本味道之前，漱口后等待 1min。表 4-8 为阈值测定实例。若候选评价员对味觉的灵敏度不高，则不能选为优选评价员。

表4-8　阈值测定实例

姓名：_____									2019 年 1 月 13 日		
容器顺序	水	1	2	3	4	5	6	7	8	9	10	11
容器编号		89	43	12	25	14	18	29	51	22	78	87
记录	○	○	○	×	××	××	×××	×××	×××	×××	×××	×××

注：○—无味；×—觉察阈；××—识别阈；×××—识别不同浓度递增，增加×数。

（3）对嗅觉灵敏度的测试　试验中常用的样品和匹配检验问答卷如表 4-9 和表 4-10 所示。

表4-9　嗅觉灵敏度测试（香味、香气[①]）常用样品举例

气味描述	刺激物	气味描述	刺激物
薄荷	薄荷油	香草	香草提取物
杏仁	杏仁提取物	月桂	月桂醛
橘子皮	橘子皮油	丁香	丁子香酚
青草	顺 -3- 己烯醇	冬青	甲基水杨酸盐

① 将能够吸香气的纸浸入香气原料，在通风橱内风干30min，放入带盖的广口瓶拧紧。

表4-10　嗅觉灵敏度测试常用的匹配检验问答卷

匹配检验问答卷
试验指令：用鼻子闻第一组风味物质，每闻过一个样品之后，要稍作休息。然后闻第二组物质，比较两组风味物质，将第二组物质编号写在与其相似的第一组物质编号的后面

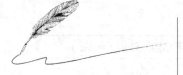

续表

第一组	第二组	风味物质 A
068	_____	_____
712	_____	_____
813	_____	_____
564	_____	_____
234	_____	_____
675	_____	_____

请从下列物质中选择符合第一组、第二组风味的物质，依次决定候选人能否参加后面的区别检验：

冬青	姜	青草	茉莉
月桂	丁香	薄荷	橘子
花香	香草	杏仁	茴香

2. 区别检验

此项检验用来区别候选人区分同一类型产品的某种差异的能力。可以用三点检验法或二 - 三点检验法来完成。样品之间的差异可以是同一类产品的不同成分或者不同加工工艺。常用的试验物质如表 4-11 所示。试验结束后，对结果进行统计分析。在三点检验中，正确识别率低于 60% 则被淘汰；在二 - 三点检验中，识别率低于 75% 则被淘汰。

表4-11　区别检验常用的物质及其浓度

材料	室温下的水溶液浓度	材料	室温下的水溶液浓度
咖啡因	0.27g/L	蔗糖	12.00g/L
柠檬酸	0.60g/L	顺 - 3 - 己烯醇	0.40mg/L
氯化钠	2.00g/L		

3. 排序和分级检验

此试验用来确定候选人员区别某种感官特性的不同水平的能力，或者判定样品性质强度的能力。在每次检验中将 4 个具有不同特性强度的样品以随机的顺序提供给候选评价员，要求他们以强度递增的顺序将样品排序。应以相同的顺序向所有候选评价员提供样品，以保证候选评价员排序结果的可比性，避免由于提供顺序的不同而造成的影响。试验中常用的样品或者调查问答卷如表 4-12 ～表 4-14 所示。试验结束后，对数据进行分析。只接纳正确排序和只将相邻位置颠倒的候选人。

表4-12　排序/分级检验建议使用材料举例

检验项目	代表项	材料
	酸	柠檬酸 / 水：0.25g/L、0.5g/L、1.0g/L、1.5g/L
味道辨别	甜	蔗糖 / 水：10g/L、20g/L、50g/L、100g/L
	苦	咖啡因 / 水：0.3g/L、0.6g/L、1.3g/L、2.6g/L

续表

检验项目	代表项	材料
味道辨别	咸	氯化钠/水：1.0g/L、2.0g/L、5.0g/L、10g/L
气味辨别	酒精味	3-甲基丁醇/水：10mg/L、30mg/L、80mg/L、180mg/L
质地辨别	要求有代表性的产品	豆腐、豆腐干，质地从硬到软
颜色辨别	布或者颜色标度等	布，色卡从强到弱（如从暗红到浅红）

表4-13 排序检验问答卷示例

排序检验问答卷
试验说明：将你面前的糖水溶液按照甜度由低到高的顺序排列
样品编号
甜度最低　＿＿＿＿＿＿＿＿
甜度最高　＿＿＿＿＿＿＿＿

表4-14 强度分级检验问答卷示例

强度分级检验问答卷
试验说明：在给定的直线上做一个标记，以说明每一份糖水溶液的甜度
样品标号：
438　0＿＿＿＿＿＿＿＿＿＿＿很高
209　0＿＿＿＿＿＿＿＿＿＿＿很高
879　0＿＿＿＿＿＿＿＿＿＿＿很高
903　0＿＿＿＿＿＿＿＿＿＿＿很高

三、表达能力的测试

对于参加描述分析试验的评价人员来说，只有分辨产品之间差别的能力是不够的，他们还应具有对于关键感官性质进行描述的能力，并且能够从量上正确地描述感官强度的不同。他们应具有的能力包括：对感官性质及其强度进行区别的能力；对感官性质进行描述的能力，包括用语言来描述性质和用标尺来描述强度、抽象归纳的能力。

表达能力的测试一般可以分以下两步进行。

1. 区别能力测试

可以用三点检验法或二-三点检验法，样品之间的差异可以是温度、成分、包装或加工过程，样品按照差异的被识别程度由易到难的顺序呈送。三点检验中，正确识别率在50%～70%为合格；二-三点检验中，识别率在60%～80%为及格。

2. 描述能力测试

呈送给参选人员一系列差别明显的样品，要求参选人员对其进行描述。参选人员要能够用自己的语言对样品进行描述，其中的词语包括化学名词、普通名词或者其他有关词汇等。要求候选人必须能够用

这些词汇描述出 80% 的刺激感应，对剩下的那些能够用比较一般的、不具有特殊性的词汇进行描述，比如甜、咸、酸、涩、一种辣的调料、一种浅黄色的调料等。此检验可通过气味描述试验和质地描述试验来完成。

（1）气味描述试验　此试验用来检验候选人描述气味刺激的能力。向候选人提供 5～10 种不同的嗅觉刺激物。这些刺激物样品最好与最终评价的产品相联系。样品系列应包含熟悉的、比较容易识别的样品和一些生疏的、不常见的样品。刺激物的刺激强度应在识别阈值之上，但不能比实际产品中的含量高出太多。此试验中样品的制备方法可以为直接法或者鼻后法。

将吸有样品气味的石蜡或者棉绒置于深色无气味的 50mL 的有盖细玻璃瓶中，使之有足够的样品材料挥发在瓶子的上部。在将样品提供给候选人之前应检查一下气味的强度。一次只提供给候选人一个样品，要求候选人描述或记录他们的感受。初次讨论后，组织者可主持一次小型研讨会，以便更多地了解候选人描述刺激的能力。所用材料如表 4-15 所示。

表4-15　气味描述试验常用材料示例

材料	由气味引起的通常联想物的名称	材料	由气味引起的通常联想物的名称
苯甲醛	苦杏仁	茴香脑	茴香
辛烯 -3- 醇	蘑菇	香兰醛	香草素
苯乙酸乙酯	花卉	β- 紫罗酮	紫罗兰、悬钩子
2- 烯丙基硫醚	大蒜	丁酸	发哈的黄油
樟脑	樟脑丸	乙酸	醋
薄荷醇	薄荷	乙酸异戊酯	水果
丁子香酚	丁香	二甲基噻吩	烤洋葱

试验结束后，即可对结果进行分析评价。一般可按照以下的标度给候选人打分：

描述准确的	5 分
仅能在讨论后才能较好描述的	4 分
联想到产品的	2～3 分
描述不出的	1 分

应根据所使用的不同材料规定出合格的操作水平。气味描述试验候选人的得分应该达到满分的 65%，否则不宜做这类检验。

（2）质地描述试验　该测试是检验候选评价员描述不同质地特性的能力。以随机的顺序向候选评价员提供一系列样品，并要求描述这些样品的质地特征。固态样品应加工成大小不同的形状，液态样品应置于不透明的容器内提供。所用材料见表 4-16。

表4-16　质地描述试验常用材料示例

材料	由产品引起的对质地的联想	材料	由产品引起的对质地的联想
橙子	多汁	奶油冰激凌	软的，奶油状的，光滑的
油炸土豆片	脆的，有嘎吱响声	藕粉糊	胶水般的，软的，糊状的，胶状的
梨	多汁的，颗粒感	胡萝卜	硬的，有嘎吱响声
结晶糖块	结晶的，硬而粗糙的	炖牛肉	明胶状的，弹性的，纤维质的
栗子泥	面团状的，粉质的		

试验结束后，对结果进行分析。可按以下标度给候选评价员的操作打分：

描述准确的	5分
仅在讨论后才能较好描述的	4分
联想到产品的	2～3分
描述不出的	1分

应根据所使用的不同材料规定合格操作水平。达不到满分的65%的人不适合做这类检验的优选评价员。

第四节　优选评价员的培训

每个感官评价员在感官上的差别是一种天性，是难以避免的。但能否培训好的评价员，使每个人的反应保持稳定，对于产品的分析结果能否作为依据是非常重要的。因此，要想得到可靠有效的试验结果，对感官评价员的培训是必不可少的。通过培训，可以发现有的人对某种食物或者制品具有特殊的挑拣能力和描述其特点的能力。这种能力是通过培训而得到启迪后具备的。有人发现对7名品评人员分别进行4h、60h、120h的培训，在每次培训之后都对3种市售番茄酱进行品尝比较，在经过短期培训之后，品评人员可以发现3种番茄酱某些感官和风味上的差异，在培训60h后，可发现更多的差别，在培训120h后，每个品评员都可以发现3种产品之间的所有质地上的差异和绝大部分风味上的差异；描述咖啡的17种感官指标中，在培训之前，每个品评员能够识别的指标都低于6种，而在培训之后，有8人至少能够识别出其中的8种，有2人能够识别出12种以上。Pevvieux和Dijksterhuis的试验也说明了培训的重要性。培训之前，有4名品评人员不能正确得出时间-强度分析的典型曲线，而经过培训，这4人的描述分析能力都显著提高，得到了典型曲线。所有试验说明，通过培训，小组评价员可以更加熟悉产品和品评技术，可以增强辨别能力。

一、培训的目的与要求

培训或训练的目的是向候选评价员提供感官分析基本方法及有关产品的基本知识，提高他们觉察、识别和描述感官刺激的能力，使最终产生的小组评价员能作为特殊的"分析仪器"获得可靠的评价结果。

对感官评价人员进行训练可以起到以下作用：

（1）提高和稳定感官评价人员的感官灵敏度　经过精心选择的感官训练方法，可以增加感官评价人员在各种感官试验中运用感官能力，减少各种因素对感官灵敏度的影响，使感官灵敏度经常保持在一定

水平之上。

（2）降低感官评价人员之间及感官评价结果之间的偏差　通过特定的训练，可以保证所有感官评价人员对他们所要评价的特性、评价标准、评价系统、感官刺激量和强度间的关系等有一致的认识。特别是在用描述性词汇作为分度值的评分试验中，训练的效果更加明显。通过训练，可以使评价人员统一对评分系统所用描述性词汇所代表的分度值的认识，减小感官评价人员之间在评分上的差别及误差方差。

（3）降低外界因素对评价结果的影响　经过训练后，感官评价人员能增强抵抗外界干扰的能力，将注意力集中于感官评价。

训练感官评价人员的组织者在训练中不仅要选择适当的感官评价试验以达到训练的目的，也要向受训人员讲解感官评价的基本概念、感官分析程度以及感官评价基本用语的定义和内涵，从基本感官知识和试验技能两方面对感官评价人员进行训练。

训练感官评价人员的组织者在实施训练过程中应注意下列问题：

① 训练期间可以通过提供已知差异程度的样品做单向差异分析或通过评析与参考样品相同的试样的感官特性，了解感官评价人员训练的效果，决定何时停止训练，开始实际的感官评价工作。

② 参加训练的感官评价人员应比实际需要的人数多，一般参加培训的人数应是实际需要的评价员人数的 1.5～2 倍，以防止因疾病、度假或工作繁忙造成人员调配困难。

③ 已经接受过培训的感官评价人员，若一段时间内未参加感官评价工作，要重新接受简单训练之后才能再参加感官评价工作。

④ 训练期间，每个参加人员至少应主持一次感官评价工作，负责样品的制备、试验设计、数据收集整理和讨论会召集等，使每个感官评价人员都熟悉感官试验的整个程序和进行试验所应遵循的原则。

⑤ 除嗜好感官试验外，在训练中应反复强调试验中客观评价样品的重要性，评价人员在评析过程中不能掺杂个人情绪。另外，应让所有参加训练的人员明确集中注意力和独立完成试验的意义，试验中应尽可能避免评价人员之间谈话和讨论，使品评人员能独立进行试验，从而理解整个试验，逐渐增强自信心。

⑥ 在训练期间尤其是训练的开始阶段，应严格要求感官评价人员在试验前不接触或避免使用有气味化妆品及洗涤剂，避免味感受器官受到强烈刺激，如喝咖啡、嚼口香糖、吸烟等；在试验前 30min 不要接触食物或者香味物质；如果在试验中有过敏现象发生，应通知品评小组负责人；如果有感冒等疾病，则不应该参加试验。

⑦ 试验中应留意评价人员的态度、情绪和行为的变化。这可能起因于对试验过程的不理解，或者对试验失去兴趣，或者精力不集中。有些感官评价的结果不好，可能是由于评价人员的状态不好，而试验组织者不能及时发现而造成的。

根据试验目的和方法的不同，评价人员所接受的培训也不相同，作为最基本的要求，每个参评人员在试验之前，至少要对以下内容有所了解：

（1）试验程序　比如每次所要品尝的样品的数量、用什么餐具、与产品接触的方式（吸吮，轻轻地嗅、咬或者嚼），品尝后应如何处理样品，是吞食还是吐出等。

（2）问答卷的使用　包括如何打分、回答问题以及涉及的一些术语的解释。

（3）评价的方法　在培训当中要使评价人员清楚他们的任务，是对产品进行区别、描述，表明自己对产品的接受程度，还是在所试验产品中选出自己喜爱的产品。

（4）试验的时间　对于没有接受太多培训的评价人员，最好安排他们在该产品通常被使用的时间进行试验，比如牛奶安排在早上，比萨饼安排在中午，味道浓的产品和酒精类产品一般不在早上试验。还要避免在刚刚用餐、喝过咖啡后进行试验，如果食用过味道浓重的食物（比如辛辣类零食、口香糖）或使用过香水等，都要在对口腔或皮肤做过一定处理之后才能参加试验，因为这些都会对试验结果产生影响。

二、培训方法的选择

对优选出来的评价员进行的培训，包括感官分析技术的培训、感官分析方法的培训及产品知识的培训。

1. 感官分析技术的培训

感官分析技术的培训又包括认识感官特性的培训、接受感官刺激的培训和使用感官检验设备的培训。认识感官特性的培训是要使候选评价员能认识并熟悉各有关感官特性，如颜色、质地、气味、味道、声响等。而接受感官刺激的培训是培训候选评价员正确接受感官刺激的方法，例如在评价气味时，应浅吸而不应该深吸，并且吸的次数不要太多，以免嗅觉混乱和疲劳。对液态和固态样品，当用嘴评价时应事先告诉评价员可吃多少，样品在嘴中停留的大约时间，咀嚼的次数以及是否可以咽下。另外，要告知如何适当地漱口以及两次评价之间的时间间隔，以保证感觉的恢复，但要避免间隔时间过长，以免失去区别能力。使用感官检验设备的培训是培训候选评价员正确并熟练使用有关感官检验设备。

2. 感官分析方法的培训

感官分析方法的培训主要包括差别检验方法的培训、使用标度的培训、设计和使用描述词的培训。

（1）差别检验方法的培训　差别检验方法的培训是要使候选评价员熟练掌握差别检验的各种方法，包括成对比较检验法、三点检验法、"A"-"非A"检验法等。在培训过程中样品的制备应体现由易到难循序渐进的原则。如有关味道和气味的感官刺激的培训，刺激物最初可由水溶液给出，在有一定经验后可用实际的食品或饮料代替，也可以使用两种成分按不同比例混合的样品。在评价气味和味道差别时，变换与样品的气味和味道无关的样品外观有助于增加评价的客观性。用于培训和检验的样品应具有市场产品的代表性，同时应尽可能与最终评价的产品相联系。表4-17为差别检验方法培训阶段所使用的样品举例。

表4-17　差别检验方法培训常用材料及浓度示例

材料	浓度/（g/L）
蔗糖	16
酒石酸或柠檬酸	1

续表

材料	浓度 /（g/L）
咖啡因	0.5
氯化钠	5
鞣酸	1
糖精	0.1
硫酸奎宁	0.2
葡萄柚汁	
苹果汁	
黑刺李汁	
黑刺李汁与各种浓度葡萄糖的混合液	
冷茶	
蔗糖溶液	10、5、1、0.1
4 种浓度蔗糖溶液分别添加硫酸奎宁和黑刺李汁	
乙醇	0.015
乙酸苯甲酯	0.01
酒石酸加己六醇	分别为 0.3、0.03 或分别为 0.7、0.015
黄色的橙味饮料、橙色的橙味饮料、黄色的柠檬味饮料	
（连续品尝）咖啡因、酒石酸、蔗糖	分别为 0.8、0.4、5
（连续品尝）咖啡因、蔗糖、咖啡因、蔗糖	分别为 0.8、5、1.6、1.5

（2）使用标度的培训　运用一些实物作为参照物，向品评人员介绍标度的概念、使用方法等。通过按样品的单一特性强度将样品排序的过程，给评价员介绍名义标度、顺序标度、等距离标度和比率标度的概念。在培训中要强调"描述"和"标度"在描述分析当中同样重要。让品评人员既注重感官特征，又要注重这些特性的强度，让他们清楚地知道描述分析是使用词汇和数字对产品进行定义和度量的过程。在培训中，最初使用的基液是水，然后引入实际的食品和饮料以及混合物。表 4-18 为标度培训阶段所使用的样品举例。

表4-18　标度培训常用材料示例

序号	材料	浓度 /（g/L）
1	柠檬酸	0.4、0.2、0.1、0.05
2	丁子香酚	1、0.3、0.1、0.03
3	咖啡因	0.15、0.22、0.34、0.51
4	酒石酸	0.05、0.15、0.4、0.7
5	乙酸己酯	0.5×10^{-3}、5×10^{-3}、0.02、0.05
6	不同硬度的豆腐干	
7	果胶冻	
8	柠檬汁及其稀释液	0.010、0.050
9	布（辨色）	颜色强度从强到弱（如从暗红到浅红）

（3）设计和使用描述词的培训　通过提供一系列简单样品并要求制定出描述其感官特性的术语或词汇，特别是那些能将样品区别开的术语或词汇，向品评人员介绍这些描述性的词汇，包括外观、风味、口感和质地方面的词汇，并用于描述与事先准备好的与这些词汇相对应的一系列参照物，要尽可能多地反映样品之间的差异。同时，向品评人员介绍一些感官特性在人体上产生感应的化学和物理原理，从而使品评人员有丰富的知识背景，让他们适应各种不同类型产品的感官特性。培训常用的材料见表4-19。

表4-19　培训常用的材料示例

序号	材料	序号	材料
1	市售的水果汁产品及混合水果汁	3	豆腐干
2	面包	4	绞碎的水果或蔬菜

3. 产品知识的培训

通过讲解生产过程或到工厂参观，向评价员提供所需评价产品的基本知识。内容包括：商品学知识，特别是原料、配料和成品的一般和特殊的质量特征的知识；有关技术，特别是会改变产品质量特性的加工和贮藏技术。

三、考核与再培训

进行了一个阶段的培训后，需要对评价员进行考核以确定优选评价员的资格，从事特定检验的评价小组成员就从具有优选评价员资格的人员中产生。考核主要是检验候选人操作的正确性、稳定性和一致性。正确性，即考察每个候选评价员是否能够正确地评价样品，例如是否能正确区别、正确分类、正确排序、正确评分等。稳定性，即考察每个候选评价员对同一组样品先后评价的再现度。一致性，即考察各候选评价员之间是否掌握统一标准做出一致的评价。

不同类型的感官分析评价试验要求评价员具有不同的能力。对于差别检验评价员，要求其具有以下能力：区别不同产品之间性质差异的能力；区别相同产品某项性质程度的大小、强弱的能力。对于描述分析试验，要求评价员具有以下能力：对感官性质及其强度进行区别的能力；对感官性质进行描述的能力，包括用语言来描述性质和用标尺来描述强度、抽象归纳的能力。被选择作为适合一种目的的评价员不必要求他能适合于其他目的，不适合某种目的的评价员也不一定不适合从事其他目的的评价。

1. 对差别检验评价员的考核

采用三点检验法考核评价员的区别能力。使用实际上将要评价的材料样品，提供3个一组共10组样品，让候选评价员将每组样品区别开来，根据正确区别的组数判断候选评价员的区别能力。经过一段时间间隔，再重复进行上述的试验，比较两次正确区别的组数，根据两次正确区别的样品组数的变化情况判断该候选评价员的操作稳定性。用同一系列样品组对不同的候选评价员分别进行该试验，根据各候选评价员正确区别的样品组数判断该批候选评价员差别检验的一致性。

2. 对分类检验评价员的考核

对分类检验评价员的考核包括分类正确性考核、分类稳定性考核以及分类一致性考核。
（1）分类正确性考核　分类正确性考核的方法是让候选评价员分别评价一组包括感官指标合格与不

合格的 p 个样品。合格用数字 0 表示，不合格用数字 1 表示。根据对样品合格与否的分类，考核候选评价员分类的正确性。

（2）分类稳定性考核　分类稳定性考核的方法是经过一段时间，对同一样品组让某一候选员重复进行上述试验，然后进行 McNemar 检验以考核候选评价员的分类稳定性。具体做法如下。

① 对所评价的样品按前后两次检查结果分为（0,0）、（1,1）、（0,1）、（1,0）四类。统计结果为（0,1）的个数记作 m，结果为（1,0）的个数记为 n。

② 按下式计算概率：

$$P = \sum_{k=0}^{\min(m,n)} C_{m+n}^{k} \left(\frac{1}{2}\right)^{m+n} \tag{4-1}$$

式中，$\min(m,n)$ 为 m 与 n 中的较小者；C_{m+n}^{k} 表示 $m+n$ 个元素中 K 个元素的组合。

③ 若所得概率 P 小于指定的显著水平 α，则认为该候选评价员缺乏判别能力，必须更换或再培训；若所得的概率大于指定的显著水平 α，则认为该候选评价员通过了这次检验。

（3）分类一致性考核　为了评价 q 个候选评价员对 p 种样品的分类评价是否一致，可使用 Cochran 的 Q 检验，具体做法如下。

① 对 q 个候选评价员分别进行上述分类正确性考核的检验，将结果记录于表 4-20。

表4-20　分类一致性考核结果记录

样品 评价员	1	2	…	$p-1$	p	和
1						T_1
2						T_2
⋮						⋮
$q-1$						T_{q-1}
q						T_q
和	L_1	L_2	…	L_{p-1}	L_p	

② 按下式计算 Q 值：

$$Q = \frac{q(q-1)[\sum_{j=1}^{q} T_j^2 - (\sum_{j=1}^{q} T_j)^2/q]}{q\sum_{i=1}^{p} L_i - \sum_{i=1}^{p} L_i^2} \tag{4-2}$$

③ 将统计量 Q 值与自由度为 $q-1$ 的 χ^2 分布数值（查附录 1）进行比较。若 Q 值大于或等于相应的 χ^2 值，则认为这批候选评价员的分类评价显著不一致；如 Q 值小于相应的 χ^2 值，则认为这批候选评价员通过了分类一致性检验。

3. 对排序检验评价员的考核

（1）排序正确性考核　排序正确性考核的方法是将一系列特性强度已知的

样品提供给候选评价员排序，根据候选评价员错误排序的次数，考核其排序的正确性。

（2）排序稳定性考核　稳定性的考核方法是用 Spearman 秩相关检验，具体做法如下。

① 让同一候选评价员在不同的时间对同一系列的 p 个样品排序，将排序结果记入表 4-21。

表4-21　排序稳定性考核结果记录

次数＼秩数＼样品	1	2	⋯	p
第一次	r_{11}	r_{12}	⋯	r_{1p}
第二次	r_{21}	r_{22}	⋯	r_{2p}
两次秩次差	d_1	d_2	⋯	d_p

② 按下式计算秩相关系数：

$$\rho = 1 - \frac{6(d_1^2 + d_2^2 + \cdots + d_p^2)}{p(p^2 - 1)} \tag{4-3}$$

③ 根据指定的显著水平 α 值所对应的临界值表找出相应的临界值 ρ_α（查附录 2 Spearman 秩相关检验临界值表）。若 $\rho < \rho_\alpha$，则认为该候选评价员缺乏稳定的判断能力；若 $\rho \geqslant \rho_\alpha$，则认为该候选评价员通过了稳定性考核。

（3）排序一致性考核　排序一致性考核可采用 Friedman 检验（参见第七章第一节排序检验法），具体做法如下。

① 将 q 个评价员对 p 个样品的评价结果记录于表 4-22。

表4-22　排序一致性考核结果记录

评价员＼秩数＼样品	1	2	⋯	p
1	r_{11}	r_{12}	⋯	r_{1p}
2	r_{21}	r_{22}	⋯	r_{2p}
⋮	⋮	⋮	⋮	⋮
q	r_{q1}	r_{q2}	⋯	r_{qp}
秩和	R_1	R_2	⋯	R_p

② 按下式计算 F 值：

$$F = \frac{12}{qp(p+1)}(R_1^2 + R_2^2 + \cdots + R_p^2) - 3q(p+1) \tag{4-4}$$

③ 查相应的 Friedman 表（见表 7-5），找出对应于 (p,q) 的值 $F_{p,q}(\alpha)$。

若 $F \geqslant F_{p,q}(\alpha)$，则可得出各候选评价员基本上一致的结论，说明他们通过了排序一致性考核。

若 $F < F_{p,q}(\alpha)$，则说明他们没有通过排序一致性考核。当评价的样品数 p 或评价员数 q 超过 Friedman 表中的 (p,q) 值时，临界值可取自由度为 $p-1$ 的 χ^2 表（见附录 1）中相应的值。

4. 对评分检验评价员的考核

（1）评分区别能力的考核　评分区别能力的考核可以对每个评价员的评价结果做方差分析，具体做

法如下。

① 让 q 个候选评价员给 p 组样品评分，每组由 3 个相同样品组成，各组样品不相同。应按随机次序分发样品。必要时可分几次评定。评分记录于表4-23。

表4-23　评分记录

样品组	评价员								总评
	1		…	j		…	q		
	分数	平均		分数	平均		分数	平均	
1	r_{111}		…	r_{1j1}			r_{1q1}		
	r_{112}	$\bar{r}_{11\cdot}$	…	r_{1j2}	$\bar{r}_{1j\cdot}$		r_{1q2}	$\bar{r}_{1q\cdot}$	$\bar{r}_{1\cdot\cdot}$
	r_{113}			r_{1j3}			r_{1q3}		
2	r_{211}			r_{2j1}			r_{2q1}		
	r_{212}	$\bar{r}_{21\cdot}$		r_{2j2}	$\bar{r}_{2j\cdot}$		r_{2q2}	$\bar{r}_{2q\cdot}$	$\bar{r}_{2\cdot\cdot}$
	r_{213}			r_{2j3}			r_{2q3}		
⋮	⋮	⋮	⋮	⋮	⋮	⋮	⋮	⋮	⋮
i	r_{i11}			r_{ij1}			r_{iq1}		
	r_{i12}	$\bar{r}_{i1\cdot}$	…	r_{ij2}	$\bar{r}_{ij\cdot}$		r_{iq2}	$\bar{r}_{iq\cdot}$	$\bar{r}_{i\cdot\cdot}$
	r_{i13}			r_{ij3}			r_{iq3}		
⋮	⋮	⋮	⋮	⋮	⋮	⋮	⋮	⋮	⋮
p	r_{p11}			r_{pj1}			r_{pq1}		
	r_{p12}	$\bar{r}_{p1\cdot}$		r_{pj2}	$\bar{r}_{pj\cdot}$		r_{pq2}	$\bar{r}_{pq\cdot}$	$\bar{r}_{p\cdot\cdot}$
	r_{p13}			r_{pj3}			r_{pq3}		
平均	$\bar{r}_{\cdot1\cdot}$			$\bar{r}_{\cdot j\cdot}$			$\bar{r}_{\cdot q\cdot}$		$\bar{r}_{\cdots}$

注：$\bar{r}_{ij\cdot}=\dfrac{\sum\limits_{k=1}^{3} r_{ijk}}{3}$，$\bar{r}_{\cdot j\cdot}=\dfrac{\sum\limits_{i=1}^{p}\sum\limits_{k=1}^{3} r_{ijk}}{3p}$。下同。

② 根据表 4-23 中的值，对 q 个评价员分别计算得到表 4-24 中的值。

表4-24　结果计算

自由度 f	平方和 SS	均方 MS	F
样品之间 $f_1=p-1$	$SS_1=3\sum\limits_{i=1}^{p}(\bar{r}_{ij\cdot}-\bar{r}_{\cdot j\cdot})^2$	$MS_1=SS_1/f_1$	
残差 $f_2=p(3-1)$	$SS_2=\sum\limits_{i=1}^{p}\sum\limits_{k=1}^{3}(r_{ijk}-\bar{r}_{ij\cdot})^2$	$MS_2=SS_2/f_2$	$F=MS_1/MS_2$
总和 $f_3=3p-1$	$SS_3=\sum\limits_{i=1}^{p}\sum\limits_{k=1}^{3}(r_{ijk}-\bar{r}_{\cdot j\cdot})^2$	$MS_3=SS_3/f_3$	

③ 查 F 分布表（见附录3），找出对应于自由度为 (f_1, f_2)、显著水平为 α 的 F 值 $[F_\alpha(f_1, f_2)]$。

若 $F < F_\alpha(f_1, f_2)$，则认为候选评价员对样品的评价缺乏区别能力；若

$F \geqslant F_\alpha(f_1, f_2)$，则认为该候选评价员对样品具有一定的区别能力。

（2）评分稳定性的考核 评分稳定性的考核可通过计算$\sqrt{MS_2}$，根据$\sqrt{MS_2}$值的大小判断该候选评价员的稳定性程度，其值越大说明其评分稳定性越差。MS_2的计算可参考表4-24的公式。

（3）评分一致性的考核 评分一致性的考核可对全部评价结果做两种方式分组的方差分析，具体做法如下。

① 将q个评价员的评价结果汇集入表4-23,然后计算表4-24和表4-25中的值。

表4-25 结果计算

自由度 f	平方和 SS	均方 MS	F
样品之间 $f_4 = p-1$	$SS_4 = 3q \sum\limits_{i=1}^{p} (\bar{r}_{i\cdot\cdot} - \bar{r}_{\cdots})^2$	$MS_4 = SS_4/f_4$	$F_2 = MS_5/MS_7$
评价员之间 $f_5 = q-1$	$SS_5 = 3p \sum\limits_{j=1}^{q} (\bar{r}_{\cdot j\cdot} - \bar{r}_{\cdots})^2$	$MS_5 = SS_5/f_5$	
交换作用 $f_6 = (p-1)(q-1)$	$SS_6 = 3 \sum\limits_{i=1}^{p} \sum\limits_{j=1}^{q} (\bar{r}_{ij\cdot} - \bar{r}_{\cdots})^2 - SS_4 - SS_5$	$MS_6 = SS_6/f_6$	$F_1 = MS_6/MS_7$
残差 $f_7 = pq(3-1)$	$SS_7 = \sum\limits_{i=1}^{p} \sum\limits_{j=1}^{q} \sum\limits_{k=1}^{3} (r_{ijk} - \bar{r}_{ij\cdot})^2$	$MS_7 = SS_7/f_7$	
总和 $f_8 = 3pq-1$	$SS_8 = \sum\limits_{i=1}^{p} \sum\limits_{j=1}^{q} \sum\limits_{k=1}^{3} (r_{ijk} - \bar{r}_{ij\cdot})^2$	$MS_8 = SS_8/f_8$	

注：$\bar{r}_{j\cdot\cdot} = \dfrac{\sum\limits_{j=1}^{q} \sum\limits_{k=1}^{3} r_{ijk}}{3q}$，$\bar{r}_{\cdot j\cdot} = \dfrac{\sum\limits_{i=1}^{p} \sum\limits_{k=1}^{3} r_{ijk}}{3p}$，$\bar{r}_{ij\cdot} = \dfrac{\sum\limits_{k=1}^{3} r_{ijk}}{3}$，$\bar{r}_{\cdots} = \dfrac{\sum\limits_{i=1}^{p} \sum\limits_{j=1}^{q} \sum\limits_{k=1}^{3} r_{ijk}}{3pq}$。

② 做方差齐次性检验，按下式计算：

$$C = \frac{MS_{2max}}{\sum\limits_{i=1}^{q} MS_{2i}}$$

式中，MS_{2max}表示诸MS_2中的最大值。

将C值和相应临界值C_α（见附录4）进行比较。若$C \geqslant C_\alpha$，说明具有MS_{2max}的评价员的评价变异性明显大于其他评价员，则剔除该评价员的全部评价结果，重复进行方差齐次检验，直到通过了该检验为止。

③ 查F分布表（见附录3），找出相应于自由度为(f_6, f_7)的F值$[F_\alpha(f_6, f_7)]$。若$F_1 \geqslant F_\alpha(f_6, f_7)$，则说明交换作用显著，这批候选评价员没有通过评分一致性考核。

④ 若$F_1 < F_\alpha(f_6, f_7)$，则进一步查F分布表，找出相应于自由度为(f_5, f_7)的F值$[F_\alpha(f_5, f_7)]$。若$F_2 \geqslant F_\alpha(f_5, f_7)$，则说明候选评价员之间有显著差异，也没有通过评分一致性考核；若$F_2 < F_\alpha(f_5, f_7)$，则这批候选评价员通过了评分一致性考核。

5. 对定性描述检验评价员的考核

对定性描述检验评价员的考核主要是在培训过程中考查和挑选，也可以提供对照样品以及一系列描述词，让候选评价员识别与描述。若不能正确地识别和描述70%以上的标准样品，则不能通过该项考核。

6. 对定量描述检验评价员的考核

对定量描述检验评价员的定性描述能力的考核可以按照对定性描述检验评价员的考核方法，而对于定量描述能力的考核则可以采用提供3个一组共6组不同的样品，使用对评分检验评价员的考核方法来考核候选评价员的定量描述的区别能力、稳定性和一致性。

已经接受过培训的优选评价员若一段时间内未参加感官评价工作，其评价水平可能会下降，因此对其操作水平应定期检查和考核，达不到规定要求的应重新培训。

 总结

食品感官分析的实施主体是食品感官评价员，评价员的素质直接决定着食品感官分析的实施及评价结果的可靠性。本章介绍了食品感官分析评价员的类型、选拔及培训方法。其中，食品感官分析评价员的选拔及培训是食品感官分析的组织者、参与者及管理者必备的实践技能，为食品感官分析的顺利实施奠定了人员基础。

 思考题

1）食品感官分析评价员的类型有哪些？
2）评价员的初选方法和程序是什么？
3）候选评价员应满足哪些基本条件？
4）如何测评候选评价员？
5）优选评价员的培训内容及考核方法有哪些？

工程实践

1）以食品企业技术负责人的身份，组织一个食品感官分析评价员的模拟招聘会，要求按照评价员的初选方法和程序进行。

2）如果应聘某食品企业感官评价员职位，应该做好哪些方面的技术准备工作？要求写出具体方案。

3）以食品企业技术部培训员的身份，制订一个食品感官评价员的培训方案。

第五章 检验方法的
分类及标度

 为什么学习检验方法的分类及标度？

由于食品及食品材料的多样性和复杂性，以及食品感官分析的目的不同，需要有针对性地选择不同的检验方法。学习和选择使用适宜的检验方法，是食品感官分析实施并获得可靠结果的必要条件；而标度方法是感官检验的量化方式，通过这种数字化处理，感官评价可以成为基于统计分析、建模、预测等理论的定量科学，是实现感官检验由定性向定量转换的必要手段。

👁 学习目标

1. 掌握感官检验的定义及目的。
2. 掌握感官检验方法的分类及应用。
3. 熟悉试验方法的选择及问答票设计（举例说明）。
4. 熟悉标度的概念及种类。
5. 了解常用标度方法及应用。

第一节   感官检验方法的选择及应用

一、感官检验的定义及目的

所谓食品感官检验，就是以心理学、生理学、统计学为基础，依靠人的感觉（视觉、听觉、触觉、味觉、嗅觉）对食品进行评价、测定或检验并进行统计分析，以评定食品质量的方法。

对于食品而言，只注重其营养价值，还远远满足不了人们的需要。加工的食品是否味美，人们是否喜欢吃，即加工食品是否满足人们的嗜好，是评定其质量的重要因素之一。对食品成分进行分析，通过测定其中的蛋白质、脂肪、碳水化合物、微量元素等的含量，能够定量地评价其营养价值，但这些并不能说明人们对该食品的嗜好程度，即使是测定食品的黏性、弹性、硬度、酥脆性等物性指标，也不一定能得到和嗜好程度完全一致的数据。因此，即使在物理化学等测试技术和手段飞速发展的今天，对味香及嗜好度等本质上为主观特性的测定，也不得不依靠人的感官检验。人类对食品的最终评价，不借助人而只靠仪器评价，就是在将来也是有一定困难的。可见，食品的感官评价对于评定食品的质量是十分重要，也是十分必要的。感官评价除了可以评定食品的质量外，在食品生产过程中，还可以利用感官检验方法从食品制造工艺的原材料或中间产品的感官特性来预测产品的质量，为加工工艺的合理选择、正确操作、优化控制提供有关的数据，以控制和预测产品的质量和顾客对产品的满意程度。因此，感官检验对产品质量的预测和控制也具有重要的作用。

然而，由于人们对食品的嗜好千差万别，即使是同一个人，因其心理状态、生理状态及环境的变化，对同一种食品的嗜好表现通常也是不一样的，因此，即使是专家所评定的结果，也不一定能代表大多数人的嗜好。食品感官检验主要是研究怎样从大多数食用者当中选择必要的人选（称为评判员），在一定的条件下对试样加以品评，并将结果填写在问答票（评分单）中，然后对他们的回答结果进行统计分析来客观地评定食品的质量。可见，食品的感官检验绝不是简单的品尝，对于试样、评判员、环境等很多方面均具有严格的规定，根据测试目的和要求的不同，要采用不同的感官检验方法加以实施。

二、感官检验方法的分类及应用

1. 感官检验的方法

食品感官检验的方法分为分析型感官检验和嗜好型感官检验两种。

（1）分析型感官检验　是指把人的感觉作为测定仪器，测定食品的特性或差别的方法。比如，检验酒的杂味，判断用多少人造肉代替香肠中的动物肉人们才能识别出它们之间的差别，评定各种食品的外观、香味、食感等特性，都属于分析型感官检验。

（2）嗜好型感官检验　是指根据消费者的嗜好程度评定食品特性的方法。比如，饮料的甜度怎样算最好，果冻的颜色怎样最好等。

搞清感官检验的目的，分清是利用人的感觉测定物质的特性（分析型）还是通过物质来测定人们的嗜好度（嗜好型）是设计感官检验的出发点。例如，对两种冰激凌，如果要研究二者的差别，就可以把冰激凌溶解或用水稀释，应在最容易检查出其差别的条件下进行检验，但如果要研究哪种冰激凌受消费者欢迎，通常必须在一般能吃的状态下进行检验。

2. 常用试验方法

根据感官检验工作的目的和要求，常用的试验方法有以下六种。

（1）差别试验　差别试验（difference test）用于分辨样品之间的差别，其中包括 2 个样品或者多个样品之间的差别试验。

差别试验是对样品进行选择性的比较，一般领先于其他试验，在许多方面有广泛的用途。例如，在贮藏试验中，可以比较不同的贮藏时间对食品的味觉、口感、鲜度等质量指标的影响；在外包装试验中，可以判断哪种包装形式更受欢迎，而成本高的包装形式有时并不一定受消费者欢迎，这些都可以用差别试验检验。

对于 2 个样品的比较，可以直接判断出它们之间是否存在着差别。其试验方法为二点比较法，试验形式有 AB、BA、AA、BB 组合。每次试验中，每个样品的猜测性（有无差别）的概率为 1/2。如果增加试验次数至 n 次，那么其概率将降低至 $1/2^n$。所以在条件许可的情况下，应尽可能增加试验次数。有时在试验中也可以以某个样品（已知）作为标准品，再对其他样品进行配对比较，从而判断出它们之间有无差别及差别程度，其试验方法有 AAB、ABA、ABB、BAA、BBA、BAB 等 6 种。每次试验中，每个样品猜测性的概率为 1/3。试验次数的增加会降低其猜测性。当猜测性的概率小于 5% 时，试验次数应分别不小于 5 次（2 个样品之间）和 3 次（3 个样品之间），见表 5-1。

表5-1 试验次数与猜测概率的关系

猜测概率	试验次数（n）					
	1	2	3	4	5	6
$1/2^n$	0.5	0.25	0.13	0.063	0.031	0.016
$1/3^n$	0.33	0.11	0.036	0.012	0.0039	0.0013

差别试验的试验方法有二点比较法（二点识别法和二点嗜好法）、一 - 二点比较法、三点比较法（三点识别法和三点嗜好法）等。试验结果的分析常用查表法。

① 二点比较法　即通过比较两种试样来区别两者或判断其优劣的方法。这是最简单、最基本的方法。可按试验目的分为二点识别法和二点嗜好法。

二点识别法是比较 X、Y 两种试样，根据人的感觉排列 X、Y 的顺序，即区别两者的方法。由于 X 和 Y 之间的顺序是客观存在的，当人们的感觉判断的顺序和客观存在的顺序一致时，回答是正确的，否则回答是错误的，因此识别检验只需做单边检验。二点识别法一般用于判断评审员的识别能力或者判断 X、Y 之间的差别是否达到能识别的程度等。该法具有准备和实施方便等优点，缺点是结果差错的偶然可能性大。

二点嗜好法是指比较 X、Y 两种试样后指出自己喜欢哪一种的方法。在嗜好性检验中，评审员指出 X、Y 两种试样中的任何一个均可以，故必须进行双边检验。该法主要用于市场调查和质量检验。

② 一 - 二点比较法　一 - 二点比较法是指先供给试样 X，让评审员记住它的特性（这个试样称为明试样），然后同时供给用暗号表示的试样 X 和 Y（因为评审员事先不知两个试样的内容和特性，故称为暗试样），让评审员判断两个暗试样中哪个是试样 X 的试验。一 - 二点比较法一般用于出厂检查验收商品，或用于测定评审员的识别能力，该法比二点比较法灵敏度高。

③ 三点比较法　有两个试样 X、Y，把两个相同的试样和一个不同的试样按 XYY、XXY、XYX 等方式组合后供给评审员，让评审员判断其中一个不同的试样的方法叫作三点识别法。然后再比较一个试样和剩余的两个相同试样，判断喜欢哪一个的方法叫作三点嗜好法。因此，三点比较法只经一次试验，就能同时完成识别和嗜好两个试验。

（2）排列试验　排列试验（ranking test）是对某种食品的质量指标，按大小或强弱顺序对样品进行排列，并记上 1、2、3 等数字。排列试验具有简单并且能够评判 2 个以上样品的特点。其缺点是只是一个初步的分辨试验形式，无法判断样品之间的差别大小和程度，只是其试验数据之间进行比较。试验结果的分析常用查表法和方差分析法。

（3）分级试验　分级试验（scoring test）是按照特定的分级尺度，对试样进行评判，并给以适当的级数值。

分级试验是以某个级数值来描述食品的属性。在排列试验中，两个样品之间必须存在先后顺序，而在分级试验中，两个样品可能属于同一级数，也可能属于不同级数，而且它们之间的级数差别可大可小。排列试验和分级试验各有特点和针对性。

　　分级试验的试验方法主要有评分法、Scheffe 成对比较法、模糊数学法等。试验结果的分析常用方差分析法。

　　（4）阈值试验　阈值试验（threshold test）是通过稀释（样品）确定感官分辨某一质量指标的最小值。

　　阈值试验主要用于味觉的测定，测定值如下。

　　① 刺激阈（RL）　能够分辨出感觉的最小刺激量叫作刺激阈。刺激阈分为敏感阈、识别阈和极限阈。阈值大小取决于刺激的性质和评价员的敏感度，也因测定方法的不同而发生变化。

　　② 分辨阈（DL）　感觉上能够分辨出刺激量的最小变化量称为分辨阈。用 $\pm \Delta S$ 来表示刺激量的增加（上）或减少（下），上下分辨阈的绝对值的平均值称为平均分辨阈。

　　③ 主观等价值（DSE）　对某些感官特性而言，有时两个刺激产生相同的感觉效果，这称为等价刺激。例如，10％的葡萄糖与 6.3％的蔗糖的刺激等价。

　　阈值试验的试验方法主要有极限法和定常法。关于阈值试验更加详细的内容，将在第八章中加以详细介绍。

　　（5）分析或描述试验　分析或描述试验（analysis or description test）是对样品与标准样品进行比较，给出较为准确的描述。

　　描述试验要求试验人员对食品的质量指标用合理、清楚的文字作准确的描述。描述试验有颜色和外表描述、风味描述、质构描述和定量描述。其主要用途有：新产品的研制与开发；鉴别产品间的差别；质量控制；为仪器检验提供感官数据；提供产品特性的永久记录；监测产品在贮藏期间的变化等。

　　目前常用的分析或描述试验方法主要有简单描述检验法及定量描述和感官剖面检验法。

　　① 简单描述检验法　它是评价员对构成产品特性的各个指标进行定性描述，尽量完整地描述出样品品质的检验方法。该方法多用在食品加工中质量控制、产品贮藏期间质量变化，以及鉴评员培训等情况。

　　描述检验按评价内容可分为风味描述和质地描述，按评价方式可分为自由式描述和界定式描述。自由式描述即评价员可用任意的词汇，对样品特性进行描述，但评价员一般需要对产品特性非常熟悉或受过专门训练；界定式描述则在评价前由评价组织者提供指标检验表，评价员是在指标检验表的指导下进行评价的。最后，在完成鉴评工作后，要由评价组织者统计结果，并将结果公布，由小组讨论确定鉴评结果。

　　② 定量描述和感官剖面检验法　它是评价员尽量完整地描述食品感官特性以及这些特性强度的检验方法。这种方法多用于产品质量控制、质量分析、判定产品差异性、新产品开发和产品品质改良等方面，还可以为仪器检验结果提供可对比的感官数据，使产品特性可以相对稳定地保存下来。

　　这种方法依照检验方式的不同可分为一致方法和独立方法两大类型。一致方法的含义是，在检验中所有的评价员（包括评价小组组长）以一个集体的一部分而工作，目的是获得一个评价小组赞同的综合印象，使描述产品风味特点达到一致、获得同感的方法。在检验过程中，如果不能一次达成共识，可借助参比样来进行，有时需要多次讨论方可达到目的。独立方法是由评价员先在小组内讨论产品的风味，然后由每个评价员单独工作，记录对食品感觉的评价成绩，最后用计算平均值的方法获得评价结果。无论是一致方法还是独立方法，在检验开始前，评价组织者和评价员都应完成以下工作：制订记录样品的特殊目录；确定参比样；规定描述特性的词汇；建立描述和检验样品的方法。该方法将在第九章具体介绍。

　　（6）消费者试验　消费者试验（consumer test）是由顾客根据个人的爱好对食品进行评判。

　　生产食品的最终目的是使食品被消费者接受和喜爱。消费者试验的目的是确定广大消费者对食品的态度，主要用于市场调查、向社会介绍新产品、进行预测等。

　　由于消费者一般都没有经过正规培训，个人的爱好、偏食习惯、感官敏感性等情况都不一致，故要求试验形式尽可能简单、明了、易行，使广大消费者乐于接受，而且要保证参加人数较多（50～80 人）。

3. 试验方法的选择及问答票

（1）感官检验方法的选择　为满足感官检验工作的目的和要求，应选择适当的试验方法。试验方法的选择主要取决于食品的性质和评审员两方面的因素。例如，对于辣味和刺激性比较强的食品，应该选择差别试验方法比较合适，这样可以避免因为多次品尝而引起的感觉疲劳。表5-2列出了感官检验方法的选择，表5-3列出了不同检验方法所需的评价员人数。

表5-2　感官检验方法的选择

实际应用	检验目的	方法
生产过程中的质量控制	检出与标准品有无差异	成对比较检验法（单边）
		成对比较检验法（双边）
		二－三点检验法
		三点检验法
		选择试验法
		配偶试验法
	检出与标准差异的量	评分法
		成对比较检验法
		三点检验法
原料品质控制检查	原料的分等	评分法
成品质量控制检查	检出趋向性差异	评分法
消费者嗜好调查，成品品质研究	获知嗜好程度或品质好坏	成对比较检验法
		三点检验法
		排序检验法
		选择试验法
	嗜好程度或感官品质顺序评分法的数量化	评分法
		多重比较法
		配偶试验法
品质研究	分析品质内容	描述试验法

表5-3　不同检验方法所需的评价员人数

方法	所需评价员人数		
	专家型	优秀评价员	初级评价员
成对比较检验法	7名以上	20名以上	30名以上
三点检验法	6名以上	15名以上	25名以上
二－三点检验法			20名以上

方法	所需评价员人数		
	专家型	优秀评价员	初级评价员
五中取二检验法		10名以上	
"A"-"非A"检验法		20名以上	30名以上
排序检验法	2名以上	5名以上	10名以上
分类检验法	3名以上	3名以上	
评估检验法	1名以上	5名以上	20名以上
评分检验法	1名以上	5名以上	20名以上
分等检验法	按具体分等方法定	按具体分等方法定	
简单描述检验法	5名以上	5名以上	
定量描述和感官剖面检验法	5名以上	5名以上	

（2）问答票　在试验过程中，向评审员提出什么样的问题是决定感官检验研究价值的出发点。对于不完备的、无用的提问，无论怎样进行分析，所得的数据结果也毫无意义。所以在认真品尝和检验样品的基础上，科学地设计问答票是非常重要的。问答票中的问题要明确，避免难以理解和同时有几种答案的提问，提问不应有理论上的矛盾，不应产生诱迫答案，提问不要太多。最好是在正式试验之前先选择几个人进行预备试验，征求他们对问答票的意见，经过综合分析后，再确定问答票的形式及内容。具体的问答票设计方法，请参见相关章节的相应内容。

三、感官检验的常用术语

在食品感官鉴评中，食品的各项感官特性是通过语言表述出来的，而语言本身受到本民族的历史和地域文化的影响，因此很难准确地把握不同国家和不同地区的词语含义。这里借鉴ISO规定（ISO 5492—2008）的典型食品质构的评价术语来加以介绍。

硬度（hardness or firmness）：表示使物体变形所需要的力。

凝聚性（cohesiveness）：表示形成食品形态所需内部结合力的大小。

酥脆性（brittleness）：表示破碎产品所需要的力。

咀嚼性（chewiness）：表示把固态食品咀嚼成能够吞咽状态所需要的能量，和硬度、凝聚性、弹性有关。

胶黏性（gumminess）：表示把半固态食品咀嚼成能够吞咽状态所需要的能量，和硬度、凝聚性有关。

黏性（viscosity）：表示液态食品受外力作用流动时分子之间的阻力。

弹性（springiness）：表示物体在外力作用下发生形变，当撤去外力后恢复原来状态的性质。

黏附性（adhesiveness）：表示食品表面和其他物体（舌、牙、口腔）附着时，剥离它们所需要的力。

粒状性（granularity）：表示食品中粒子大小和形状。

组织性（conformation）：表示食品中粒子的形状及方向。

湿润性（moisture）：表示食品中吸收或放出的水分。

油脂性（fatness）：表示食品中脂肪的量及质。

国际上定义的基本质构评价术语列于下面，供参考。

1. 一般概念

结构、组织（structure）：表示物体或物体各组成部分关系的性质。

质构、质地（texture）：表示物质的物理性质（包括大小、形状、数量、力学性质、光学性质、结构）及触觉、视觉、听觉的感觉性质。

2. 与压缩、拉伸有关的术语

硬（firm or hard）：表示受力时对变形抵抗较大的性质（触觉）。

柔软（soft）：表示受力时对变形抵抗较小的性质（触觉）。

坚韧（tough）：表示对咀嚼引起的破坏有较强的和持续的抵抗性质。近似于质构术语中的凝聚性（触觉）。

柔韧（tender）：表示对咀嚼引起的破坏有较弱的抵抗性质（触觉）。

筋道（chewy）：表示像口香糖那样对咀嚼有较持续的抵抗性质（触觉）。

脆（short）：表示一咬即碎的性质（触觉）。

弹性（springy）：表示去掉作用力后变形恢复的性质（视觉）。

塑性（plastic）：表示去掉作用力后变形保留的性质（视觉）。

黏附性（sticky）：表示咀嚼时对上腭、牙齿或舌头等接触面黏着的性质（触觉）。

黏稠状的（glutinous）：与发黏及黏附性视为同义语（触觉和视觉）。

易破的（brittle）：表示加作用力时，几乎没有初期变形而断裂、破碎或粉碎的性质（触觉和听觉）。

易碎的（crumble）：表示一用力便易成为小的不规则碎片的性质（触觉和视觉）。

咯蹦咯蹦的（crunchy）：表示兼有易破的和易碎的性质（触觉、视觉和听觉）。

酥脆的（crispy）：表示用力时伴随脆响而屈服或断裂的性质，常用来形容吃鲜苹果、芹菜、黄瓜、脆饼干时的感觉（触觉和听觉）。

发稠的（thick）：表示流动黏滞的性质（触觉和视觉）。

稀疏的（thin）：是发稠的反义词（触觉和视觉）。

3. 与食品结构有关的术语

① 颗粒的大小和形状。

滑润的（smooth）：表示组织中感觉不出颗粒存在的性质（触觉和视觉）。

细腻的（fine）：形容结构的粒子细小而均匀的样子（触觉和视觉）。

粉状的（powdery）：表示颗粒很小的粉末状或易碎成粉末的性质（触觉和视觉）。

砂状的（gritty）：表示小而硬颗粒存在的性质（触觉和视觉）。

粗粒状的（coarse）：表示较大、较粗颗粒存在的性质（触觉和视觉）。

多疙瘩状的（lumpy）：表示大而不规则粒子存在的性质（触觉和视觉）。

② 结构的排列和形状。

薄层片状的（flaky）：形容容易剥落的层片状组织（触觉和视觉）。

纤维状的（fibrous）：表示可感到纤维样组织且纤维易分离的性质（触觉和视觉）。

多筋的（glutenous）：表示纤维较粗硬的性质（触觉和视觉）。

纸浆状的（pulpy）：表示柔软而有一定可塑性的湿纤维状结构（触觉和视觉）。

细胞状的（cellular）：主要指有较规则的孔状组织（触觉和视觉）。

蓬松的（puffed）：形容胀发得很暄腾的样子（触觉和视觉）。

结晶状的（crystalline）：形容像结晶样的群体组织（触觉和视觉）。

玻璃状的（glassy）：形容脆而透明的固体状组织（触觉和视觉）。

果冻状的（gelatinous）：形容具有一定弹性的固体，察觉不出组织纹理结构的样子（触觉、视觉和听觉）。

泡沫状的（foamed）：主要形容许多小的气泡分散于液体或固体中的样子（触觉和视觉）。

海绵状的（spongy）：形容有弹性的蜂窝状结构的样子（触觉和视觉）。

4. 与口感有关的术语

口感（mouth feel）：表示口腔对食品质构感觉的总称。

浓的（body）：浓稠的、厚重的，是质构的一种口感表现，类似于我国俗语中的"瓷实"等。

干的（dry）：口腔游离液少的感觉。

潮湿的（moist）：口腔中游离液的感觉既不觉得少，又不感到多的样子。

润湿的（wet）：口腔中游离液有增加的感觉。

水汪汪的（watery）：因含水多而有稀薄、味淡的感觉。

多汁的（juicy）：咀嚼过程中口腔内的液体有不断增加的感觉。

油腻的（oily）：口腔中有易流动，但不易混合的液体存在的感觉。

肥腻的（greasy）：口腔中有黏稠而不易混合液体或脂膏样固体的感觉。

蜡质的（waxy）：口腔中有不易溶混的固体的感觉。

粉质的（mealy）：口腔中有干的物质和湿的物质混在一起的感觉。

黏糊糊的（slimy）：口腔中有黏稠而滑溜的感觉。

奶油状的（creamy）：口腔中有滑溜感。

收敛性的（astringent）：口腔中有黏膜收敛的感觉。

热的（hot）：口腔对热的感觉。

冷的（cold）：口腔对低温的感觉。

清凉的（cooling）：像吃薄荷那样，由于吸热而感到的凉爽。

第二节　标度

在感官检验中，标度方法是感官检验的量化方式，通过这种数字化处理，感官评价可以称为基于统计分析、建模、预测等理论的定量科学。

标度方法广泛用于需要量化感觉、态度或喜好倾向性等的各种场合。标度技术是基于感觉强度的心理物理学模型，即增强物理刺激的能量或增加食品组分的浓度或含量，会导致其在视觉、嗅觉或味觉等感觉方面有多大程度的增强。

一、标度种类

比较常用的有 4 种标度种类，即名义标度、序级标度、等距标度和比率标度。这几种标度是根据测量理论中测量水平提出的，适用于各个水平的各类统计分析和不同的建模水平。

1. 名义标度

名义标度中，对于事件的赋值仅仅是用于分析的一个标记、一个类项或种类，不反映序列特征。对这类数据的适当分析是进行频率计算并报告结果。对于不同产品或环境的不同反应频率，可通过卡方分析或其他非参数统计方法进行比较。利用这一标度，各单项间的比较只是说明它们是属于同一类别还是不同类别（相等与不相等的结果），而无法得到关于顺序、区别程度、比率或差别大小的结果。

2. 序级标度

序级标度中，赋值是为了对产品的一些特性、品质或观点（如偏爱）标示排列的顺序。该方法赋给产品的数值增加，表示感官体验的数量或强度增加。例如，对葡萄酒的赋值可能根据感觉到的甜度而排序，对香气的赋值可根据从喜爱到最不喜爱而排序。在这种情况下，数值并不说明关于产品间的相对差别。排在第四的产品某种感官强度并不一定就是排在第一的产品的 1/4，它与排在第三的产品间的差别也不一定就和排在第三与第二的产品间的差别相同。所以，我们既不能对感知到差别的程度下结论，也不能对差别的比率或数量下结论。

排序的方法常见于感官偏爱研究中。许多数值标度法可能只产生序级数据，对此也存在很强的疑问，因为选项间的间距主观上并不是相等的。例如关于常用的市场研究标度，"极好—很好—好—一般—差"，这些形容词间的主观间距并不均匀。评为"好"与"很好"的两个产品间的差别比评为"一般"和"差"的产品间的差别要小得多。但是，在分析时我们经常试图将 1 ~ 5 赋值给这些等级并取平均值，而且就像这些赋值数据反映相等的间距一样进行统计。一个合理的从"极好"到"差"的 5 点标度分析是计算各等级中反应者的数目，并进行频率比较。

通常，排序数据分析可以报告反应的中值作为主要趋势的概括，或者报告其他百分数以得到额外的信息，而包含加法和除法（例如平均数的计算）的数学运算并不恰当。

3. 等距标度

当反应的主观间距相等时会出现等距标度。在该标度水平下，赋值的数据可以表示实际的差别程度，那么，这种差别程度就是可以比较的，称为等距水平测量。用于感官科学的标度，几乎没有哪种能够满足有助于建立得到等距测量水平的检验，而且该水平经常又是假定的。明确支持这种水平的一种标度方法是用于"喜爱"至"厌恶"判断的 9 点类项标度，通常称为 9 点快感标度。这是一个平衡的标度法，所标明的反应选项有大致相等的间距，如下所示：

非常喜欢

很喜欢

一般喜欢

有些喜欢

既不喜欢也不厌恶

有些厌恶

一般厌恶

很厌恶

非常厌恶

这些选项通常从 1～9 或者等间距（例如 −4～+4）赋值进行编码和分析。对各种形容词标识的标度点间明确间距的大量研究导致了选择这些选项。可以看到，上述标度的区别在于强调主体反应的形容词，这些词汇来自英语国家，在其他国家是否表现良好的等距，有待进一步试验。

4. 比率标度

在比率标度方式下，0 点不是任意的，而且数值反映了相对比例。比率标度在工程评价中较常使用，特别是在层次分析法中经常使用 1～9 比率标度。表 5-4 列出了 1～9 比率标度的赋值及其所表示的含义。

表5-4　1～9比率标度的赋值及其含义

标度（赋值）	含义
1	表示两个因素相比，具有同样重要性
3	表示两个因素相比，一个因素比另一个因素稍微重要
5	表示两个因素相比，一个因素比另一个因素明显重要
7	表示两个因素相比，一个因素比另一个因素很重要
9	表示两个因素相比，一个因素比另一个因素极其重要
1/3	表示两个因素相比，一个因素比另一个因素稍微不重要
1/5	表示两个因素相比，一个因素比另一个因素明显不重要
1/7	表示两个因素相比，一个因素比另一个因素很不重要
1/9	表示两个因素相比，一个因素比另一个因素极其不重要
2、4、6、8、1/2、1/4、1/6、1/8	表示上述两相邻判断的中值

二、常用标度方法

常用的标度方法有三种。其中，最古老也最广为使用的标度方法是类项标度法，评价员根据特定而

有限的反应，将数值赋予觉察到的感官刺激；第二种方法与此相对应，是量值估计法，评价员可以对感觉赋予任何数值来反映其比率；第三种常用方法是线性标度法，该方法是评价员采用在一条线上做标记来评价感觉强度或喜爱程度。

这些方法存在两大方面的差异。首先是评价员所允许的自由度及对反应的限制。开放式标度法不设上限，其优点是允许评价员选择任何合适的数值进行标度。不过，这种开放式的反应难以在不同评价员之间进行校准，数据编码、分析及翻译过程会复杂化。相反，简单的分类法则易于确定固定值或使参照标准化，便于校准评价员，而且数据编码与分析常常很直观。其次是允许评价员的区别程度。有的允许评价员根据需要使用任意多个中间值，而有的则被限制，只能使用有限的离散的选择。所幸的是，采用合适的标度点数量似乎可以减少这些差异。9 点（或更多）类项标度法与分级更精细的量值估计法及线性标记法结果很接近，尤其是当产品差异不是很大时。

1. 类项标度

类项标度与线性标度的差别在于人们的选择受到很大的限制。图表标度技术至少给人的印象是——反应是连续分级的。实际上，作为数据，由于数据编码器具的局限性，它们同样也限制在不连续的可测量选项上，例如利用数字转换器的处理或通过光笔在触摸屏 CRT 上的像素分解的数值。但是在类项标度中，可选择的反应数目通常要少得多，典型的为 7 ~ 15 个类项。类项的多少取决于实际需要以及评价员对产品能够区别出来的级别数。随着评价员训练的进行，评价员对强度水平可感知差别的分辨能力会得到提高。

类项标度有时也被通称为"评估标度"，尽管这个术语也用于指所有的标度方法。最简单的，也是历史上最常见的形式是利用整数来反映逐渐增强的感官强度。作为一种心理物理学方法，它在早期文献中以"单刺激方法"出现，但与其他比较技术相比，它较少被用于测量绝对阈和辨别阈。不过，直接标度被认为是最经济的。也就是说，尽管它们可能是"廉价的数据"，但它们的优势在于对一个单一刺激，至少可以得到一个数据点。如果是剖面或描述性分析，可以得到许多数据点，标度了各个特征。在实际的感官工作中，由于检验完成的时间要求和有竞争力的产品开发的紧迫性通常是一个重要因素，因此，对这种经济特性的关注似乎要超过对标度有效性的关注。

类项标度举例如下。

① 数值（整数）标度（Lawless 和 Malone，1986）。例如：

强度　1　2　3　4　5　6　7　8　9
　　　弱　　　　　　　　　　强

② 语言类项标度（Mecredy 等，1974）。例如：

超痕量　无感觉

痕量　　不确定

极微量

微量

少量

中等

一定量

强

很强

③ 端点标示的 15 点方格标度（Lawless 等，1993）。例如：

甜味 □ □ □ □ □ □ □ □ □ □ □ □ □ □ □

　　 不甜　　　　　　　　　　　　　　　　　　　很甜

④ 相对于参照的类项标度（Stoer 和 Lawless，1993）。例如：

甜度 □ □ □ □ □ □ □ □ □

　　 较弱　　　　　　 参照　　　　 较强

⑤ 整体差异类项标度（Aust 等，1985）。例如：

与参照的差别

无差别

差别极小

差别很小

差别中等

差别较大

差别极大

⑥ 适用于年幼儿童的快感图示标度（Chen 等，1996），见图 5-1。

太好了　很好　好　可能好或不好　差　很差　太差了

图 5-1 适用于年幼儿童的快感图示标度

　　这类标度方法应用广泛。常见的例子是用大约 9 个点的整数反应。分级也可以更多，如 Winakor 等人用 1 ～ 99 的选项来评估织物的手感特征。在频谱方法中研究者使用了 15 点类项，但允许把每类再分成 10 等份，理论上相当于变成了至少 150 点的标度。在快感或情感检验中，常用两极标度，有一个 0 点或中性点位于中间位置。这比强度标度简略，例如，在对儿童使用的"笑脸"标度中，虽然对较年长的儿童可以使用 9 点法，但对很年幼的受试对象只采用 3 个选择。在以后的研究中，有研究者放弃使用标度或整数，以避免受试对象的偏见，因为人们常对特定的数字产生特定的含义。为解决这一问题，采用未标注的方格标度法，如例③和例④。

　　在实践中，简单的类项标度对产品区别的敏感性几乎和其他标度技术（包括线性标度法和量值估计法）一样。因其简易性，类项标度法特别适合于消费者调查。另外，该法在快速准确的数据编码和列表方面也有一些优势，因为它们的工作量要小于线性标度法或变化更多的可能包含分数的量值估计法。当然，前提假设数据列表是手工进行的，如数据是利用计算机系统在线记录的，就不存在这一优势。具有固定类项的多种标度现在仍在使用，包括用于观点和态度的利开特（Liken）式标度，它的类项是基于人们对关于该产品的表述同意与否的程度，类别选项对很多情况具有灵活性。

下面的例子是表示类项标度数据的 t 检验分析。

【例 5-1】某巧克力奶生产商希望比较一下它的产品（自有品牌）与当地一家竞争者和一家全国性品牌的奶粉产品的甜度水平。利用 9 点标度，各种乳品与其自有品牌相比较（标示为 R 的中点作为参照），表示如下：

□　□　□　□　□　□　□　□　□

甜度较低　　　　　　R　　　　　　甜度较高

16 名巧克力奶的消费者参与了检验。数据编码为 1～9 分，t 检验相对于数值 5.0（参考点）进行处理。参照也相对于自身（盲标）检验该方法的准确性。数据及统计结果列于下表：

评审员	1	2	3	4	5	6	7	8	9	10	11	12	13	14	15	16	总计	均值	平方和	标准差	标准误差
全国样 X	6	9	6	3	6	6	8	7	7	5	4	6	8	4	3	8	96	6.00	626	1.826	0.456
当地样 Y	3	7	5	6	4	4	5	3	5	5	6	4	4	5	2	6	74	4.63	368	1.310	0.328
自有样 Z	6	5	4	6	5	5	5	5	5	4	5	5	5	4	6	7	82	5.13	430	0.806	0.202

由 t =（平均值 -5.0）/ 标准误差，得

t_X =（6.00$-$5.0）/0.456，t_Y =（4.63$-$5.0）/0.328，t_Z =（5.13$-$5.0）/0.202

该试验的无差异假设是人群样本对产品甜度的平均值等于 5.0。对立假设是不等于 5.0（可能高于或低于，该检验是双边的）。

16 名小组评价员自由度为 15，所以 α 风险为 0.05 时双边检验的临界值是 2.131。如果 t > 2.131，当无差异假设成立时，可以期望存在较大的差别或远低于 5% 的次数。

结果如下：

全国性竞争者	当地竞争者	自有品牌
否定无差异	否定失败	否定失败

结果表明，全国性竞争者的产品较自有品牌的甜，而要得出关于当地竞争者产品的结论却没有充分的证据。可以试着下结论：自有品牌和当地竞争者的产品甜度是相似的。

2. 量值估计

量值估计法是流行的标度技术，它不受限制地应用数字来表示感觉的比率。在此过程中，评价员允许使用任意正数并按指令给感觉定值，数字间的比率反映了感觉强度大小的比率。例如，假设产品 A 的甜度值为 20，产品 B 的甜度是它的 2 倍，那么 B 的甜度评估值就是 40。量值估计不像类项标度和线性标度那样可见到选票。应用这种方法需要注意对受试者的指令以及数据分析技术。

量值估计有两种基本变化形式。第一种形式，给受试者一个标准刺激作为参照或基准，此标准刺激一般给它一个固定数值。所有其他刺激与此标准刺激相比较而得到标示，这种标准刺激有时称为"模数"。另一种主要的变化形式则不给出标准刺激，参与者可选择任意数字赋予第一个样品，然后将所有样品

与第一个样品的强度进行比较而得到标示。实践中受试者可能"一环套一环"地根据系列中最靠近的一个样品给出评估。

在心理物理学实验室，量值估计得到了初步应用，一般每次只标度一种属性。但是，评估多个特征或剖面分析也被用于味觉研究，这种方法也自然地被沿用到具有多重味道和芳香特征的食品研究中。参照样或赋予固定数值模数的量值估计应用示范指令如下。

请品尝第一个样品并注意其甜度。这是一个参照样品，它的甜度值定为10。请根据该参照样品来评价所有其他样品，给这些样品相应的数值以表示样品间的甜度比率。例如，如果下一个样品的甜味是参照样的2倍，则将其定值为20；如果其甜度是参照样的一半，则将其定值为5；如果其甜度是参照样的3.5倍，则将其定值为35。可以使用任意的正数，包括分数和小数。

在这种方法中有时允许用数字0，因为在检验时有些产品实际上没有甜味，或者没有需评价的感官特性。但参照样品不能用0来赋值，参照样最好能选择在强度范围的中间点附近。没有感觉特征的产品定值为0可以理解，但使数据分析复杂化了。

量值估计的另一个主要变化形式不使用参考点。这种情况指令如下。

请品尝第一个样品并注意其甜度。请根据该参照样来评价所有其他样品，并给这些样品相应的数字以表示样品间甜度的比率。例如，如果下一个样品的甜味是参照样的2倍，则给该样品定值为第一个样品的2倍；如果甜味是参照样的一半，则给其定值为第一个样品的一半；如果甜味是参照样的3.5倍，则给其定值为3.5倍。可以使用任意正数，包括分数和小数。

参与者一般会选择他们感觉合适的数字范围，ASTM法建议第一个样品的值在30～100之间为宜，应避免使用太小的数字。参与者应注意避免前面使用有界类项标度的习惯，如限制数字范围为0～10。这对于以前受过训练使用其他标度方法的评价人员是一个很大的困难，因为他们总是习惯于坚持使用了解且习惯的方法。有这种行为的评价人员可能没有理解指令中"比率"的特性。为避免这一问题，可以让参与者进行一些准备活动来帮助他们确切地理解标度指令。准备活动可以让他们估计不同几何图形的大小和面积或者线段的长度。有时，要求评价人员同时标度多个特征或将整体强度分解为特定的属性。如果需要这种"剖面"，可以使用包含不同阴影区域的几何图形，或者不同颜色的线段。

如果允许参与者选择自己的数字范围，那么，在统计分析之前有必要进行再标度，使每个人的数据落在一个正常的范围内。这样，可以防止因受试对象选择极大数字而对集中趋势（平均值）测量和统计检验产生不良影响。这一再标度过程也被称为"标准化"（ASTM，1995）。一种常用再标度方法的实施步骤是：①计算每个人全部数据的几何平均值；②计算所有数据（将全部受试者综合起来）的总几何平均值；③对各受试者计算总几何平均值与各自几何平均值的比率，由此得到各受试者的再标度因子，构建这一因子也可以不用总几何平均值，而选用任何正数，例如选用数值100；④对于各受试者，用他们各自的数据点乘以他们相应的再标度因子。这样，产品就可以进行统计学比较并得到集中趋势量度。如果数据在再标度前已经转化成对数值，那么，再标度因子则是基于对数的平均值，这样，它就变为用加法而不是用乘法。

量值估计的数据常常在数据分析前转换成对数，这主要是因为数据趋向于对数常态分布，或者至少是正偏离。在标度中有一些高度偏离值，而大部分标度位于较低的数值范围内。原因是标度在顶端是开放的，而在底部则以0为界。不过，当数据中包含0的时候，将数据转换成对数和几何平均值也会出现一些问题。0的对数是没有意义的，而在用乘法计算N次几何平均值时也将使结果为0。对于这个问题有几种方法，此处介绍两种常用方法。一种方法是将数据中的0赋予一个小的正数，比如取受试者给出的最小标度值的一半（ASTM，1995）。当然，结果分析会受这种选择的影响。另一种方法是在计算标准化因子时使用算术平均值或中间值。对于再标度它是可行的，但并未去除数据的偏离。

在实践中，量值估计法可应用于训练有素的评价小组、消费者甚至是儿童。但是，比起受到限制的标

度方法，量值估计法的数据变化更大，特别是出自未经训练的消费者之手的数据。该标度法的无界限特性，使得它特别适合于那些上限会限制评价人员在评估感官特征中区分感官体验的能力的情况。例如，像辣椒的辣度这样的刺激或痛觉，在类项标度法中可能都被评估为接近上限的强度，但在端点开放的量值估计法中，允许评价人员有更大的自由度来运用数字反映极强烈的感觉变化。

在喜爱和厌恶的快感标度中，使用量值标度还要考虑一个问题。这种技术的应用有两种选择：一种使用单侧或单极标度来表示喜爱的程度；另一种使用双极标度，可以使用正数和负数，外加一个中性点。在喜爱和厌恶的双极量值标度中，允许使用正数和负数来表示喜爱和厌恶的比率或比例。对正数和负数的选择只表示数字代表的是喜欢还是不喜欢。在单极量值估计中，则只允许使用正数（有时包括 0）。低端表示厌恶，随着数值的增大，表明喜爱的程度成比例逐渐升高。设计这种标度时，实验者应明确单极标度对参与评价的人员是否合适，因为没有认识到事实上存在中性反应的情况，也没有认识到存在明显的两种反应方式，即喜欢和不喜欢。如果能保证所有的结果都在快感的一侧——无论是都喜欢还是都不喜欢，只是程度不同，那么单极标度才有意义。在少数情况下，对食品或消费产品的检验是可以采用的。这时，至少某些参与者可忽略变化或者观点的改变不明显。因此，像 9 点类项标度的双极标度更符合常识。

3. 线性标度

线性标度也称为图表评估标度或视觉相似标度。自从发明了数字化设备以及随着在线计算机化数据输入程序的广泛应用，这种标度方法就变得特别流行。其基本思想是让评价员在一条线段上做标记以表示感官特性的强度或数量。大部分情况下，只有端点做了标示。标示点也可以从线段两端缩进一点儿，以避免末端效应。其他中间点也可以标出来。一种常见的变化形式是标出一个中间的参考点，代表标准品或基线产品的标度值。所需检验的产品根据此参考点来进行标度，如图 5-2 所示，经过训练的评价员对多特性进行描述性分析时，这些技术是很常用的，而在消费者研究中则较少应用。

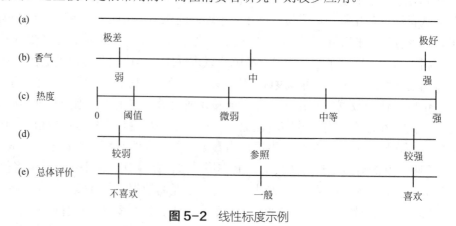

图 5-2 线性标度示例

（a）端点标示（Baten，1946）；（b）端点缩进（Mecredy，1974）；（c）ASTM 法 1083 中的附加点标示（ASTM，1991）；（d）利用直线的相对参考点标度；（e）利用直线的快感标度（Stone 等，1974）

　　感官评价的线性标度起源于第二次世界大战中美国密歇根州农业实验站的一次实验。在 Baten 的研究中，将苹果的各种贮存温度对水果的吸引力进行了简单的类项标度（从很理想到很不理想分成 7 个选项进行评估），又使用了 6in（1in=0.0254m）的线性标度，线的左端标示为"极差"，线的右端标示为"极好"。对显示在线上的反应用英寸（in）为单位进行测量。Baten 的研究说明以前的文献中许多研究者的观察敏锐性有多大。线性标度提供了选项的连续等级选择，只受限于数据列表的测量能力。

　　Stone 等人（1974）推荐将线性标度用于定量描述分析（quantitative descriptive analysis，QDA），继而形成一种标示各种重要感官特性的新方法。在定量描述分析（QDA）中，使用一种近似于等距标度的标度方法是很重要的，因为在描述分析中方差分析已成为比较产品的标准统计方法。

　　自 QDA 出现以来，线性标度技术已被用于需要感官反应的各种不同场合。例如，Einstein（1976）成功地使用线性标度法让消费者评价啤酒的风味强度、丰满度、苦味和后味特征。所谓"成功"是指在检验实例中获得了统计上的显著差别。线性标度法的应用并不局限于食品和消费产品，在临床上对痛觉和祛痛的度量也可利用水平线或垂直线进行线性标度，Lawless（1977）用线性标度技术结合比率指令对口味和气味的强度及快感判断进行了混合研究。这是一个综合的方法，受试者根据指令进行线性标度，如同进行量值估计一样。比如说，如果一种产品的甜度是前一种的 2 倍，那么就在线上 2 倍距离的位置标示出来。这种情况下，线的端点是一个问题，受试者被告知如果空间不够的话可以另附纸，但很少有人会这样做。

　　在比较类项标度、线性标度和量值估计时，线性标度方法对产品的差别与其他标度技术几乎同样灵敏。

总结

　　合理选择感官检验方法，是食品感官分析实施并获得可靠结果的必要条件；而标度是实现感官检验由定性向定量转换的必要手段。本章介绍了感官检验方法的类型及应用，阐述了不同检验方法的适用范围；介绍了标度的概念、种类及设计方法和适用范围。

思考题

　　1）感官检验方法有哪些类型？不同类型有哪些方面的应用？

　　2）二点比较法和二点嗜好法的区别是什么？

　　3）如何选择试验方法？如何设计问答票？试举例说明。

　　4）什么是标度？标度有哪些基本类型？

　　5）线性标度有什么特点？试举例说明线性标度的用途。

工程实践

　　1）试用二点比较检验方法，评价两种同类食品（如两款巧克力威化）的嗜好性。

　　2）针对一款酥性饼干，试设计其酥脆性的感官评价标度。

第六章　差别试验

❋ 为什么学习差别试验？

在感官检验实施过程中，往往会要求评价员评定两个或两个以上的样品中是否存在感官差异（或偏爱其一），这就要采用差别试验。该方法常用于食品感官指标差异性评价，是感官分析中经常使用的两类方法之一。学习差别试验的类型、应用范围、调查问卷设计及统计分析方法等是实施食品差别试验的基础，也是食品感官分析的基本实践技能。

👁 学习目标

1. 熟练掌握成对比较检验法。
2. 熟练掌握二 –三点检验法。
3. 熟练掌握三点检验法。
4. 熟悉"A"–"非A"检验法。
5. 熟悉五中取二检验法。
6. 了解选择试验法。
7. 了解配偶试验法。

差别试验要求评价员评定两个或两个以上的样品中是否存在感官差异（或偏爱其一）。它是感官分析中经常使用的两类方法之一。它让评价员回答两种样品之间是否存在不同，一般不允许"无差异"（即评价员未能觉察出样品之间的差异）的回答，即强制选择。差别试验的结果分析是以每一类别的评价员数量为基础的。例如，有多少人回答样品 A，多少人回答样品 B，多少人回答正确。结果的解释基于频率和比率的统计学原理，根据能够正确挑选出产品差别的评价员的比率来推算出两种产品间是否存在差异。

差别试验的应用很广。有些情况下，研究者的目的在于确定两种样品是否不同；而有些情况下，研究者的目的是区分两种样品是否相似。以上这两种情况可通过选择合适的试验敏感参数，如 α、β、P，以达到相应目的。

α，即 α 风险，它的定义是错误地估计两者之间的差别存在的可能性，也叫第 I 类错误。

β，即 β 风险，它的定义是错误地估计两者之间的差异不存在的可能性，也叫第 II 类错误。

P，是指能分辨出差异的人数比例。

在以寻找差异为目的的差别试验中，只需要考虑 α 值，而 β 值和 P 值通常不需要考虑。在以寻找相似性为目的的差别试验中，试验者要考虑合适的 P 值，然后确定一个较小的 β 值，α 值可以大一些。而某些情况下，试验者要综合考虑 α、β、P 值，这样才能保证参与评定的人数在可能的范围之内。

如果样品间的差别非常大，以至很明显，则差别试验是无效的。当样品间的差别很微小时，差别试验是有效的。在试验中需要注意样品外表、形态、温度和数量等所引起的误差。差别试验中常用的方法有：成对比较检验法、二 - 三点检验法、三点检验法、"A" - "非 A"检验法、五中取二检验法、选择试验法、配偶试验法。

第一节 成对比较检验法

以随机顺序同时出示两个样品给评价员，要求评价员对这两个样品进行比较，判定整个样品或者某些特征强度顺序的一种评价方法称为成对比较检验法或者两点检验法。成对比较检验有两种形式：一种叫作差别成对比较法（双边检验），也叫简单差别试验和异同试验；另一种叫作定向成对比较法（单边检验）。决定采取哪种形式的检验，取决于研究的目的。如果感官评价员已经知道两种产品在某一特定感官属性上存在差别，那么就应采用定向成对比较试验；如果感官评价员不知道样品间何种感官属性不同，那么就应采用差别成对比较试验。

一、方法特点

以下分别介绍定向成对比较法和差别成对比较法的特点，并对试验中的注意事项进行阐述。

1. 定向成对比较法

在定向成对比较试验中，受试者每次得到 2 个（一对）样品，组织者要求回答这些样品在某一特性方面是否存在差异，比如甜度、酸度、色度、易碎度等。两个样品同时呈送给评价员，要求评价员识别出在这一指定的感官属性上程度较高的样品。

① 试验中，样品有两种可能的呈送顺序（AB、BA），且呈送顺序应该具有随机性，评价员先收到样品 A 或样品 B 的概率应相等。

② 评价员必须清楚地理解感官专业人员所指定的特定属性的含义。评价员不仅应在识别指定的感官属性方面受过专门训练，而且在如何执行评分单所描述的任务方面也应受过训练。

③ 该检验是单向的。定向成对比较试验的对立假设是：如果感官评价员能够根据指定的感官属性区别样品，那么在指定方面程度较高的样品，由于高于另一样品，因此被选择的概率较高。该检验结果可给出样品间指定属性存在差别的方向。

④ 感官专业人员必须保证两个样品只在所指定的单一感官方面有所不同，否则此检验法不适用。比如，增加蛋糕中的糖加量，会使蛋糕变得比较甜，但同时会改变蛋糕的色泽和质地。在这种情况下，定向成对比较法并不是一种很好的区别检验方法。

2. 差别成对比较法

评价员每次得到 2 个（1 对）样品，被要求回答样品是相同还是不同。在呈送给评价员的样品中，相同和不相同的样品数是一样的。通过比较观察的频率和期望的频率，根据 χ^2 分布检验分析结果。

① 在差别成对比较试验中，样品有 4 种可能的呈送顺序（AA、BB、AB、BA）。这些顺序应在评价员中交叉进行随机处理，每种顺序出现的次数相同。

② 评价员的任务是比较两个样品，并判断它们是相同还是相似。这种工作比较容易进行。评价员只需熟悉评价的感官特性，可以理解评分单中所描述的任务，不需要接受评价特定感官属性的训练。一般要求 20 ～ 50 名品评人员来进行试验，最多可以用 200 人，或者 100 人。试验人员要么都接受过培训，要么都没接受过培训，但在同一个试验中，参评人员不能既有受过培训的也有没受过培训的。

③ 该检验是双边的。差别成对比较试验的对立假设规定：样品之间可觉察出不同，而且评价员可正确指出样品间是相同或不同的概率大于 50%。此检验只表明评价员可辨别两种样品，并不表明某种感官属性方向性的差别。

④ 当试验的目的是要确定产品之间是否存在感官上的差异，而产品由于供应不足而不能同时呈送 2 个或多个样品时，选取此试验较好。

3. 成对比较检验法试验的注意事项

① 成对比较检验法是最简便也是应用最广泛的感官检验方法，它常被应用于食品的风味检验，如偏爱检验。在偏爱检验中，一般应了解两种样品间哪一种更受欢迎。此方法也常被用于训练评价员，在其筛选、考核、培训中是常用的方法。

② 进行成对比较检验时，从一开始就应分清是差别成对比较还是定向成对比较。如果检验目的只是关心两个样品是否不同，则是差别成对比较；如果想具体知道样品的特性，比如哪一个更好、更受欢迎，则是定向成对比较。

③ 成对比较检验法具有强制性。在成对比较检验法中有可能会出现"无差异"的结果，通常这是不允许的，因而要求评价员"强制选择"，以促进评价员仔细观察分析，从而得出正确结论。尽管两者反差不强烈，但没有给你下"没有差异"结论的权利，故必须下一个结论。在评价员中可能会出现"无差异"的反应，有这类人员时用强制选择可以增加得出有效结论的机会，即"显著结果的机会"。这个方法的缺点是鼓励人们去猜测，不利于评价人员忠诚地去记录"无差异"的结果，出现这种情况时，实际上是相当于减少了评价员的人数。因此要对评价员进行培训，以增强其对样品的鉴别能力，减少这种错误的发生。

④ 因为该检验方法容易操作，因此没有受过培训的人都可以参加，但是他必须熟悉要评价的感官特性。如果要评价的是某项特殊特性，则要使用受过培训的人员。由于这种检验方法猜对的概率是 50%，因此需要参加的人员多一点。从表 6-5 可以知道，如果参加人数是 15 人，要达到 $\alpha=0.01$ 水平下的显著差异，必须有 13 人同时同意才行；如果参加人数是 60 人，只要有 40 人意见一致就可以达到 $\alpha=0.01$ 的显著水平。

二、问答表的设计与做法

问答表的设计应和产品特性及试验目的相结合。一般常用的问答表如表 6-1 ～表 6-4 所示。呈送给受试者两个带有编号的样品，要使组合形式 AB 和

BA 数目相等，并随机呈送，要求受试者从左到右尝试样品，然后填写问卷。

表6-1　差别成对比较检验问答表示例

差别成对比较检验

姓名：_____　　　　　　日期：_____

样品类型：_____

试验指令：
1. 从左到右品尝你面前的两个样品；
2. 确定两个样品是相同还是不同；
3. 在以下相应的答案前面划"√"。

_____两个样品相同
_____两个样品不同

评语：

表6-2　差别成对比较检验常用问卷示例

日期：_____

姓名：_____

　检验开始前请用清水漱口。两组成对比较试验中各有两个样品需要评价，请按照呈送的顺序品尝各组中的编码样品，从左至右，由第一组开始。将全部样品放入口中，请勿再次品尝。回答各组中的样品是相同还是不同，圈出相应的词。在两种样品品尝之间请用清水漱口，并吐出所有的样品和水，然后进行下一组的试验，重复品尝程序。

组别
1.　　相同　　不同
2.　　相同　　不同

表6-3　定向成对比较检验问答表示例

日期：_____

姓名：_____

　检验开始前，请用清水漱口。分别对两组定向成对比较试验中的两个样品进行评价。请按照样品呈送程序品尝各组中的编码样品，从左向右，由第一组开始。将全部样品放入口中，请勿再次品尝。在每一对中圈出较甜样品的代码。在品尝一种样品后，即品尝下一个样品前，应用清水漱口，并吐出所有的样品和水。然后进行下一组品尝，重复品尝程序。

组别
1.　_____　　　_____
2.　_____　　　_____

表6-4　定向成对比较检验问答表示例

定向成对比较检验

姓名：_____　　　　　　日期：_____

　试验指令：在你面前有 2 个样品，从左到右依次品尝这 2 个样品，在你认为甜的样品编号上画圈。你可以猜测，但必须有所选择。

111　　　　　123

三、结果分析与判断

　　根据 A、B 两个样品的特性强度的差异大小，确定检验是差别成对比较还是定向成对比较。如果样品 A 的特性强度明显优于 B（或被偏爱），换句话说，参加检验的评价员做出样品 A 比样品 B 的特性强度大（或被偏爱）的判断概率大于做出样品 B 比样品 A 的特性强度大（或被偏爱）的判断概率，即 $P_A >$ 1/2，例如，两种饮料 A 和 B，其中饮料 A 明显甜于饮料 B，则该检验是定向成对比较（单边检验）；如果这两种样品有显著差别，但没有理由认为 A 或 B 的特性强度大于对方（或被偏爱），则该检验是差别成对比较（双边检验）。

　　① 对于单边检验，统计有效回答表的正解数，此正解数与表 6-5 中相应的某显著水平的数相比较，若大于或等于表中的数，则说明在此显著水平上，样品间有显著差异，或认为样品 A 的特性强度大于样品 B 的特性强度（或样品 A 更受偏爱）。

表6-5　二–三点检验和成对比较检验（单边）法检验表

答案数目 n	显著水平			答案数目 n	显著水平			答案数目 n	显著水平		
	5%	1%	0.1%		5%	1%	0.1%		5%	1%	0.1%
7	7	7	—	24	17	19	20	41	27	29	31
8	8	8	—	25	18	19	21	42	27	29	32
9	9	9	—	26	18	20	22	43	28	30	32
10	10	10	10	27	19	20	22	44	28	31	33
11	9	10	11	28	19	21	23	45	29	31	34
12	10	11	12	29	20	22	24	46	30	32	34
13	10	12	13	30	20	22	24	47	30	32	35
14	11	12	13	31	21	23	25	48	31	33	35
15	12	13	14	32	22	24	26	49	32	34	36
16	12	14	15	33	22	24	26	50	32	34	37
17	13	14	16	34	23	25	27	60	37	40	43
18	13	15	16	35	23	25	27	70	43	46	49
19	14	15	17	36	24	26	28	80	48	51	55
20	15	16	18	37	24	27	29	90	54	57	61
21	15	17	18	38	25	27	29	100	59	63	66
22	16	17	19	39	26	28	30				
23	16	18	20	40	26	28	31				

　　② 对于双边检验，统计有效回答表的正解数，此正解数与表 6-6 中相应的某显著水平的数相比较，若大于或等于表中的数，则说明在此显著水平上，样品间有显著差异，或认为样品 A 的特性强度大于样品 B 的特性强度（或样品 A 更受偏爱）。

表6-6 成对比较检验（双边）法检验表

答案数目 n	显著水平			答案数目 n	显著水平			答案数目 n	显著水平		
	5%	1%	0.1%		5%	1%	0.1%		5%	1%	0.1%
7	7	—	—	24	18	19	21	41	28	30	32
8	8	8	—	25	18	20	21	42	28	30	32
9	8	9	—	26	19	20	22	43	29	31	33
10	9	10	—	27	20	21	23	44	29	31	34
11	10	11	11	28	20	22	23	45	30	32	34
12	10	11	12	29	21	22	24	46	31	33	35
13	11	12	13	30	21	23	25	47	31	33	36
14	12	13	14	31	22	24	25	48	32	34	36
15	12	13	14	32	23	24	26	49	32	34	37
16	13	14	15	33	23	25	27	50	33	35	37
17	13	15	16	34	24	25	27	60	39	41	44
18	14	15	16	35	24	26	28	70	44	47	50
19	15	16	17	36	25	27	29	80	50	52	56
20	15	17	18	37	25	27	29	90	55	58	61
21	16	17	19	38	26	28	30	100	61	64	67
22	17	18	19	39	27	28	31				
23	17	19	20	40	27	29	31				

③ 表6-5 和表6-6 中 n 值大于 100 时，答案最少数按以下公式计算，取最接近的整数值：

$$X=\frac{n+1}{2}+K\sqrt{n}$$

式中，K 值如下所示：

显著水平	5%	1%	0.1%
单边检验 K 值	0.82	1.16	1.55
双边检验 K 值	0.98	1.29	1.65

实例分析如下。

【例6-1】成对比较法——饮料的甜度

某饮料厂生产有四种饮料，编号分别为 798、379、527 和 806。编号为 798 和 379 的饮料，其中一种略甜，但两者都有可能使评价员感到更甜。编号为 527 和 806 的两种饮料，其中 527 配方明显较甜。请通过成对比较检验来确定哪种样品更甜，您更喜欢哪种样品。

（1）试验设计与分析　在统计学分析中，在得出某一结论之前，应事先选定某一显著水平。所谓显著水平，是当原假设是真而被拒绝的概率（或这种概率的最大值），也可看作得出这一结论所犯错误的可能性。在感官分析中，通常选定 5% 的显著水平认为是足够的。原假设一般是这样：两种样品之间在特性强度上没有差别（或对其中之一没有偏爱）。应当注意：原假设可能在"5% 的水平"上被拒绝，而在"1%的水平"上不被拒绝。如果原假设在"1% 的水平"上被拒绝，则在"5% 的水平"上更被拒绝。因此，

对 5% 的水平用"显著"一词表示，而对 1% 的水平用"非常显著"一词表示。本例选择 5% 显著水平（$\alpha \leqslant 0.05$）。

两种饮料编号为 798 和 379，其中一种略甜，但两者都有可能使评价员感到更甜，属双边检验。编号为 527 和 806 的两种饮料，其中 527 配方明显较甜，属单边检验。调查问卷如表 6-7 所示。

表6-7　成对比较检验调查问卷

姓名：_____
产品：_____
日期：_____
（1）请评价您面前的两个样品，两个样品中_____更甜。
（2）两个样品中，您更喜欢的是_____。
（3）请说出您的选择理由：_____。

（2）结果分析　共有 30 名优选评价员参加鉴评，统计结果如下：

① 18 人认为 798 更甜，12 人选择 379 更甜；

② 22 人回答更喜欢 379，8 人回答更喜欢 798；

③ 22 人认为 527 更甜，8 人回答 806 更甜；

④ 23 人回答更喜欢 527，7 人回答更喜欢 806。

①、②属双边检验。查表 6-6，798 和 379 两种饮料甜度无明显差异（接受原假设），379 饮料更受欢迎。

③、④属单边检验。查表 6-5，527 比 806 更甜（拒绝原假设），527 饮料更受欢迎。

【例 6-2】定向成对比较检验——啤酒的苦味

（1）问题　某啤酒酿造商得到的市场报告称，他们酿造的啤酒 A 不够苦。该厂又使用了更多的酒花酿制了啤酒 B。

（2）项目目标　生产一种苦味更重一些的啤酒，但不要太重。

（3）试验目标　对啤酒 A 和 B 进行对比，看两者之间是否在苦味上存在虽然很小但却显著的差异。

（4）试验设计　选用方向性差异（成对比较）试验，为了确保试验的有效性，将 α 设为 1%。否定假设是 H_0：A 的苦味与 B 的苦味相同；备择假设是 H_a：B 的苦味大于 A 的苦味。因此检验是单边检验。两种啤酒分别被标编号 452 和 603，试验有 40 人参加。问卷类似于表 6-1、表 6-2。试验的问题是哪一个样品更苦。

（5）样品筛选　试验之前由一小型品评小组进行品尝，以确保除了苦味之外，两种样品之间其他的差异非常小。

（6）结果分析　有 26 人选择样品 B，从表 6-5 中可知，$\alpha=1\%$ 对应的临界值是 28，因此两种样品之间不存在显著差异。

（7）注意事项　在确定成对比较试验是单边检验还是双边检验时，关键的一点是看备择假设是单边的还是双边的。当试验目的是确定某项改进措施或处理方法的效果时，通常使用单边检验。表 6-8 是一些单边检验和双边检验的常见例子。

表6-8　单边检验和双边检验的常见例子

单边检验	双边检验
确认试验啤酒比较苦	确定哪一个啤酒更苦
确认试验产品更受欢迎	确定哪一个产品更受欢迎
A＞B 或 B＞A	备择假设为样品 A ≠ 样品 B，而不是样品 A＞B

【例 6-3】差别成对比较检验——甜橙风味试验

（1）问题　某饮品公司一直使用一种含有转基因成分的甜橙香味物质，但欧洲市场最近规定，转基因成分需要在食品成分表中标出。为了防止消费者的抵触情绪，该公司决定使用一种不含转基因成分的甜橙香味物质，但初步试验表明，不含转基因成分的物质甜橙香味可能没有原来的浓，现在研究人员想知道这两种香味物质的甜橙香气是否有差别。

（2）项目目标　研究开发一种具有甜橙香气特征的产品。

（3）试验目标　测量两种风味物质赋予产品甜橙香味特征的相对能力，即两种甜橙风味是否不同。

（4）试验设计　因为不同的人对甜橙风味会有不同的看法，因此需要参加试验的人数要多一些，并且不一定需要培训。试验有 45 人参加，将 α 设为 5%。否定假设是 H_0：样品 A 的甜橙风味 = 样品 B 的甜橙风味；备择假设是 H_a：样品 A 的甜橙风味≠样品 B 的甜橙风味。因为只关心是否有所不同，所以这个检验是双边的。样品分别被标为 793（原产品）和 743（新产品），问卷如表 6-9 所示。

表6-9　差别成对比较检验调查问卷

姓名：＿＿＿＿＿＿　　　　　日期：＿＿＿＿＿＿
样品类型：＿＿＿＿＿＿
研究特性：＿＿＿＿＿＿
试验说明：
1. 从左到右品尝每对样品，然后作出你的判断；
2. 如果没有明显的差异，可以猜一个答案，如果猜不出来，也可以作"无差异"的判断。
试验组样品：　　　　　　　　　　哪一个更具有甜橙风味
793　　　　　　　　　　　　　743＿＿＿＿＿＿＿＿
建议：＿＿＿＿＿＿＿＿＿＿＿＿＿＿＿＿＿
＿＿＿＿＿＿＿＿＿＿＿＿＿＿＿＿＿＿＿

（5）样品筛选　试验之前对两种样品进行品尝，以确定它们的风味确实相似。

（6）结果分析　有 32 人认为样品 793 的甜橙风味更强。从表 6-6 中可知，α=0.05 的临界值是 30，因此认为两种样品之间存在显著差异。

（7）结果解释　为了保持原有市场，建议慎重使用该不含转基因成分的风味物质，因为从试验可以看出它的甜橙风味不如原产品的浓，应继续试验，寻找合适的替代品。

第二节　二－三点检验法

二 - 三点检验法是由 Peryam 和 Swartz 于 1950 年提出的方法。先提供给评价员一个对照样品，接着提供两个样品，其中一个与对照样品相同或者相似。要求评价员在熟悉对照样品后，从后来提供的两个样品中挑选出与对照样品相同的样品，这种方法也被称为一 - 二点检验法。二 - 三点检验的目的是区别两个同类样品是否存在感官差异，但差异的方向不能被检验指明。即感官评价员只能知道样品可觉察到差别，而不知道样品在何种性质上存在差别。

二 - 三点检验法有两种形式：一种叫作固定参照模式；另一种叫作平衡参照模式。在固定参照模式中，总是以正常生产的样品为参照样品；而在平衡参照模式中，正常生产的样品和要进行检验的样品被随机用作参照样品。如果参评人员是受过培训的，在他们对参照样品很熟悉的情况下，使用固定参照模式；当参评人员对两种样品都不熟悉，而他们又没有接受过培训时，使用平衡参照模式。在平衡参照模式中，一般来说，参加评定的人员可以没有专家，但要求人数较多，其中选定评价员通常 20 人，临时参与的可以多达 30 人，即 50人之多。

一、方法特点

① 二 - 三点检验法是常用的三点检验法的一种替代法。在样品相对地具有浓厚的味道、强烈的气味或者其他冲动效应时，人的敏感性会受到抑制，这时才使用这种方法。

② 该方法比较简单，容易理解，但从统计学上来讲不如三点检验法具有说服力，精度较差（猜对率为 1/2），故该方法常用于风味较强、刺激较烈和余味持久的产品检验，以降低鉴评次数，避免味觉和嗅觉疲劳。另外，外观有明显差别的样品不适宜此法。

③ 二 - 三点检验法也具有强制性。该试验中已经确定知道两个样品是不同的，这样，当两样品区别不大时，不必像三点检验法那样去猜测。然而，差异不大的情况依然是存在的。当区别的确不大时，评价员必须去猜测哪一个是特别一些的，这样，他正确答复的机会是一半。为了提高全组的准确性，二 - 三点检验法要求有 25 组样品。如果这项检验非常重要，样品组数应当增加，在正常情况下，其组数一般不超过 50 个。

④ 这种方法在做品尝时，要特别强调漱口。在样品的风味很强烈的情况下，在做第二个试验之前，必须彻底地洗漱口腔，不得有残留物和残留味的存在。做完自己的样品后，如果后面还有一批同类的样品检验，最好是稍微离开现场一定时间，或回到品尝室饮用一些白开水等净水。

⑤ 固定参照二 - 三点检验中，样品有两种可能的呈送顺序，如 $R_A BA$、$R_A AB$（R 为参照样品），应在所有的评价员中交叉平衡。而在平衡参照二 - 三点检验中，样品有四种可能的呈送顺序，如 $R_A BA$、$R_A AB$、$R_B AB$、$R_B BA$，一般的评价员以一种样品类型作为参照，而另一半的评价员以另一种样品类型作

为参照，样品在所有的评价员中交叉平衡。当评价员对两种样品都不熟悉，或者没有足够的数量时，可运用平衡参照二 - 三点检验。

二、问答表的设计与做法

二 - 三点检验虽然有两种形式，但从评价员角度来讲，这两种检验的形式是一致的，只是用作参照物的样品是不同的。二 - 三点检验问答卷的一般形式如表 6-10 所示。

表6-10　二－三点检验问答卷的一般形式

二－三点检验		
姓名：_____		日期：_____
试验指令：在你面前有 3 个样品，其中一个标明"参照"，另外两个标有编号。从左向右依次品尝 3 个样品，先是参照样，然后是两个样品。品尝之后，请在与参照样相同的那个样品的编号上画圈。你可以多次品尝，但必须有答案。		
参照	321	586

三、结果分析与判断

有效鉴评表数为 n，回答正确的表数为 R，查表 6-5 中为 n 的一行的数值，若 R 小于其中所有数，则说明在 5% 水平，两样品间无显著差异，若 R 大于或等于其中某数，说明在此数所对应的显著水平上，两样品间有显著差异。

例如，某饮料厂为降低饮料成品的异味，在加工中添加了某种除味剂，为了解除味剂的效果，运用二 - 三点检验法进行试验。有 41 名评价员进行检查，其中有 20 名接收到的参照样品是未经去味的制品，另 21 名接收到的参照样品是经去味处理的制品，共得到 40 张有效答案，其中有 28 张回答正确，查表 6-5 中 $n=41$ 一栏，知 27（5%）＜ 28 ＜ 29（1%），则在 5% 显著水平，两样品间有显著差异，即去除异味效果显著。

【例 6-4】平衡参照二 - 三点检验——面巾纸赋香方法试验

（1）问题　一个产品香味开发人员想知道两种赋予面巾纸香味的方法（直接加到面巾上面和加到面巾纸盒里）是否会使产品香气的浓度和香气品质有所不同。

（2）项目目标　确定两种加香方法是否会使面巾纸在正常存放时间之后有所不同。

（3）试验目标　确定两种产品在存放 3 个月之后在香气上是否存在不同。

（4）试验设计　样品在同一天准备，使用完全相同的香味物质和相同的面巾纸，只是赋予香味的方法不同，将两种样品放在相同的条件下存放 3 个月。有 50 人参加试验，样品编号及排组情况参照三点检验，两种样品各自被用作参照样 25 次。准备工作表及试验回答卷如表 6-11、表 6-12 所示。

（5）结果分析　在进行试验的 50 人中，有 33 人作出了正确的选择。根据表 6-5，在 5% 显著水平下，临界值是 32，所以说两种产品的香味之间有差别。

表6-11　面巾纸二－三点检验准备工作

样品准备工作表	
日期：_____	编号：_____
样品类型：面巾纸	
试验类型：二－三点检验（平衡参照模式）	

续表

产品情况	含有2个A的号码		含有2个B的号码	
A. 新产品	959	257	448	
B. 原产品（对比）	723		539	661

呈送容器标记情况

小组	号码顺序	代表类型
1	AAB	R-257-723
2	BBA	R-661-448
3	ABA	R-723-257
4	BAB	R-448-661
5	BAA	R-723-257
6	ABB	R-661-448
7	AAB	R-959-723
8	BBA	R-539-448
9	ABA	R-723-959
10	BAB	R-448-539
11	BAA	R-723-959
12	ABB	R-448-661

注：R为参照，将以上顺序依次重复，直到50组。

表6-12　面巾纸二–三点检验问答

二–三点检验		
评价员编号：_____	日期：_____	样品：面巾纸

试验指令：

1. 请将杯子盖子拿掉，从左到右依次闻您面前的样品。

2. 最左边的是参照样。确定哪一个带有编号的样品的香味与参照样相同。

3. 在您认为相同的编号上画圈。

如果您认为带有编号的两个样品非常相近，没有什么区别，您也必须在其中选择一个。

参照	539	448

（6）结果解释　感官分析人员可以告知那位香味开发人员，通过二-三点检验方法，在给定的香气成分、纸张和存放期下，这两种产品在香味上有差别。要知道具体哪一种香气存在更长的时间，还需要做描述性分析。

【例6-5】固定参照二-三点检验——奶粉包装试验

（1）问题　一个奶粉生产商现在有两个奶粉包装的供应商，A是他已经使用多年的产品，B是一种新产品，可以延长货架期。他想知道这两种包装对奶粉风味的影响是否不同，而且他觉得有必要在奶粉风味稍有改变和奶粉货架期的延长上做一些平衡，也就是说，他愿意为延长货架期而冒奶粉风味可能发生改变的风险。

（2）项目目标　确定奶粉包装的改变是否会在贮存一段时间后使奶粉的风味有所改变。

（3）试验目标　两种包装的奶粉在室温下存放 10 周之后冲泡，在风味上是否有差异。评价人数的确定：将 α 值定为 5%，评价人员为 90 人。

（4）试验设计　对于这个试验来说，固定参照模式的二 - 三点检验更合适一些，因为评价人员对该公司的产品，用 A 种包装的奶粉非常熟悉。为了节省时间，试验可以分为 3 组，每组 30 人，同时进行。以 A 为参照样，每组都要熟悉 $30 \times 2 = 60$ 个 A 和 30 个 B。

（5）结果分析　在 3 组中，分别有 17、18、19 个人做出了正确选择。根据表 6-5，当参评人数是 30，α 值为 5% 时，临界值是 20。然而从整个大组来看，做出正确选择的人数是 54，从表 6-5 得出的临界值是 54。这两个结果有些出入。但要知道，30 并不是该试验要求的参评人数，查看结果还要依据真正的参评人数——90 人。

（6）结果解释　如果将 3 个小组合并起来考虑，在 α 值为 5% 的水平下，A 和 B 是存在差异的。下面需要确定哪一种产品更好，可以检查评价员是否写下了关于两种产品之间不同的评语。如果没有，将样品送给描述分析小组。如果经过描述检验后，仍不能确定哪一个产品好于另外一个产品，可以进行消费者试验，再最终确定哪一种包装的奶粉更易被接受。

第三节　三点检验法

三点检验法是差别试验当中最常用的一种方法，是由美国的 Bengtson（本格逊）及其同事首先提出的。在检验中，同时提供 3 个编码样品，其中有两个是相同的，另外一个样品与其他两个样品不同，要求评价员挑选出其中不同于其他两个的样品。该检验法也称为三角试验法。三点检验法可使感官专业人员确定两个样品间是否有可觉察的差别，但不能表明差别的方向。三点检验法常被应用在以下几个方面：①确定产品的差异是否来自成分、工艺、包装和贮存期的改变；②确定两种产品之间是否存在整体差异；③筛选和培训检验人员，以锻炼其发现产品差别的能力。

一、方法特点

① 在感官评定中，三点试验法是一种专门的方法，用于两种产品的样品间的差异分析，而且适合于样品间细微差别的鉴定，如品质管制和仿制产品。其差别可能与样品的所有特征或某一特征有关。

② 三点检验试验中，每次随机呈送给评价员 3 个样品，其中 2 个样品是一样的，一个样品则不同，并要求在所有的评价员间交叉平衡。为了使 3 个样品的排列次序和出现次数的概率相等，这两种样品可能的组合是：BAA、ABA、AAB、ABB、BAB 和 BBA。在试验中，组合在 6 组中出现的概率也应是相等的，当评价员人数不足 6 的倍数时，可舍去多余样品组，或向每个评价员提供 6 组样品做重复检验。

③ 对三点检验的无差异假设规定：当样品间没有可觉察的差别时，做出正确选择的概率是 1/3。因此，在试验中此法的猜对率为 1/3，这要比成对比较检验法和二 - 三点检验法的 1/2 猜对率准确度低得多。

④ 在食品的三点检验中，所有评价员都应基本上具有同等的鉴别能力和水平，并且因食品的种类不同，评价员也应该是各具专业之所长。参与评价的人数多少要因任务而异，可以在 5 人到上百人的很大范围内变动，并要求做差异显著性测定。三点检验通常要求评价员人数在 20 ~ 40 之间，而如果试验目的是检验两种产品是否相似时（是否可以相互替换），要求的参评人员数则为 50 ~ 100。

⑤ 食品三点检验法要求的技术比较严格，每项检验的主持人都要亲自参与评定。为使检验取得理想的效果，主持人最好组织一次预备试验，以便熟悉可能出现的问题，并预先了解一下原料的情况。但要防止预备试验对后续的正规检验起诱导作用。

⑥ 在三点检验中，评价组的主持人只允许其小组出现以下两种结果：第一种，根据"强制选择"的特殊要求，必须让评价员指明样品之一与另两个样品不同；第二种，根据实际，对于的确没有差别的样品，允许打上"无差别"字样。这两点在显著性测定表上查找差异水平时，都是要考虑到的。

⑦ 评价员进行检验时，每次都必须按从左到右的顺序品尝样品。评价过程中，允许评价员重新检验已经做过的那个样品。评价员找出与其他两个样品不同的一个样品或者相似的样品，然后对结果进行统计分析。

⑧ 三点检验法是比较复杂的，即使是有经验的评价员也会感到不是很容易。如当其中某一对被认为是相同的时候，也还得用另一样品的特征去证明。这样反复地互证，是看起来尚可而做起来难的事情。为了判断正确，不能让评价员知道其排列的顺序。所以样品的排序者不能参加评价。

⑨ 当参加评价的工作人员数目不是很多时，可选择此法。

二、问答表的设计与做法

在问答表的设计中，通常要求评价员指出不同的样品或者相似的样品。必须告知评价员该批检验的目的，提示要简单明了，不能有暗示。常用的三点检验法问答表如表 6-13 所示。

表6-13 三点检验问答表的一般形式

三点检验	
姓名：_____	日期：_____
试验指令：	
在你面前有 3 个带有编号的样品，其中有两个是一样的，而另一个和其他两个不同。请从左到右依次品尝 3 个样品，然后在与其他两个样品不同的那一个样品的编号上画圈。你可以多次品尝，但不能没有答案。	
624　　　　　　　　　801　　　　　　　　　129	

三、结果分析与判断

按三点检验法要求统计回答正确的问答表数，查表 6-14 可得出两个样品间有无差异。

例如 36 张有效鉴评表，有 21 张正确地选择出单个样品，查表 6-14 中 $n=36$ 栏。由于 21 大于 1% 显著水平的临界值 20，小于 0.1% 显著水平的临界值 22，说明在 1% 显著水平，两样品间有差异。

表6-14　三点检验法检验表

答案数目 n	显著水平			答案数目 n	显著水平			答案数目 n	显著水平		
	5%	1%	0.1%		5%	1%	0.1%		5%	1%	0.1%
4	4	—	—	33	17	18	21	62	28	31	33
5	4	5	—	34	17	19	21	63	29	31	34
6	5	6	—	35	17	19	22	64	29	32	34
7	5	6	7	36	18	20	22	65	30	32	35
8	6	7	8	37	18	20	22	66	30	32	35
9	6	7	8	38	19	21	23	67	30	33	36
10	7	8	9	39	19	21	23	68	31	33	36
11	7	8	10	40	19	21	24	69	31	34	36
12	8	9	10	41	20	22	24	70	32	34	37
13	8	9	10	42	20	22	25	71	32	34	37
14	9	10	11	43	21	23	25	72	32	35	38
15	9	10	12	44	21	23	25	73	33	35	38
16	9	11	12	45	22	24	26	74	33	36	39
17	10	11	13	46	22	24	26	75	34	36	39
18	11	12	13	47	23	24	27	76	34	36	39
19	11	12	14	48	23	25	27	77	34	37	40
20	11	13	14	49	23	25	28	78	35	37	40
21	12	13	15	50	24	26	28	79	35	38	41
22	12	14	16	51	24	26	29	80	35	38	41
23	13	15	16	52	24	27	29	82	36	39	42
24	14	16	18	53	25	27	29	84	37	40	43
25	15	16	18	54	25	27	30	86	38	40	44
26	15	17	19	55	26	28	30	88	38	41	44
27	15	17	19	56	26	28	31	90	39	42	45
28	16	18	20	57	26	29	31	92	40	43	46
29	15	16	18	58	27	29	32	94	41	44	47
30	15	17	19	59	27	29	32	96	42	44	48
31	15	17	19	60	28	30	33	98	42	45	49
32	16	18	20	61	28	30	33	100	43	46	49

当有效鉴评表大于100（即 $n>100$）时，表明存在差异的鉴评表最少数为 $0.4714z\sqrt{n}+(2n+3)/6$ 的近似整数；若回答正确的鉴评表数大于或等于这个最少数，则说明两样品间有差异。式中 z 值为：

显著水平	5%	1%	1.0%
z 值	1.64	2.33	3.10

【例6-6】三点检验——茶叶试验

（1）问题　现有两种茶叶，一种是原产品，另一种是新种植的品种，感官检验人员想知道这两种产品之间是否存在差异。

（2）项目目标　两种产品之间是否存在差异。

（3）试验目标　检验两种产品之间的总体差异性。

（4）试验设计　因为试验目的是检验两种产品之间的差异，所以将 α 值设为 5%。有 12 个品评人员参加检验，因为每个人所需的样品是 3 个，所以一共准备了 36 个样品，新产品和原产品各 18 个，按表 6-15 安排试验。试验中使用随机号码。

表6-15　茶叶差异试验准备工作表

样品准备工作表			
日期：_____		编号：_____	
样品类型：_____		试验类型：_____	
产品情况	含有 2 个 A 的号码使用情况	含有 2 个 B 的号码使用情况	
A：新产品	533　　　681	576	
B：原产品（对比）	298	885　　　372	
呈送容器标记情况			
小组	号码顺序	代表类型	
1	533　681　298	AAB	
2	576　885　372	ABB	
3	885　372　576	BBA	
4	298　681　533	BAA	
5	533　298　681	ABA	
6	885　576　372	BAB	
7	533　681　298	AAB	
8	576　885　372	ABB	
9	885　372　576	BBA	
10	298　681　533	BAA	
11	533　298　681	ABA	
12	885　576　372	BAB	
样品准备程序： 1. 两种产品各准备 18 个，分 2 组（A 和 B）放置，不要混淆 2. 按照上表的编号，每个号码各准备 6 个，将两种产品分别标好。即新产品（A）中标有 533、681 和 298 号码的样品个数分别为 6 个，原产品（B）中标有 576、885 和 372 的样品个数也分别是 6 个 3. 将标记好的样品按照上表进行组合，每份相应的小组号码和样品号码也写在问答卷上，呈送给品评人员			

（5）试验结果　将 12 份答好的问答卷回收，按照表 6-15 核对答案，统计答对的人数。经核对，在该试验中，共有 9 人做出了正确选择。根据表 6-14，在 $\alpha=5\%$、$n=12$ 时，对应的临界值是 8，所以这两种产品之间存在差异。

（6）结论　这两种茶叶（新产品和原产品）存在差异。

第四节 "A"－"非A"检验法

在感官评定人员先熟悉样品"A"以后，再将一系列样品呈送给这些检验人员，样品中有"A"，也有"非A"。要求参评人员对每个样品作出判断，哪些是"A"，哪些是"非A"。这种检验方法被称为"A"-"非A"检验法。这种是与否的检验法，也称为单项刺激检验。此试验适用于确定原料、加工、处理、包装和贮藏等各环节的不同所造成的两种产品之间存在的细微的感官差别，特别适用于检验具有不同外观或后味样品的差异检验，也适用于确定评价员对产品某一种特性的灵敏性。

一、方法特点

① 此检验本质上是一种顺序成对差别检验或简单差别检验。评价员先评价第一个样品，然后再评价第二个样品，要求评价员指明这些样品感觉上是相同还是不同。此试验的结果只能表明评价员可觉察到样品的差异，但无法知道样品品质差异的方向。

② 此试验中，样品有4种可能的呈送顺序，如AA、BB、AB、BA。这些顺序要能够在评价员之间交叉随机化。在呈送给评价员的样品中，分发给每个评价员的样品数应相同，但样品"A"的数目与样品"非A"的数目不必相同。每次试验中，每个样品要被呈送20～50次。每个评价员可以只接受一个样品，也可以接受2个样品，一个"A"，一个"非A"，还可以连续品评10个样品。每次评定的样品数量视检验人员的生理疲劳程度而定，受检验的样品数量不能太多，应以评价人数较多来达到可靠的目的。

③ 评价员必须经过训练，使之能够理解评分表所描述的任务，但他们不需要接受特定感官方面的评价训练。通常需要10～50名评价员参加试验，他们要经过一定的训练，做到对样品"A"和"非A"比较熟悉。

④ 需要强调的一点是，参加检验评定的人员一定要对样品"A"和"非A"非常熟悉，否则，没有标准或参照，结果将失去意义。

⑤ 检验中，每次样品出示的时间间隔很重要，一般是相隔2～5min。

二、问答表的设计与做法

"A"-"非A"检验法问答表的一般形式如表6-16所示。

表6-16 "A"－"非A"检验法问答表的一般形式

<table>
<tr><td colspan="4" align="center">"A"－"非A"检验样品准备工作表</td></tr>
<tr><td colspan="2">姓名：_____</td><td>样品：_____</td><td>日期：_____</td></tr>
<tr><td colspan="4">试验指令：
1. 在试验之前对样品"A"和"非A"进行熟悉，记住它们的口味。
2. 从左到右依次品尝样品，品尝完每一个样品之后，在其编码后面相对应位置上打"√"。
注意：在你所得到的样品中，"A"和"非A"的数量是相同的。</td></tr>
<tr><td rowspan="2">样品顺序号</td><td rowspan="2">编号</td><td colspan="2" align="center">该样品是</td></tr>
<tr><td align="center">"A"</td><td align="center">"非A"</td></tr>
<tr><td align="center">1</td><td align="center">591</td><td></td><td></td></tr>
<tr><td align="center">2</td><td align="center">304</td><td></td><td></td></tr>
</table>

续表

样品顺序号	编号	该样品是	
		"A"	"非A"
3	547		
4	743		
5	568		
6	198		

三、结果分析与判断

对评价表进行统计，汇入表6-17中，并进行结果分析。表中，n_{11} 为样品本身是"A"，评价员也认为是"A"的回答总数；n_{22} 为样品本身是"非A"，评价员也认为是"非A"的回答总数；n_{21} 为样品本身是"A"，而评价员认为是"非A"的回答总数；n_{12} 为样品本身是"非A"，而评价员认为是"A"的回答总数；$n_{1.}$、$n_{2.}$ 分别为第1、2行回答数之和；$n_{.1}$、$n_{.2}$ 分别为第1、2列回答数之和；n 为所有回答数之和。然后用 χ^2 检验来进行解释。

表6-17 结果统计表

判别数　样品 判别	"A"	"非A"	累计
判为"A"的回答数	n_{11}	n_{12}	$n_{1.}$
判为"非A"的回答数	n_{21}	n_{22}	$n_{2.}$
累计	$n_{.1}$	$n_{.2}$	n

假设评价员的判断与样品本身的特性无关。

当回答总数为 $n \leqslant 40$ 或 n_{ij}（$i=1,2$；$j=1,2$）$\leqslant 5$ 时，χ^2 的统计量为：

$$\chi^2 = \frac{(|n_{11} \times n_{22} - n_{12} \times n_{21}| - n/2)^2 \times n}{n_{.1} \times n_{.2} \times n_{1.} \times n_{2.}}$$

当回答总数是 $n > 40$ 且 $n_{ij} > 5$ 时，χ^2 的统计量为：

$$\chi^2 = \frac{(n_{11} \times n_{22} - n_{12} \times n_{21})^2 \times n}{n_{.1} \times n_{.2} \times n_{1.} \times n_{2.}}$$

将 χ^2 统计量与 χ^2 分布临界值（见附录1）比较：当 $\chi^2 \geqslant 3.84$ 时，为5%显著水平；当 $\chi^2 \geqslant 6.63$ 时，为1%显著水平。因此，在此选择的显著水平上拒绝原假设，即评价员的判断与样品特性相关，认为样品"A"与"非A"有显著差异。

当 $\chi^2 < 3.84$ 时，为5%显著水平；当 $\chi^2 < 6.63$ 时，为1%显著水平。因此，在此选择的显著水平上接受原假设，即认为评价员的判断与样品本身特性无关，认为样品"A"与"非A"无显著差异。

【例6-7】"A"-"非A"检验——冷藏与室温保藏

30位评价员判定某种食品经过冷藏（"A"）和室温保藏（"非A"）后两者

的差异关系。每位评价员评价两个"A"和 3 个"非 A"，统计结果如表 6-18 所示。

表6-18　结果统计表

判别\判别数　　样品		"A"	"非 A"	累计
判别评价数	"A"	40	40	80
	"非 A"	20	50	70
累计		60	90	150

由于 $n=150 > 40$，$n_{ij} > 5$，则

$$\chi^2 = \frac{(n_{11} \times n_{22} - n_{12} \times n_{21})^2 \times n}{n_{.1} \times n_{.2} \times n_{1.} \times n_{2.}} = \frac{(40 \times 50 - 40 \times 20)^2 \times 150}{60 \times 90 \times 80 \times 70} \approx 7.14$$

因为 $\chi^2 = 7.14 > 6.63$，所以在 1% 显著水平上有显著差异。

【例 6-8】"A"-"非 A"检验——一种新型鲜味剂与味精

（1）问题　一名产品开发人员正在研究用一种鲜味剂来替换某调味料中目前用量为 0.5% 的味精成分。前期试验表明，0.1% 的该鲜味剂相当于 0.5% 的味精，但是如果一次品尝的样品超过 1h，由于该鲜味剂鲜味的后味、其他味道和口感等因素，就会让人感觉到某些异样。该开发人员想知道，含有这种新型鲜味剂和味精的调味料能否被识别出来。

（2）项目目标　确定 0.1% 的该鲜味剂能否代替 0.5% 的味精。

（3）试验目标　直接比较这两种鲜味物质，并减少味道的延迟和覆盖效应。

（4）试验设计　分别将该鲜味剂和味精配制成 0.1% 和 0.5% 的溶液，将鲜味剂溶液设为"A"，将味精溶液设为"非 A"。有 20 人参加品评，每人得到 10 个样品，每个样品品尝一次，然后回答是"A"还是"非 A"，在品尝下一个样品之前用清水漱口，并等待 1min，问答卷见表 6-19。

（5）结果分析　得到的结果如表 6-20 所示。

表6-19　试验调查问答卷

<table>
<tr><td colspan="4" align="center">"A"-"非 A"检验</td></tr>
<tr><td>姓名：_____</td><td colspan="2">日期：_____</td><td>样品：<u>鲜味调味品</u></td></tr>
<tr><td colspan="4">试验指令：
1. 在试验之前，对样品"A"和"非 A"进行熟悉，记住它们的口味。
2. 从左到右依次品尝样品，品尝完每一个样品之后，在其编号后面的相应位置打"√"。
注意：在你所得到的样品中，"A"和"非 A"的数量是相同的。</td></tr>
<tr><td>样品顺序号</td><td>编号</td><td colspan="2" align="center">该样品是</td></tr>
<tr><td></td><td></td><td>"A"</td><td>"非 A"</td></tr>
<tr><td>1</td><td>591</td><td>——</td><td>——</td></tr>
<tr><td>2</td><td>304</td><td>——</td><td>——</td></tr>
<tr><td>3</td><td>547</td><td>——</td><td>——</td></tr>
<tr><td>4</td><td>743</td><td>——</td><td>——</td></tr>
<tr><td>5</td><td>568</td><td>——</td><td>——</td></tr>
</table>

样品顺序号	编号	该样品是	
		"A"	"非A"
6	198	——	——
7	974	——	——
8	552	——	——
9	687	——	——
10	303	——	——

表6-20 试验结果统计

回答情况	样品真实情况		
	"A"	"非A"	总计
"A"	60	35	95
"非A"	40	65	105
总计	100	100	200

$$\chi^2 = \frac{(60\times65-35\times40)^2\times200}{100\times100\times95\times105} = \frac{125000\times10^4}{9975\times104} \approx 12.53$$

设 $\alpha=0.05$，根据 χ^2 分布表，$f=1$（一共有 2 种样品），得到 $\chi^2=3.84$，12.53 > 3.84，所以 0.1% 的鲜味剂和 0.5% 的味精溶液之间存在显著差异。

（6）结果解释 通过试验，可以告诉该开发人员，0.1% 的这种鲜味剂和 0.5% 的味精溶液是不同的，它能够被识别出来，如果想搞清楚如何不同，可以进一步做描述分析的感官试验。

【例 6-9】"A"-"非 A"检验——两种新型鲜味剂与味精

（1）问题 一名产品开发人员正在研究用两种鲜味剂来替换某调味料中目前用量为 0.5% 的味精成分。前期试验表明，0.1% 的鲜味剂甲和 0.1% 的鲜味剂乙相当于 0.5% 的味精，但是如果一次品尝的样品超过 1h，由于这两种鲜味剂鲜味的后味、其他味道和口感等因素，就会让人感觉到某些异样。该开发人员想知道，含有这两种新型鲜味剂和味精的调味料是否能够被识别出来。

（2）项目目标 确定 0.1% 的鲜味剂甲和 0.1% 的鲜味剂乙能否代替 0.5% 的味精。

（3）试验目标 检验味精"A"、鲜味剂（"非A"）$_1$、鲜味剂（"非A"）$_2$ 三者之间在鲜味上是否有显著差异。

（4）试验设计 分别将鲜味剂甲和乙与味精配制成 0.1%、0.1% 和 0.5% 的溶液，将味精溶液设为"A"，分别将鲜味剂甲溶液和鲜味剂乙溶液设为（"非 A"）$_1$ 和（"非 A"）$_2$。有 20 人参加品评，每人得到 10 个样品，每个样品品尝一次，然后回答是"A"还是"非 A"，在品尝下一个样品之前用清水漱口，并等待 1min，问答卷见表 6-21。

表6-21　试验调查问答卷

"A" - ("非A")₁、("非A")₂检验		

"A" – ("非A")$_1$、("非A")$_2$检验

姓名：_____　　　　日期：_____　　　　　　　　样品：鲜味调味品

试验指令：
1. 在试验之前，对样品"A"和("非A")$_1$、("非A")$_2$进行熟悉，记住它们的口味。
2. 从左到右依次品尝样品，品尝完每一个样品之后，在其编号后面的相应位置打"√"。
注意：在你所得到的样品中，"A"、("非A")$_1$和("非A")$_2$三者的数量是相同的。

样品顺序号	编号	该样品是		
		"A"	("非A")$_1$	("非A")$_2$
1	591	——	——	——
2	304	——	——	——
3	547	——	——	——
4	743	——	——	——
5	568	——	——	——
6	198	——	——	——
7	974	——	——	——
8	552	——	——	——
9	687	——	——	——
10	303	——	——	——

（5）结果分析　得到的结果如表6-22所示。

表6-22　试验结果统计

回答情况	样品真实情况			
	"A"	"非A"		总计
		("非A")$_1$	("非A")$_2$	
"A"	60	45	40	145
"非A"	40	55	40	135
总计	100	100	80	280

本例中因为 $n=280 > 40$ 且 $n_{ij} > 5$，所以用如下公式：

$$\chi^2 = \frac{(n_{11} \times n_{22} - n_{12} \times n_{21})^2 \times n}{n_{\cdot 1} \times n_{\cdot 2} \times n_{1 \cdot} \times n_{2 \cdot}}$$

把试验结果统计表中的各值代入上式，得 $\chi^2 = 4.65$，$4.65 < 5.99$（$f=2$，$\alpha=0.05$ 时，对应的临界值见附录1），因此得出结论：认为味精、鲜味剂甲、鲜味剂乙三者之间在鲜味上无显著差异。

第五节　五中取二检验法

　　同时提供给评价员 5 个以随机顺序排列的样品，其中 2 个是同一类型，另 3 个是另一种类型，要求评价员将这些样品按类型分成两组的一种检验方法称为五中取二检验法。该方法在测定上更为经济，统计学上更具有可靠性，但在评定过程中容易出现感官疲劳。

一、方法特点

　　① 五中取二检验法可识别出两样品间的细微感官差异。从统计学上讲，在这个试验中单纯猜中的概率是 1/10，而不是三点检验的 1/3 或二 - 三点检验的 1/2，统计上更具有可靠性。

　　② 人数要求不是很多，通常只需 10 人左右或稍多一些。当评价员人数少于 10 个时，多用此方法。

　　③ 由于要从 5 个样品中挑出 2 个相同的产品，这个试验易受感官疲劳和记忆效果的影响，并且需用样品量较大，因此一般只用于视觉、听觉、触觉方面的试验，而不是用来进行味道的检验。

　　④ 在每次评定试验中，样品的呈送有一个排列顺序，其可能的组合有 20 个，例如 AAABB、ABABA、BBBAA、BABAB、AABAB、BAABA、BBABA、ABBAB、ABAAB、ABBAA、BABBA、BAABB、BAAAB、BABAA、ABBBA、ABABB、AABBA、BBAAA、BBAAB、AABBB。

二、问答表的设计与做法

　　在五中取二检验法试验中，一般常用的问答表如表 6-23 所示。

表6-23　五中取二检验法问答表

五中取二检验	
姓名：_____	日期：_____
试验指令： 1. 按以下的顺序观察或感觉样品，其中有 2 个样品是同一种类型的，另外 3 个样品是另一种类型。 2. 测试之后，请在你认为相同的两种样品的编码后面打"√"。	
编号	评语
862_____	_____
568_____	_____
689_____	_____
368_____	_____
542_____	_____

三、结果分析与判断

根据试验中正确作答的人数，查表得出五中取二检验正确回答人数的临界值，最后作比较。假设有效鉴评表数为 n，回答正确的鉴评表数为 k，查表 6-24 中 n 栏的数值，若 k 小于这一数值，则说明在 5% 显著水平两种样品间无差异，若 k 大于或等于这一数值，则说明在 5% 显著水平两种样品有显著差异。

表6-24　五中取二检验法检验表（$\alpha=5\%$）

评价员数 n	正答最少数 k	评价员数 n	正答最少数 k	评价员数 n	正答最少数 k
9	4	23	6	37	8
10	4	24	6	38	8
11	4	25	6	39	8
12	4	26	6	40	8
13	4	27	6	41	8
14	4	28	7	42	9
15	5	29	7	43	9
16	5	30	7	44	9
17	5	31	7	45	9
18	5	32	7	46	9
19	5	33	7	47	9
20	5	34	7	48	9
21	6	35	8	49	10
22	6	36	8	50	10

【例 6-10】五中取二检验——原料稳定性差异检验

某食品厂为了检查原料质量的稳定性，把两批原料分别添加入某产品中，运用五中取二检验对添加不同批次的原料的两个产品进行检验。有 10 名评价员进行检验，其中有 3 名评价员正确地判断了 5 个样品的两种类型。查表 6-24 中 $n=10$ 时，得到正答最少数为 4，大于 3，说明这两批原料的质量无差别。

【例 6-11】五中取二检验——纺织品粗糙程度的比较

（1）问题　一纺织品供应商想用一种聚酯 - 尼龙混合品代替目前的聚酯织品，但是有人反映说该替代品手感粗糙、刮手。

（2）项目目标　确定该聚酯 - 尼龙混合品是否真的很粗糙、需要改进。

（3）试验目标　测定两种纺织品手感的差异。

（4）试验设计　因为在该试验中不涉及品尝，只是触觉，所以适合用五中取二检验法进行试验。一般来说，由 12 人组成的评定小组就足以发现产品之间的非常小的差别。从上面 20 个组合中，任意选取 12 个组合，将样品分别放在一张纸板后面，评价员可以摸到样品，但不能看到，每个样品的纸板前标有该样品的随机编号（三位随机数字表），然后让评价员回答，哪两个样品相同，而不同于其他 3 个样品。问答卷如表 6-25 所示。

（5）结果分析　在 12 名参评人员中，有 5 人做出了正确的选择。查表 6-24，回答正确人数的临界值是 4，说明产品之间有显著差异。

（6）结果解释　应该告知该供应商，这两种产品之间存在显著差异。

表6-25 纺织品粗糙程度的比较问答表

五中取二检验	
姓名：_____	日期：_____
试验指令： 1. 按以下的顺序用手指或手掌感觉样品，其中有两个样品是同一种类型的，另外3个样品是另一种类型。 2. 测试之后，请在你认为相同的两种样品的编码后面打"√"。	
编号	评语
862_____	_____
568_____	_____
689_____	_____
368_____	_____
542_____	_____

【例6-12】五中取二检验——饼干生产中油脂的替换

（1）问题　饼干生产中为了节省成本，要用一种氢化植物油替换现有配方中的一种起酥油。替换之后，饼干表面的光泽有所降低。

（2）项目目标　市场部想在产品进行销售之前知道用这两种配方制成的产品是否存在视觉上的差异。

（3）试验目标　确定这两种饼干是否在外观上存在统计学上的差异。

（4）试验设计　筛选10名参评人员，先确定他们在视力和对颜色的识别上没有差异。将样品放在白瓷盘中，以白色作为背景，在白炽灯光下进行试验。

（5）结果分析　在10名受试者当中，有5人正确选出了相同的两个样品，查表6-24，正确回答的临界值为4，说明这两种产品之间存在显著差异。

（6）结果解释　可以告知有关人员，替换后的效果不够理想。

第六节　选择试验法

从3个以上的样品中，选择出一个最喜欢或最不喜欢的样品的检验方法，称为选择试验法。它常用于嗜好调查。

一、方法特点

① 试验简单易懂，不复杂，技术要求低。

② 不适用于一些味道很浓或延缓时间较长的样品。这种方法在品尝时，要特别强调漱口，在做第二试验之前，必须彻底地洗漱口腔，不得有残留物和残留味的存在。

③ 对评价员没有硬性规定要求必须经过培训，一般在5人以上，多则100人以上。

④ 常用于嗜好调查，出示样品的顺序是随机的。

二、问答表的设计与做法

常用的选择试验法调查问答表如表 6-26 所示。

表6-26　选择试验法调查问答表示例

选择试验法		
姓名：_____		日期：_____
试验指令： 1. 从左到右依次品尝样品。 2. 品尝之后，请在你最喜欢的样品号码上画圈。		
256	387	583

三、结果分析与判断

① 求数个样品间有无差异，根据 χ^2 检验判断结果，用如下公式求 χ_0^2 值：

$$\chi_0^2 = \sum_{i=1}^{m} \frac{\left(\chi_i - \dfrac{n}{m}\right)^2}{\dfrac{n}{m}}$$

式中，m 表示样品数；n 表示有效鉴评表数；χ_i 表示 m 个样品中，最喜好其中某个样品的人数。

查 χ^2 分布表（见附录 1），若 $\chi_0^2 \geq \chi^2(f,\alpha)$（$f$ 为自由度，$f = m-1$；α 为显著水平），说明 m 个样品在 α 显著水平存在差异；若 $\chi_0^2 < \chi^2(f,\alpha)$，说明 m 个样品在 α 显著水平不存在差异。

② 求被多数人判断为最好的样品与其他样品间是否存在差异，根据 χ^2 检验判断结果，用如下公式求 χ_0^2 值：

$$\chi_0^2 = \left(\chi_i - \frac{n}{m}\right)^2 \frac{m^2}{(m-1)n}$$

各符号意义同上。查 χ^2 分布表（见附录 1），若 $\chi_0^2 < \chi^2(f,\alpha)$，说明此样品与其他样品之间在 α 显著水平存在差异，否则无差异。

【例 6-13】选择试验法——产品比较

某生产厂家把自己生产的商品 A，与市场上销售的 3 个同类商品 X、Y、Z 进行比较。有 80 位评价员进行评价，并选出最好的一个产品来，结果如下：

商品	A	X	Y	Z	合计
认为某商品最好的人员	26	32	16	6	80

（1）求 4 个商品间的喜好度有无差异：

$$\chi_0^2 = \sum_{i=1}^{m} \frac{\left(\chi_i - \dfrac{n}{m}\right)^2}{\dfrac{n}{m}} = \frac{m}{n} \sum_{i=1}^{m} \left(\chi_i - \frac{n}{m}\right)^2$$

$$= \frac{4}{80} \times \left[\left(26 - \frac{80}{4}\right)^2 + \left(32 - \frac{80}{4}\right)^2 + \left(16 - \frac{80}{4}\right)^2 + \left(6 - \frac{80}{4}\right)^2\right]$$

$$= 19.6$$

$$f = 4 - 1 = 3$$

查 χ^2 分 布 表（见 附 录 1）知，$\chi^2(3,0.05)=7.815 < \chi_0^2=19.6$，$\chi^2(3,0.01)=11.345 < \chi_0^2=19.6$。所以，结论为 4 个商品间的喜好度在 1% 显著水平有显著差异。

（2）求多数人判断为最好的商品与其他商品间是否有差异：

$$\chi_0^2=\left(\chi_i-\frac{n}{m}\right)^2\frac{m^2}{(m-1)n}$$

被多数人判断为最好的商品 X 与商品 A 相比，由于 $\left(32-\dfrac{58}{2}\right)^2\times\dfrac{2^2}{(2-1)\times 58}$ ≈ 0.62 远远小于 $\chi^2(1,0.05)$ 的值 3.841（见附录 1），故可以认为无差异。

第七节　配偶试验法

从两组试样中逐个取出各组的样品进行两两归类的方法叫作配偶试验法。

一、方法特点

① 配偶试验法可应用于检验评价员的识别能力，也可用于识别样品间的差异。

② 检验前，两组样品的顺序必须是随机的，但样品的数目可不尽相同，如 A 组有 m 个样品，B 组中可有 m 个样品，也可有 $m+1$ 或 $m+2$ 个样品，但配对数只能是 m 对。

二、问答表的设计与做法

配偶试验法问答表的一般形式如表 6-27 所示。

表6-27　配偶试验法问答表的一般形式

配偶试验法	
姓名：_____	日期：_____
试验指令： 1. 有两组样品，要求从左到右依次品尝。 2. 品尝之后，归类样品。	
A 组	B 组
256	658
583	456
596	369
154	489
归类结果	
_____和_____	
_____和_____	
_____和_____	
_____和_____	

三、结果分析与判断

统计出正确的配对数平均值，即 $\overline{S}_0$，然后根据以下情况查表 6-28 或表 6-29 中的相应值，得出有无差异的结论。

① m 个样品重复配对时（即由两个以上评价员进行配对时），若 $\overline{S}_0$ 大于或等于表 6-28 中的相应值，说明在 5% 显著水平样品间有差异。

表6-28　配偶试验检验表（一）（α=5%）

n	S	n	S	n	S	n	S
1	4.00	6	1.83	11	1.64	20	1.43
2	3.00	7	1.80	12	1.58	25	1.36
3	2.33	8	1.75	13	1.54	30	1.33
4	2.25	9	1.67	14	1.52		
5	1.90	10	1.66	15	1.50		

注：此表为 m 个和 m 个样品配对时的检验表。适用范围：$m \geq 4$，重复次数为 n。

② m 个样品与 m 或 $m+1$ 或 $m+2$ 个样品配对时，若 $\overline{S}_0$ 大于或等于表 6-28 中 $n=1$ 栏或表 6-29 中的相应值，说明在 5% 显著水平样品间有差异，或者说评价员在此显著水平有识别能力。

表6-29　配偶试验检验表（二）（α=5%）

m	S	
	$m+1$	$m+2$
3	3	3
4	3	3
5	3	3
6 以上	4	3

注：此表为 m 个和 $m+1$ 或 $m+2$ 个样品配对时的检验表。

【例 6-14】配偶试验法——加工食品的配偶

由 4 名评价员通过外观对 8 种不同加工方法的食物进行配偶试验，结果如表 6-30 所示。

表6-30　试验结果统计表

样品＼评价员	A	B	C	D	E	F	G	H
1	B	C	E	D	A	F	G	B
2	A	B	C	E	D	F	G	H
3	A	B	F	C	E	D	H	C
4	B	F	C	D	E	C	A	H

4 个人的平均正确配偶数 $\overline{S}_0$=（3+6+3+4）/4=4，查表 6-28 中 $n=4$ 栏，S=2.25＜$\overline{S}_0$=4，说明这 8 个产品在 5% 显著水平有显著差异，或这 4 个评价员有识别能力。

【例 6-15】配偶试验法——评价员训练试验

向某个评价员提供砂糖、食盐、酒石酸、硫酸奎宁、谷氨酸钠 5 种味道的稀释溶液（浓度分别为 400mg/100mL、130mg/100mL、50mg/100mL、6.4mg/100mL、50mg/100mL）和两杯蒸馏水，共 7 杯试样。结果如下：甜——食盐、咸——砂糖、酸——酒石酸、苦——硫酸奎宁、鲜——蒸馏水，该评价员判断出两种味道的试样，即 $\bar{S}_0 = 2$。而查表 6-29 中 $m = 5$，$m + 2$ 栏的临界值为 $3 > \bar{S}_0 = 2$，说明该评价员在 5% 显著水平无判断味道的能力。

总结

差别试验是感官分析中经常使用的两类方法之一。本章介绍了成对比较检验法、二－三点检验法、三点检验法、"A"－"非 A"检验法、五中取二检验法、选择试验法、配偶试验法共七种差别试验方法，并通过举例详细说明了各种方法的应用范围、调查问卷设计及统计分析，为实施产品的差别试验奠定了基础。

思考题

1）使用成对比较检验法试验要注意哪些事项？

2）结合例 6-1 说明如何完成成对比较法试验的实施、调查问卷的设计及统计分析。

3）二－三点检验法有什么特点？

4）三点检验法有什么特点？

5）"A"－"非 A"检验法的问卷设计要点是什么？

6）五中取二检验法有什么特点？

7）选择试验及配偶试验的适用范围是什么？

工程实践

1）某公司研发了一款添加谷朊粉的面条，试用定向成对比较法检验新产品的劲道性（可参照例 6-2），要求完成：项目目标、试验目标、试验设计及结果分析。

2）某食品烘焙厂研发了一款使用新型甜味剂的蛋糕，可有效降低生产成本，试用二－三点检验法检验新产品的甜度及风味的不同（可参照例 6-5），要求完成：项目目标、试验目标、试验设计及结果分析。

3）某饮料厂原有一款软饮料产品，为增加品系，新开发了同款新产品，试用三点检验法感官检验两个产品是否存在差异（可参照例 6-6），要求完成：项目目标、试验目标、试验设计及结果分析。

第七章　排列试验

❈ **为什么学习排列试验？**

　　比较数个样品，按照其某项品质程度的大小进行排序的方法，称为排序检验法；评价员品评样品后，划分出样品应属的预先定义的类别，这种评价检验的方法称为分类检验法。本章主要学习这两种方法的应用范围、调查问卷设计、统计分析及实施方法。这两种方法是对产品进行排序及分类的基本试验方法。

👁 **学习目标**

　　1. 了解排序检验法的概念、特点。
　　2. 掌握排序检验法的问答表的设计与做法。
　　3. 掌握排序检验法的统计分析方法。
　　4. 了解分类试验法的概念、特点。
　　5. 掌握分类试验法的结果分析方法。

第一节　排序检验法

　　比较数个样品，按照其某项品质程度（例如某特性的强度或嗜好程度等）的大小进行排序的方法，称为排序检验法。该法只排出样品的次序，表明样品之间的相对大小、强弱、好坏等，属于程度上的差异，而不评价样品间的差异大小。该法的优点是可利用同一样品，对其各类特征进行检验，排出优劣，且方法较简单，结果可靠，即使样品间差别很小，只要评价员很认真，或者具有一定的检验能力，都能在相当精确的程度上排出顺序。

　　当试验目的是就某一项性质（比如甜度、新鲜程度等）对多个产品进行比较时，使用排序检验法是进行这种比较的最简单的方法。排序法比任何其他方法更节省时间，常被用在以下几个方面：

　　① 确定由于不同原料、加工、处理、包装和贮藏等各环节造成的产品感官特性差异。

　　② 当样品需要为下一步的试验预筛或预分类，即对样品进行更精细的感官分析之前，可应用此方法。

　　③ 对消费者或市场经营者订购的产品的可接受性调查。

　　④ 企业产品的精选过程。

　　⑤ 评价员的选择和培训。

一、方法特点

　　① 排序检验法的试验原则是：以均衡随机的顺序将样品呈送给评价员，

要求评价员就指定指标将样品进行排序，计算序列和，然后利用 Friedman 法等对数据进行统计分析。

② 参加试验的人数不得少于 8 人，如果参加人数在 16 人以上，会得到明显区分效果。根据试验目的，评价员要有区分样品指标之间细微差别的能力。

③ 当评定少量样品的复杂特性时，选用该法是快速而又高效的。此时的样品数一般小于 6 个。

④ 但样品数量较大（如大于 20 个），且不是比较样品间的差别大小时，选用该法也具有一定优势。只是其信息量不如分级试验法大，该法可不设对照样，将两组结果直接进行对比。进行检验前，应由组织者对检验提出具体的规定，对被评价的指标和准则要有一定的理解。

⑤ 排序检验只能按照一种特性进行，如要求对不同的特性进行排序，则按不同的特性安排不同的顺序。

⑥ 在检验中，每个评价员以事先确定的顺序检验编码的样品，并安排出一个初步顺序，然后进一步整理调整，最后确定整个系列的强弱顺序，如果实在无法区别两种样品，则应在问答表中注明。

二、问答表的设计与做法

在进行问答表的设计时，应明确评价的指标和准则，比如：对哪些特性进行比较，是对产品的一种特性进行排序，还是对一种产品的多种特性进行比较；排列顺序是从强到弱还是从弱到强；要求的检验操作过程如何；是否进行感官刺激的评价，如果是，应使评价员在不同的评价之间使用水、淡茶或无味面包等以恢复原感觉能力；评价气味时是否需要摇晃等。

排序检验法问答表的一般形式如表 7-1、表 7-2 所示。

表7-1 排序检验法问答表的一般形式示例（一）

排序检验
姓名：_____　　　　日期：_____　　　　产品：_____
试验指令：品尝样品后，请根据您所感受的甜度，把样品号码填入适当的空格中（每格中必须填一个号码）。
甜味最强：_____　　　　　　甜味最弱：_____

表7-2 排序检验法问答表的一般形式示例（二）

排序检验
姓名：_____　　　　　　　　　　日期：_____
试验指令： 1. 从左到右依次品尝样品 A、B、C、D。 2. 品尝之后，就指定的特性方面进行排序。

试验结果：

样品＼秩次　评价员	1	2	3	4
1				
2				
3				
4				
5				
6				

三、结果分析与判断

在试验中，尽量同时提供评价员样品，评价员同时收到以均衡、随机顺序排列的样品，其任务就是将样品排序。同一组样品还可以以不同的编号被一次或数次呈送，如果每组样品被评价的次数大于2，那么试验的准确性会得到最大提高。在嗜好性试验中，告诉参评人员，最喜欢的样品排在第一位，第二喜欢的样品排在第二位，依此类推，不要把顺序搞颠倒。如果相邻两个样品的顺序无法确定，鼓励评价员去猜测，如果实在猜不出，可以取中间值，如4个样品中，对中间两个的顺序无法确定时，就将它们都排为（2+3）/2=2.5。如果需要排序的感官指标多于一个，则对样品分别进行编号，以免发生相互影响。排出初步顺序后，若发现不妥之处，可以重新核查并调整顺序，确定各样品在标度线上的相应位置。

下面对实例进行分析，以便理解。

（一）样品甜味排序

将评价员对每次检验的每一特性的评价汇集在如表7-3所示的表格内。表7-3是6个评价员对A、B、C、D四种样品的甜味排序结果。

表7-3　评价员的排序结果

评价员 ＼ 秩次 样品	1		2		3		4
1	A		B		C		D
2	B	=	C		A		D
3	A		B	=	C	=	D
4	A		B		D		C
5	A		B		C		D
6	A		C		B		D

（二）统计样品秩次和秩和

在每个评价员对每个样品排出的秩次当中有相同秩次时，取平均秩次。表7-4是表7-3中的样品秩次与秩和。

表7-4　样品的秩次与秩和

评价员 ＼ 秩次 样品	A	B	C	D	秩和
1	1	2	3	4	10
2	3	1.5	1.5	4	10
3	1	3	3	3	10
4	1	2	4	3	10

秩次 评价员	样品	A	B	C	D	秩和
5		1	2	3	4	10
6		1	3	2	4	10
每种样品的秩和 R		8	13.5	16.5	22	60

（三）统计解释

使用 Friedman 检验和 Page 检验对被检样品之间是否有显著差异作出判定。

1. Friedman 检验

先用下式求出统计量 F：

$$F = \frac{12}{qp(p+1)}(R_1^2 + R_2^2 + \cdots + R_p^2) - 3q(p+1)$$

式中，q 表示评价员数；p 表示样品（或产品）数；R_1、R_2、$\cdots$、R_p 表示每种样品（或产品）的秩和。

查表 7-5，若计算出的 F 值大于或等于表中对应于 p、q、α 的临界值，则可以判定样品之间有显著差异；若小于相应临界值，则可以判定样品之间没有显著差异。

表7-5 Friedman秩和检验近似临界值表

评价员数 q	样品（或产品）数 p					
	3	4	5	3	4	5
	显著水平 $\alpha = 0.05$			显著水平 $\alpha = 0.01$		
2	—	6.00	7.60	—	—	8.00
3	6.00	7.00	8.53	—	8.20	10.13
4	6.50	7.50	8.80	8.00	9.30	11.10
5	6.40	7.80	8.96	8.40	9.96	11.52
6	6.33	7.60	9.49	9.00	10.20	13.28
7	6.00	7.62	9.49	8.85	10.37	13.28
8	6.25	7.65	9.49	9.00	10.35	13.28
9	6.22	7.81	9.49	8.66	11.34	13.28
10	6.20	7.81	9.49	8.60	11.34	13.28
11	6.54	7.81	9.49	8.90	11.34	13.28
12	6.16	7.81	9.49	8.66	11.34	13.28
13	6.00	7.81	9.49	8.76	11.34	13.28
14	6.14	7.81	9.49	9.00	11.34	13.28
15	6.40	7.81	9.49	8.93	11.34	13.28

当评价员数 q 较大，或当样品数 p 大于 5 时，超出表 7-5 的范围，可查 χ^2 分布表（见附录 1），F 值近似服从自由度为 $p-1$ 的 χ^2 值。

上例中（见表 7-4）的 F 值为：

$$F=\frac{12}{6\times4\times(4+1)}\times(8^2+13.5^2+16.5^2+22^2)-3\times6\times(4+1)=10.25$$

当评价员实在分不出某两种样品之间的差异时，可以允许将这两种样品排定同一秩次，这时用 F' 代替 F：

$$F'=\frac{F}{1-E/[qp(p^2-1)]}$$

式中，E 值通过下式得出：

令 n_1、n_2、$\cdots$、n_k 为出现相同秩的样品数，若没有相同秩次，$n_k=1$，则

$$E=(n_1^3-n_1)+(n_2^3-n_2)+\cdots+(n_k^3-n_k)$$

表 7-4 中，出现相同秩次的样品数有 $n_2=2$、$n_3=3$，其余均没有相同秩次。所以

$$E=(2^3-2)+(3^3-3)+\cdots+(1^3-1)=6+24=30$$

故

$$F'=\frac{F}{1-30/[6\times4\times(4^2-1)]}\approx1.09F=1.09\times10.25\approx11.17$$

将 F' 与表 7-5 或 χ^2 分布表（见附录 1）中的临界值比较，从而得出统计结论。

本例中，$F'=11.17$，大于表 7-5 中相应的 $p=4$、$q=6$、$\alpha=0.01$ 的临界值 10.20，所以可以判定在 1% 显著水平下，样品之间有显著差异。

2. Page 检验

有时样品有自然的顺序，例如样品成分的比例、温度、不同的贮藏时间等可测因素造成的自然顺序。为了检验该因素的效应，可以使用 Page 检验。该检验也是一种秩和检验，在样品有自然顺序的情况下，Page 检验比 Friedman 检验更有效。

如果 R_1、R_2、$\cdots$、R_p 是以确定的顺序排列的 p 种样品的理论上的平均秩次，如果两种样品之间没有差别，则应 $R_1=R_2=\cdots=R_p$；否则，$R_1\leqslant R_2\leqslant\cdots\leqslant R_p$，其中至少有一个不等式是成立的，也就是原假设不能成立。检验原假设能够成立，用下式计算统计量来确定：

$$L=R_1+2R_2+\cdots+pR_p$$

若计算出的 L 值大于或等于表 7-6 中的相应临界值，则拒绝原假设而判定样品之间有显著差异。

如若评价员人数 q 或样品数 p 超出表 7-6 的范围，可用统计量 L' 做检验，见下式：

$$L'=\frac{12L-3qp(p+1)^2}{p(p+1)\sqrt{q(p-1)}}$$

当 $L' \geqslant 1.65$，$\alpha = 0.05$，或当 $L' \geqslant 2.33$，$\alpha = 0.01$ 时，判定样品之间有显著差异。

表7-6 Page检验临界值表

评价员数 q	样品（或产品）数 p											
	3	4	5	6	7	8	3	4	5	6	7	8
	显著水平 $\alpha = 0.05$						显著水平 $\alpha = 0.01$					
2	28	58	103	166	252	362	—	60	106	173	261	376
3	41	84	150	244	370	532	42	87	155	252	382	549
4	54	111	197	321	487	701	55	114	204	331	541	722
5	66	137	244	397	603	869	68	141	251	409	620	893
6	79	163	291	474	719	1037	81	167	299	486	737	1063
7	91	189	338	550	835	1204	93	193	346	563	855	1232
8	104	214	384	625	950	1371	106	220	393	640	972	1401
9	116	240	431	701	1065	1537	119	246	441	717	1088	1569
10	128	266	477	777	1180	1703	131	272	487	793	1205	1736
11	141	292	523	852	1295	1868	144	298	534	869	1321	1905
12	153	317	570	928	1410	2035	156	324	584	946	1437	2072
13	165	343	615	1003	1525	2201	169	350	628	1022	1553	2240
14	178	368	661	1078	1639	2367	181	376	674	1098	1668	2407
15	190	394	707	1153	1754	2532	194	402	721	1174	1784	2574
16	202	420	754	1228	1868	2697	206	427	767	1249	1899	2740
17	215	445	800	1303	1982	2862	218	453	814	1325	2014	2907
18	227	471	846	1378	2097	3028	231	479	860	1401	2130	3073
19	239	496	891	1453	2217	3193	243	505	906	1476	2245	3240
20	251	522	937	1528	2325	3358	256	531	953	1552	2360	3406

（四）统计分组

当用 Friedman 检验或 Page 检验确定了样品之间存在显著差异之后，可采用下述方法进一步确定各样品之间的差异程度。

1. 多重比较和分组

根据各样品的秩和 R_p，从小到大将样品初步排序，上例（见表 7-4）的排序为：

R_A	R_B	R_C	R_D
8	13.5	16.5	22

计算临界值 $r(I,\alpha)$：

$$r(I,\alpha) = q(I,\alpha)\sqrt{\dfrac{qp(p+1)}{12}}$$

式中，$q(I,\alpha)$ 值可查表 7-7，其中 $I = 2, 3, \cdots, p$。

表7-7　$q(I,\alpha)$ 值

I	$\alpha=0.01$	$\alpha=0.05$	I	$\alpha=0.01$	$\alpha=0.05$
2	3.64	2.77	20	5.65	4.75
3	4.12	3.31	22	5.71	5.08
4	4.40	3.63	24	5.77	5.14
5	4.60	3.86	26	5.82	5.20
6	4.76	4.03	28	5.87	5.25
7	4.88	4.17	30	5.91	5.30
8	4.99	4.29	32	5.95	5.35
9	5.08	4.39	34	5.99	5.39
10	5.16	4.47	36	6.03	5.43
11	5.23	4.55	38	6.06	5.46
12	5.29	4.62	40	6.09	5.50
13	5.35	4.69	50	6.23	5.65
14	5.40	4.74	60	6.34	5.76
15	5.45	4.80	70	6.43	5.86
16	5.49	4.85	80	6.51	5.95
17	5.54	4.89	90	6.58	6.02
18	5.57	4.93	100	6.64	6.09
19	5.61	4.97			

本例中，根据表 7-7，临界值 $r(I,\alpha)$ 为：

$$r(I,\alpha)=q(I,\alpha)\sqrt{\frac{6\times4\times(4+1)}{12}}\approx3.16q(I,\alpha)$$

下面进行比较与分组。按下列顺序检验这些秩和的差数：最大减最小、最大减次小……最大减次大，然后次大减最小、次大减次小……，依次减下去，一直到次小减最小。

$R_{Ap}-R_{A1}$ 与 $r(p,\alpha)$ 比较；

$R_{Ap}-R_{A2}$ 与 $r(p-1,\alpha)$ 比较；

……

$R_{Ap}-R_{A(p-1)}$ 与 $r(2,\alpha)$ 比较；

$R_{A(p-1)}-R_{A1}$ 与 $r(p-1,\alpha)$ 比较；

$R_{A(p-1)}-R_{A2}$ 与 $r(p-2,\alpha)$ 比较；

……

$R_{A2}-R_{A1}$ 与 $r(2,\alpha)$ 比较。

若相互比较的两个样品 A_j 与 A_i 的秩和之差 $R_{Aj}-R_{Ai}(j>i)$ 小于相应的 r 值，则表示这两个样品以及秩和位于这两个样品之间的所有样品无显著差异，在这些样品以下可用一横线表示，即 $\underline{A_i\,A_{i+1}\cdots A_j}$，横线内的样品不必再作比较。

若相互比较的两个样品 A_i 与 A_j 的秩和之差 $R_{Aj}-R_{Ai}$ 大于或等于相应的 r 值，则表示这两个样品有显著差异，其下面不画横线。

不同横线上面的样品表示不同的组，若有样品处于横线重叠处，应单独列为一组。根据表 7-4，查表 7-7 可得

$$r(4,0.05)=q(4,0.05)\times 3.16=3.63\times 3.16\approx 11.47$$

$$r(3,0.05)=q(3,0.05)\times 3.16=3.31\times 3.16\approx 10.46$$

$$r(2,0.05)=q(2,0.05)\times 3.16=2.77\times 3.16\approx 8.75$$

由于　　　　　$R_4-R_1=22-8=14>r(4,0.05)=11.47$，不可画横线

　　　　　　　　$R_4-R_2=22-13.5=8.5<r(3,0.05)=10.46$，可画横线

　　　　　　　　$R_3-R_1=16.5-8=8.5<r(3,0.05)=10.46$，可画横线

结果如下：

A　<u>B　C</u>　D

最后分为 3 组：

<u>A</u>　<u>B　C</u>　<u>D</u>

结论：在 5% 的显著水平上，D 样品最甜，C、B 样品次之，A 样品最不甜，C、B 样品在甜度上无显著差异。

2. Kramer 检定法

首先列出表 7-3 与表 7-4 那样的统计表，查附录 5 与附录 6。由检验表（$\alpha=5\%$，$\alpha=1\%$）中相应于评价员数 q 和样品数 p 的临界值，分析出检验的结果。

查附录 5（$\alpha=5\%$）和附录 6（$\alpha=1\%$）中相应于 $q=6$ 和 $p=4$ 的临界值：

	5% 显著水平	1% 显著水平
上段	9～21	8～22
下段	11～19	9～21

首先通过上段来检验样品间是否有显著差异，把每个样品的秩和与上段的最大值 $R_{i\max}$ 和最小值 $R_{i\min}$ 相比较。若样品秩和的所有数值都在上段的范围内，说明样品间没有显著差异；若样品秩和不小于 $R_{i\max}$ 或不大于 $R_{i\min}$，则样品间有显著差异。据表 7-4，因为最大值 $R_{i\max}=22=R_D$，最小值 $R_{i\min}=8=R_A$，所以说明在 1% 显著水平，4 个样品之间有显著差异。

再通过下段检查样品间的差异程度，若样品的秩和 R_p 处在下段范围内，则可将其划为一组，表明其间无差异；若样品的 R_p 落在下段范围之外，则落在上限之外和落在下限之外的样品就可分别组成一组。由于最大值 $R_{i\max}=21<R_D=22$，最小值 $R_{i\min}=9>R_A=8$，$R_{i\min}=9<R_B=13.5<R_C=16.5<R_{i\max}=21$，所以 A、B、C、D 4 个样品可划分为 3 个组：

<u>D</u>　<u>B　C</u>　<u>A</u>

结论：在 1% 的显著水平上，D 样品最甜，C、B 样品次之，A 样品最不甜，C、B 样品在甜度上无显著差异。

第二节 分类检验法

评价员品评样品后，划分出样品应属的预先定义的类别，这种评价检验的方法称为分类检验法。它是先由专家根据某样品的一个或多个特征，确定出样品的质量或其他特征类别，再将样品归纳入相应类别或等级的方法。此法是使样品按照已有的类别划分，可在任何一种检验方法的基础上进行。

一、方法特点

① 分类检验法是以过去积累的已知结果为根据，在归纳的基础上进行产品分类。

② 当样品打分有困难时，可用分类检验法评价出样品的好坏差异，得出样品的级别、好坏，也可以鉴定出样品的缺陷等。

二、问答表的设计与做法

把样品以随机的顺序出示给评价员，要求评价员按顺序评价样品后，根据评价表中所规定的分类方法对样品进行分类。分类检验法问答表的一般形式如表 7-8 所示。

表7-8　分类检验法问答表的一般形式示例

分类检验				
姓名：_____		日期：_____	样品类型：_____	
试验指令： 1. 从左到右依次品尝样品。 2. 品尝后把样品划入你认为应属的预先定义的类别。				
试验结果：				
样品	一级	二级	三级	合计
A B C D				
合计				

三、结果分析与判断

统计每一种产品分属每一类别的频数，然后用 χ^2 检验比较两种或多种产品落入不同类别的分布，从而得出每一种产品应属的级别。下面就举例具体分析。

例如，有 4 种产品，通过检验分成三级，了解它们由于加工工艺的不同对产品质量所造成的影响。

有 30 位评价员进行鉴评分级，各样品被划入各等级的次数统计填入表 7-9 中。

表7-9　4种产品的分类检验结果

样品 \ 次数 \ 等级	一级	二级	三级	合计
A	7	21	2	30
B	18	9	3	30
C	19	9	2	30
D	12	11	7	30
合计	56	50	14	120

假设各样品的级别分不相同，则各级别的期待值为：

$$E=\frac{\text{该等级次数}}{120}\times30=\frac{\text{该等级次数}}{4}，即 E_1=\frac{56}{4}=14，E_2=\frac{50}{4}=12.5，E_3=\frac{14}{4}=3.5$$

将实际测定值 Q 与期待值之差 $Q_{ij}-E_{ij}$ 列入表 7-10。

表7-10　各级别实际值与期待值之差

样品 \ j \ i	一级	二级	三级	合计
A	-7	8.5	-1.5	0
B	4	-3.5	-0.5	0
C	5	-3.5	-1.5	0
D	-2	-1.5	3.5	0
合计	0	0	0	0

$$\chi^2=\sum_{i=1}^{t}\sum_{j=1}^{m}\frac{(Q_{ij}-E_{ij})^2}{E_{ij}}=\frac{(-7)^2}{14}+\frac{4^2}{14}+\frac{5^2}{14}+\cdots+\frac{3.5^2}{3.5}\approx19.49$$

$$误差自由度 f=样品自由度\times级别自由度$$

$$=(m-1)(t-1)=(4-1)\times(3-1)=6$$

查 χ^2 分布表（见附录 1）知，$\chi^2(6,0.05)=12.592$，$\chi^2(6,0.01)=16.812$。

因为 $\chi^2=19.49>16.812$，所以这 3 个级别之间在 1% 显著水平时有显著差异，即这 4 个样品可以分成 3 个等级，其中 C、B 之间相近，可表示为 <u>C　B</u> <u>A</u> <u>D</u>，即 C、B 为一级，A 为二级，D 为三级。

 总结

本章介绍了排序检验法和分类检验法这两种排列试验方法，详细说明了这两种方法的应用范围、调查问卷设计、统计分析及实施方法。这两种方法是对产品进行排序及分类的基本试验方法。

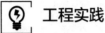 思考题

1）排序检验法的概念及特点分别是什么？

2）排序检验法的问答表如何设计？如何实施？

3）排序检验法应用于哪些领域？

4）分类检验法的概念及特点分别是什么？

5）如何分析分类检验的试验结果？

工程实践

某饮料厂有一个系列 4 种软饮料产品，为提档升级，分级定价，并有针对性地制定营销策略，现需对这 4 种饮料进行排序检验，用排序检验法对这 4 种饮料产品进行排序，要求完成：试验目标、问答卷设计及结果分析。

第八章　分级试验

为什么学习分级试验?

感官分析过程中，往往会遇到各评价指标的重要程度不同，两种产品的评价结果相同但确有差异等实际问题。为了使感官分析结果更加科学、准确、有效，有必要学习分级试验。分级试验是以某个级数值来描述食品的属性，本章将通过学习评分法、成对比较法、加权评分法、模糊数学法及阈值试验来解决上述实际问题，以达到准确评价的效果。

学习目标

1. 了解评分法的特点及结果分析方法。
2. 熟悉成对比较法的问答表设计与做法。
3. 掌握加权评分法的权重确定方法。
4. 掌握模糊数学评价法。
5. 熟悉阈值试验的刺激阈、分辨阈及主观等价值。

　　分级试验是以某个级数值来描述食品的属性。在排列试验中，两个样品之间必须存在先后顺序，而在分级试验中，两个样品可能属于同一级数，也可能属于不同级数，而且它们之间的级数差别可大可小。排列试验和分级试验各有特点和针对性。

　　级数定义的灵活性很大，没有严格规定。例如，对食品甜度，其级数值可按表 8-1 定义。

表8-1　甜度分级方法示例

甜度级别	分级方法				
	1	2	3	4	5
极甜	9	4	8	7	4
很甜	8	3	7		
较甜	7	2	6	6	3
略甜	6	1	5	5	
适中	5	0	4	4	2
略不甜	4	−1	3	3	
较不甜	3	−2	2	2	1
很不甜	2	−3	1	1	
极不甜	1	−4	0		

　　对于食品的咸度、酸度、硬度、脆性、黏性、喜欢程度或者其他指标的级数值也可以类推。当然也可以用分数、数值范围或图解来对食品进行级数描

述。例如，对于茶叶进行综合评判的分数范围为：外形 20 分，香气与滋味 60 分，水色 10 分，叶底 10 分，总分 100 分。评分大于 90 分为 1 级茶，81 ～ 90 分为 2 级茶，71 ～ 80 分为 3 级茶，61 ～ 70 分为 4 级茶。

在分级试验中，由于每组试验人员的习惯、爱好及分辨能力各不相同，各人的试验数据就可能不一样。因此，需规定标准样的级数，使它的基线相同，这样有利于统一所有试验人员的试验结果。

第一节　评分法

一、方法特点

评分法是指按预先设定的评价基准，对试样的特性和嗜好程度以数字标度进行评定，然后换算成得分的一种评价方法。在评分法中，所有的数字标度为等距或比率标度，如 1 ～ 10（10 级）、-3 ～ 3 级（7 级）等数值尺度。该方法不同于其他方法的是所谓的绝对性判断，即根据评价员各自的鉴评基准进行判断。它出现的粗糙评分现象也可由增加评价员人数的方法来克服。

由于此方法可同时评价一种或多种产品的一个或多个指标的强度及其差异，因此应用较为广泛，尤其适用于评价新产品。

二、问答表的设计与做法

设计问答表（票）前，首先要确定所使用的标度类型。在检验前，要使评价员对每一个评分点所代表的意义有共同的认识。样品的出示顺序可利用拉丁法设计随机排列。

问答票的设计应和产品的特性及检验的目的相结合，尽量简洁明了。可参考表 8-2 的形式。

表8-2　评分法问答票参考形式

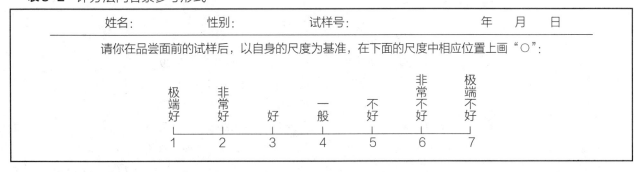

三、结果分析与判断

在进行结果分析与判断前，首先要将问答票的评价结果按选定的标度类型转换成相应的数值。以上述问答票的评价结果为例，可按 -3 ～ 3（7 级）等值尺度转换成相应的数值：极端好 =3；非常好 =2；好 =1；一般 =0；不好 =-1；非常不好 =-2；极端不好 =-3。当然，也可以用十分制或百分制等其他尺度。然后通过相应的统计分析和检验方法来判断样品间的差异性：当样品只有两个时，可以采用简单的 t 检验；而样品超过两个时，要进行方差分析并最终根据 F 检验结果来判别样品间的差异性。下面通过例子来介绍这种方法的应用。

【例8-1】为了比较X、Y、Z三个公司生产的快餐面质量，8名评价员分别对三个公司的产品按上述问答票中的1～6分尺度进行评分，评分结果如下表，问产品之间有无显著差异。

评价员 n	1	2	3	4	5	6	7	8	合计
试样 X	3	4	3	1	2	1	2	2	18
试样 Y	2	6	2	4	4	3	6	6	33
试样 Z	3	4	3	2	2	3	4	2	23
合计	8	14	8	7	8	7	12	10	74

解题步骤如下。

（1）求离差平方和 Q

修正项　　$CF = \dfrac{x^2_{..}}{nm} = \dfrac{74^2}{8 \times 3} \approx 228.17$

试样　　$Q_A = (x^2_{1.} + x^2_{2.} + \cdots + x^2_{i.} + \cdots + x^2_{m.})/n - CF$

　　　　　　$= (18^2 + 33^2 + 23^2)/8 - 228.17 = 242.75 - 228.17 = 14.58$

评价员　　$Q_B = (x^2_{.1} + x^2_{.2} + \cdots + x^2_{.j} + \cdots + x^2_{.n})/m - CF$

　　　　　　$= (8^2 + 14^2 + \cdots + 10^2)/3 - 228.17 \approx 243.33 - 228.17 = 15.16$

总平方和　　$Q_T = (x^2_{11} + x^2_{12} + \cdots + x^2_{ij} + \cdots + x^2_{mn}) - CF$

　　　　　　$= (3^2 + 4^2 + \cdots + 2^2) - 228.17 = 47.83$

误差　　$Q_E = Q_T - Q_A - Q_B = 47.83 - 14.58 - 15.16 = 18.09$

（2）求自由度 f

试样　　　　　　　　　　　$f_A = m - 1 = 3 - 1 = 2$

评价员　　　　　　　　　　$f_B = n - 1 = 8 - 1 = 7$

总自由度　　　　　　　　　$f_T = mn - 1 = 3 \times 8 - 1 = 23$

误差　　　　　　　　　　　$f_E = f_T - f_A - f_B = 23 - 2 - 7 = 14$

（3）方差分析

求平均离差平方和　　　　　$V_A = Q_A/f_A = 14.58 \div 2 = 7.29$

　　　　　　　　　　　　　$V_B = Q_B/f_B = 15.16 \div 7 \approx 2.17$

　　　　　　　　　　　　　$V_E = Q_E/f_E = 18.09 \div 14 \approx 1.29$

求 F_0　　　　　　　　　　$F_A = V_A/V_E = 7.29 \div 1.29 \approx 5.65$

　　　　　　　　　　　　　$F_B = V_B/V_E = 2.17 \div 1.29 \approx 1.68$

查 F 分布表（参见相关文献），求 $F(f, f_E, \alpha)$。若 $F > F(f, f_E, \alpha)$，则对显著水平 $\alpha = 0.05$ 有显著差异。

本例中　　　　　　　　　　$F_A = 5.65 > F(2, 14, 0.05) = 3.74$

　　　　　　　　　　　　　$F_B = 1.68 > F(7, 14, 0.05) = 2.76$

故对显著水平 $\alpha = 0.05$，产品之间有显著差异，而评价员之间无显著差异。

将上述计算结果列入表 8-3。

表8-3 方差分析表

方差来源	平方和 Q	自由度 f	均方和 V	F_0	F
产品 A	14.58	2	7.29	5.65	$F(2,14,0.05)=3.74$
评价员 B	15.16	7	2.17	1.68	$F(7,14,0.05)=2.76$
误差 E	18.09	14	1.29		
合计	47.83	23			

（4）检验试样间显著性差异　当方差分析结果表明试样之间有显著差异时，为了检验哪几个试样间有显著差异，采用斯图登斯化范围试验法，即

求试样平均分：

X	Y	Z
$18\div8=2.25$	$33\div8\approx4.13$	$23\div8\approx2.88$

按大小顺序排列：

1位	2位	3位
Y	Z	X
4.13	2.88	2.25

求试样平均分的标准误差：$SE=\sqrt{V_E/n}=\sqrt{1.29\div8}\approx0.4$

查斯图登斯化范围表（见附录7），查得斯图登斯化范围 q，计算显著差异最小范围 $R_p=q\times$ 标准误差 SE。

p	2	3
$q(14,0.05)$	3.03	3.70
R_p	1.21	1.48

$$1位-3位=4.13-2.25=1.88>1.48\ (R_3)$$

$$1位-2位=4.13-2.88=1.25>1.21\ (R_2)$$

即 1 位（Y）和 2、3 位（Z、X）之间有显著差异。

$$2位-3位=2.88-2.25=0.63<1.21\ (R_2)$$

即 2 位（Z）和 3 位（X）之间无显著差异。

故对显著水平 $\alpha=0.05$，产品 Y 和产品 X、Z 比较有显著差异，产品 Y 明显不好。

第二节　成对比较法

一、方法特点

当试样数 n 很大时，一次把所有的试样进行比较是困难的。此时，一般采用将 n 个试样两个一组、两个一组地加以比较，根据其结果，最后对整体进行综合性的相对评价，判断全体的优劣，从而得出数个样品相对结果的评价方法，这种方法称为成对比较法。

成对比较法的优点很多，如在排序（检验）法中出现样品的制备及试验实施过程中的困难等大部分都可以得到解决，并且在试验时间上，长达数天进行也无妨。因此，该法是应用最广泛的方法之一。如舍菲（Scheffe）成对比较法，其特点是不仅回答了两个试样中"喜欢哪个"，即排列两个试样的顺序，而且还要按设定的评价基准回答"喜欢到何种程度"，即评价试样之间的差别程度（相对差）。

成对比较法可分为定向成对比较法（二选项必选法）和差别成对比较法（简单差别检验或异同检验）。二者在适用条件及样品呈送顺序等方面都存在一定差别。

二、问答表的设计与做法

设计问答表（票）时，首先应根据检验目的和样品特性确定是采用定向成对比较法还是差别成对比较法。由于该方法主要是在样品两两比较时用于鉴评两个样品是否存在差异，故问答票应便于评价员表述样品间的差异，最好能将差异的程度尽可能准确地表达出来，同时还要尽量简洁明了。可参考表8-4所给的形式。

表8-4　成对比较法问答票参考形式

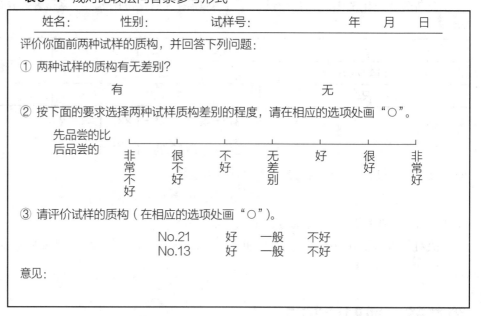

定向成对比较法用于确定两个样品在某一特定方面是否存在差异，如甜度、色泽等。对试验实施人的要求是：将两个样品同时呈送给评价员，要求评价员识别出某一指标感官属性程度较高的样品。样品有两种可能的呈送顺序（AB、BA），这些顺序应在评价员间随机处理，评价员先收到样品 A 或样品 B 的概率应相等，且必须保证两个样品只在单一的、指定的感官方面有所不同。此点应特别注意，因为一个参数的改变会影响产品的许多其他感官特性。例如，在蛋糕生产中将糖的含量改变后，不只影响甜度，也会影响蛋糕的质地和颜色。对评价员的要求是：必须准确理解感官专业人员所指的特定属性的含义，应在识别指定的感官属性方面受过训练。

差别成对比较法的使用条件是：没有指定可能存在差异的方面，试验者想要确定两种样品的不同。该方法类似于三点检验法或二 - 三点检验法，但不经常采用。当产品有一个延迟效应或是供应不足以及 3 个样品同时呈送不可行时，最好采用它来代替三点检验法或二 - 三点检验法。对实施人员的要求是：同时被呈送两个样品，要求回答样品是相同还是不同。差别成对比较法有 4 种可能的样品呈送顺序（AA、AB、BA、BB）。这些顺序应在评价员中交叉进行随机处理，每种顺序出现的次数相同。对评价员的要求是：只需比较两个样品，判断它们是相似还是不同。

三、结果分析与判断

和评分法相似，成对比较法在进行结果分析与判断前，首先要将问答票的评价结果按选定的标度类型转换成相应的数值。以上述问答票的评价结果为例，可按 −3 ～ 3（7 级）等值尺度转换成相应的数值：非常好 =3；很好 =2；好 =1；无差别 =0；不好 =−1；很不好 =−2；非常不好 =−3。当然，也可以用十分制或百分制等其他尺度。然后通过相应的统计分析和检验方法来判断样品间的差异性。下面结合例子来介绍这种方法的结果分析与判断。

【例 8-2】为了比较用不同工艺生产的 3 种（n）试样的好坏，由 22 名（m）评价员按问答票的要求，用 −3 ～ 3 的 7 个等级对试样的各种组合进行评分。其中 11 名评价员是按 A → B、A → C、B → C 的顺序进行评判，其余 11 名是按 B → A、C → A、C → B 的顺序进行评判，分组及样品呈送是随机进行的，结果列于下表，请对它们进行分析。

第一组 11 名评价员

试样＼评价员	1	2	3	4	5	6	7	8	9	10	11
（A,B）	1	1	3	1	1	−1	−2	1	−1	2	0
（A,C）	2	−2	0	0	−2	−1	0	1	−1	−1	−1
（B,C）	1	−1	−3	2	1	−1	−2	−2	−1	−1	−1

第二组 11 名评价员

试样＼评价员	1	2	3	4	5	6	7	8	9	10	11
（B,A）	−1	1	3	1	0	−1	−1	1	−1	3	0
（C,A）	2	2	2	0	2	3	0	1	1	2	1
（C,B）	1	−2	3	2	2	−1	−2	−1	−1	2	3

组合＼评分	−3	−2	−1	0	1	2	3	总分	$\hat{\mu}_{ij}$	$\hat{\pi}_{ij}$
（A,B）		1	2	1	5	1	1	6	0.545	0.045
（B,A）			4	2	3		2	5	0.455	
（A,C）		2	4	3	1	1		−5	−0.455	−0.955
（C,A）				2	3	5	1	16	1.455	
（B,C）	1	2	5		2	1		−8	−0.727	−0.636

续表

评分\组合	-3	-2	-1	0	1	2	3	总分	$\hat{\mu}_{ij}$	$\hat{\pi}_{ij}$
（C,B）		2	3		1	3	2	6	0.545	
合计	1	7	18	8	15	11	6			

其中　（A,B）总分 $=(-2)\times1+(-1)\times2+0\times1+1\times5+2\times1+3\times1=6$

$$\hat{\mu}_{ij}=总分/得分个数=6\div11\approx0.545$$

$$\hat{\pi}_{ij}=\frac{1}{2}(\hat{\mu}_{ij}-\hat{\mu}_{ji})=\frac{1}{2}\times(0.545-0.455)=0.045$$

按照同样的方法计算其他各行的相应数据，并将计算结果列于上表。

解题步骤如下。

（1）整理试验数据，求总分、嗜好度 $\hat{\mu}_{ij}$、平均嗜好度 $\hat{\pi}_{ij}$ 和顺序效果 δ_{ij}，列于下表中。

（2）求各试样的主效果 α_i

$$\alpha_A=\frac{1}{3}(\hat{\pi}_{AA}+\hat{\pi}_{AB}+\hat{\pi}_{AC})=\frac{1}{3}(0+0.045-0.955)\approx-0.303$$

$$\alpha_B=\frac{1}{3}(\hat{\pi}_{BA}+\hat{\pi}_{BB}+\hat{\pi}_{BC})=\frac{1}{3}(-0.045+0-0.636)=-0.227$$

$$\alpha_C=\frac{1}{3}(\hat{\pi}_{CA}+\hat{\pi}_{CB}+\hat{\pi}_{CC})=\frac{1}{3}(0.955+0.636+0)\approx0.530$$

（3）求平方和

总平方和　　　　$Q_T=3^2\times(1+6)+2^2\times(7+11)+1^2\times(18+15)=168$

主效果产生的平方和　$Q_\alpha=$ 主效果平方和 $\times$ 试样数 $\times$ 评价员数

$$=(0.303^2+0.227^2+0.530^2)\times3\times22\approx28.0$$

平均嗜好度产生的平方和　$Q_\pi=\sum\hat{\pi}_{ij}^2\times$ 评价员数

$$=(0.045^2+0.955^2+0.636^2)\times22\approx29.0$$

离差平方和　　　　　　　$Q_r=Q_\pi-Q_\alpha=1.0$

平均效果　$Q_\mu=\sum\hat{\mu}_{ij}\times$ 评价员数的一半

$$=[0.545^2+0.455^2+(-0.455)^2+1.455^2+(-0.727)^2+0.545^2]$$
$$\times11\approx40.2$$

顺序效果　$Q_\delta=Q_\mu-Q_\pi=40.2-29.0=11.2$

误差平方和　$Q_E=Q_T-Q_\mu=168-40.2=127.8$

（4）求自由度 f

$$f_\alpha=n-1=3-1=2$$

$$f_r=\frac{1}{2}(n-1)(n-2)=\frac{1}{2}\times(3-1)\times(3-2)=1$$

$$f_\pi=\frac{1}{2}n(n-1)=\frac{1}{2}\times3\times(3-1)=3$$

$$f_\delta = \frac{1}{2}n(n-1) = 3$$

$$f_\mu = n(n-1) = 3 \times (3-1) = 6$$

$$f_E = n(n-1)\left(\frac{m}{2}-1\right) = 3 \times (3-1) \times (11-1) = 60$$

$$f_T = n(n-1)\frac{m}{2} = 3 \times (3-1) \times 11 = 66$$

（5）作方差分析表

方差来源	平方和 Q	自由度 f	均方和 V	F_0	F
主效果 α	28.0	2	14.0	6.57	$F(2,60,0.01)=4.98$
离差 r	1.0	1	1.0	0.47	$F(1,60,0.05)=4.0$
平均嗜好度 π	29.0	3			$F(3,60,0.05)=2.76$
顺序效果 δ	11.2	3	3.7	1.74	
平均 μ	40.2	6			
误差 E	127.8	60	2.13		
合计 T	168	66			

F_0 的计算结果表明，对显著水平 $\alpha=0.01$，主效果有显著差异，离差和顺序效果无显著差异。即 A、B、C 之间的优劣明显，用主效果图足以表示（如图 8-1 所示）。

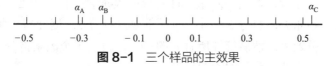

图 8-1　三个样品的主效果

（6）主效果差（$\alpha_i - \alpha_j$）

先求
$$Y_{0.05} = q_{0.05}\sqrt{误差均方和/(评价员数 \times 试样数)}$$
其中 $q_{0.05}=3.40$（查附录 7，斯图登斯化范围 $n=3$，$f=60$），所以

$$Y_{0.05} = 3.40 \times \sqrt{\frac{2.13}{22 \times 3}} \approx 0.612$$

$|\alpha_A - \alpha_B| = |-0.303 + 0.227| = 0.076 < Y_{0.05}$，故 A、B 之间无显著差异。

$|\alpha_A - \alpha_C| = |-0.303 - 0.530| = 0.833 > Y_{0.05}$，故 A、C 之间有显著差异。

$|\alpha_B - \alpha_C| = |-0.227 - 0.530| = 0.757 > Y_{0.05}$，故 B、C 之间有显著差异。

结论：对显著水平 $\alpha=0.05$，A 和 B 之间无显著差异，A 和 C、B 和 C 之间有显著差异。

第三节　加权评分法

一、方法特点

第一节中所介绍的评分法，没有考虑到食品各项指标的重要程度，从而对产品总的评价结果造成一

定程度的偏差。事实上，对同一种食品，由于各项指标对其质量的影响程度不同，它们之间的关系不完全是平权的，因此，需要考虑它们的权重。

所谓加权评分法，是考虑各项指标对质量的权重后求平均分数或总分的方法。加权评分法一般以 10 分或 100 分为满分进行评分。加权平分法比评分法更加客观、公正，因此可以对产品的质量做出更加准确的评价结果。

二、权重的确定

所谓权重，是指一个因素在被评价因素中的影响和所处的地位。权重的确定是关系到加权评分法能否顺利实施以及能否得到客观准确的评价结果的关键。权重的确定一般是邀请业内人士根据被评价因素对总体评价结果影响的重要程度，采用德尔菲法进行赋权打分，经统计获得由各评价因素权重构成的权重集。

通常要求权重集所有因素 a_i 的总和为 1，这称为归一化原则。

设权重集 $A = \{a_1, a_2, \cdots, a_n\} = \{a_i\}, i = 1, 2, \cdots, n$, 则

$$\sum_{i=1}^{n} a_i = 1 \tag{8-1}$$

工程技术行业采用常用的"0 ~ 4 评判法"确定每个因素的权重。一般步骤如下：首先请若干名（一般 8 ~ 10 人）业内人士对每个因素两两进行重要性比较，根据相对重要性打分。很重要~很不重要，打分 4 ~ 0；较重要~不很重要，打分 3 ~ 1；同样重要，打分 2。据此得到每个评委对各个因素所打分数表。然后统计所有人的打分，得到每个因素得分，再除以所有指标总分之和，便得到各因素的权重因子。

例如，为获得番茄的颜色、风味、口感、质地这四项指标对保藏后番茄感官质量影响的权重，邀请 10 位业内人士对上述四个因素按 0 ~ 4 评判法进行权重打分。统计 10 张表格，各项因素的得分列于表 8-5。

表8-5　番茄的权重打分统计表

因素	评委										总分
	A	B	C	D	E	F	G	H	I	J	
颜色	10	9	3	9	2	6	12	9	2	9	71
风味	5	4	10	5	10	6	5	6	9	8	68
口感	7	6	9	7	10	6	5	6	8	4	68
质地	2	5	2	3	2	6	2	3	5	3	33
合计	24	24	24	24	24	24	24	24	24	24	240

将各项因素所得总分除以全部因素总分之和便得权重系数：

$$X = [0.296，0.283，0.283，0.138]$$

三、结果分析与判断

该方法的结果分析与判断比较简单，就是对各评价指标的评分进行加权处理后，求平均得分或求总分的办法，最后根据得分情况来判断产品质量的优劣。加权处理及得分计算可按式（8-2）进行。

$$p=\sum_{i=1}^{n}a_ix_i=\sum_{i=1}^{n}\frac{m_ix_i}{f} \tag{8-2}$$

式中，p 表示总得分；a_i 表示各评价指标的权重，权重值为归一化处理后的数值；x_i 表示各评价指标得分；m_i 表示各指标的权重得分；f 表示评价指标的满分值，如采用百分制，则 $f=100$，如采用十分制，则 $f=10$，如采用五分制，则 $f=5$。

【例8-3】评定茶叶的质量时，以外形权重20分、香气与滋味权重60分、水色权重10分、叶底权重10分作为评定的指标。评定标准为：一级91～100分，二级81～90分，三级71～80分，四级61～70分，五级51～60分。现有一批花茶，经评审员评审后各项指标的得分数分别为：外形83分，香气与滋味81分，水色82分，叶底80分。问该批花茶是几级茶？

解：该批花茶的总分为

$$p=\sum_{i=1}^{n}\frac{m_ix_i}{f}=\frac{20\times83+60\times81+10\times82+10\times80}{100}=81.4（分）$$

依据前述的花茶等级评定标准，该批花茶为二级茶。

第四节　模糊数学法

在加权评分法中，仅用一个平均数很难确切地表示某一指标应得的分数，这样使结果存在误差。如果评定的样品是两个或两个以上，最后的加权平均数出现相同值而又需要排列出它们的各项时，加权评分法就很难解决。如果采用模糊数学关系的方法来处理评定的结果，以上的问题不仅可以得到解决，而且因其综合考虑到所有的因素，获得的是综合且较客观的结果。模糊数学法是在加权评分法的基础上，应用模糊数学中的模糊关系对食品感官检验的结果进行综合评判的方法。

一、模糊数学基础知识

模糊综合评判的数学模型是建立在模糊数学基础上的一种定量评价模式。它是应用模糊数学的有关理论（如隶属度与隶属函数理论），对食品感官质量中多因素的制约关系进行数学化的抽象，建立一个反映其本质特征和动态过程的理想化评价模式。由于评判对象相对简单，评价指标也比较少，食品感官质量的模糊评判常采用一级模型。模糊评判所应用的模糊数学的基础知识，主要为以下内容。

（1）建立评判对象的因素集 U　因素就是对象的各种属性或性能，由所有因素构成的因素集为 $U=\{u_1,\ u_2,\ \cdots,\ u_n\}$。例如评价蔬菜的感官质量，就可以选择蔬菜的颜色、风味、口感、质地作为考虑的因素。因此，评判因素可设 $u_1=$ 颜色，$u_2=$ 风味，$u_3=$ 口感，$u_4=$ 质地，组成的评判因素集合为：

$$U=\{u_1,\ u_2,\ u_3,\ u_4\}$$

（2）给出评语集 V　评语集 V 由若干个最能反映该食品质量的指标组成，可以用文字表示，也可用

数值或等级表示。如保藏后蔬菜样品的感官质量划分为4个等级，可设 v_1＝优，v_2＝良，v_3＝中，v_4＝差，则其评语集为：

$$V=\{v_1,\ v_2,\ v_3,\ v_4\}$$

（3）建立权重集 X 确定各评判因素的权重集 X。所谓权重，是指一个因素在被评价因素中的影响和所处的地位。其确定方法与前面加权评分法中介绍的方法相同。

（4）建立单因素评判 对每一个被评价的因素建立一个从 U 到 V 的模糊关系 R，从而得出单因素的评价集；矩阵 R 可以通过对单因素的评判获得，即从 U_i 着眼而得到单因素评判，构成 R 中的第 i 行。

$$R=\begin{bmatrix} r_{11} & r_{12} & \cdots & r_{1n} \\ r_{21} & r_{22} & \cdots & r_{2n} \\ \vdots & \vdots & & \vdots \\ r_{m1} & r_{m2} & \cdots & r_{mn} \end{bmatrix} \qquad (8\text{-}3)$$

式中，$R=(r_{ij})$；$i=1,2,\cdots,n$；$j=1,2,\cdots,m$。这里的元素 r_{ij} 表示从因素 u_i 到该因素的评判结果 v_j 的隶属程度。

（5）综合评判 求出 R 与 X 后，进行模糊变换：

$$B=XR=[b_1\quad b_2\quad \cdots\quad b_m] \qquad (8\text{-}4)$$

XR 为矩阵合成，矩阵合成运算按最大隶属度原则，再对 B 进行归一化处理得到 B′：

$$B'=\begin{bmatrix} b'_1 & b'_2 & \cdots, & b'_m \end{bmatrix} \qquad (8\text{-}5)$$

B′便是该组人员对食品感官质量的评语集。最后，再由最大隶属度原则确定该种食品感官质量的所属评语。

二、模糊数学评价法

根据模糊数学的基本理论，模糊评判实施主要由因素集、评语集、权重集、模糊矩阵、模糊变换、模糊评判等部分组成。下面结合实例来介绍模糊数学评价法的具体实施过程。

【例 8-4】设花茶的因素集为 U：

$$U=\{外形u_1，香气与滋味u_2，水色u_3，叶底u_4\}$$

评语集为 V：

$$V=\{一级，二级，三级，四级\}$$

其中，一级 91～100 分，二级 81～90 分，三级 71～80 分，四级 61～70 分。

设权重集为 X：

$$X=\{0.2,\ 0.6,\ 0.1,\ 0.1\}$$

即外形 20 分，香气与滋味 60 分，水色 10 分，叶底 10 分，共计 100 分。

10 名评审员（k=10）对花茶各项指标的评分如下表所示。问该花茶为几级茶？

因素	得分			
	71 ~ 75	76 ~ 80	81 ~ 85	86 ~ 90
外形	**2**	3	4	1
香气与滋味	0	4	5	1
水色	2	4	4	0
叶底	1	4	5	0

注：得分是指评审员评价某因素得分的人数，如表中的黑体2是指评价外形得分71 ~ 75的评审员有2人。

分析及解题步骤如下。

本例中，因素集为 U，$U=\{$ 外形 u_1，香气与滋味 u_2，水色 u_3，叶底 $u_4\}$，评语集为 V，$V=\{$ 一级，二级，三级，四级 $\}$，权重集为 X，$X=\{x_1,\ x_2,\ x_3,\ x_4\}$，均已经给出，即前面 3 个步骤都已经完成。下面只需要根据模糊矩阵的计算方法求出模糊矩阵，然后再进行模糊评判就可以了。

其模糊矩阵为：

$$R=\begin{bmatrix} 2/k & 3/k & 4/k & 1/k \\ 0 & 4/k & 5/k & 1/k \\ 2/k & 4/k & 4/k & 0 \\ 1/k & 4/k & 5/k & 0 \end{bmatrix} \qquad 本例中，R=\begin{bmatrix} 0.2 & 0.3 & 0.4 & 0.1 \\ 0 & 0.4 & 0.5 & 0.1 \\ 0.2 & 0.4 & 0.4 & 0 \\ 0.1 & 0.4 & 0.5 & 0 \end{bmatrix}$$

进行模糊变换：

$$B=XR=\begin{bmatrix} 0.2 & 0.6 & 0.1 & 0.1 \end{bmatrix}\begin{bmatrix} 0.2 & 0.3 & 0.4 & 0.1 \\ 0 & 0.4 & 0.5 & 0.1 \\ 0.2 & 0.4 & 0.4 & 0 \\ 0.1 & 0.4 & 0.5 & 0 \end{bmatrix}$$

其中 $b_1=$（$0.2 \wedge 0.2$）$\vee$（$0.6 \wedge 0$）$\vee$（$0.1 \wedge 0.2$）$\vee$（$0.1 \wedge 0.1$）

$\qquad =0.2 \vee 0 \vee 0.1 \vee 0.1=0.2$

同理得 b_2、b_3、b_4 分别为 0.4、0.5、0.1，即 $B=\begin{bmatrix} 0.2 & 0.4 & 0.5 & 0.1 \end{bmatrix}$。

归一化处理后得 $B'=\begin{bmatrix} 0.17 & 0.33 & 0.42 & 0.08 \end{bmatrix}$。

得到此模糊关系综合评判的峰值为 0.42。与原假设相比，并根据最大隶属度原则，得出结论：该批花茶的综合评分结果为 81 ~ 85 分，因此，应该是二级花茶。

如果按加权评分法得到的总分相同，无法排列它们的名次时，可用绘制模糊关系曲线的方法来处理。下面结合例子来介绍这种方法。

【例 8-5】假如两种花茶的评定结果如下：

品种	得分			
	外形	香气与滋味	水色	叶底
1 号花茶	90	94	92	88
2 号花茶	90	94	89	91

第八章

1 号花茶各项指标的评定结果见下表：

因素	得分				
	86 ~ 88	89 ~ 91	92 ~ 94	95 ~ 97	98 ~ 100
外形	1	5	3	1	0
香气与滋味	0	3	4	2	1
水色	2	4	3	1	0
叶底	3	4	2	1	0

2 号花茶各项指标的评定结果见下表：

因素	得分				
	86 ~ 88	89 ~ 91	92 ~ 94	95 ~ 97	98 ~ 100
外形	2	3	3	2	0
香气与滋味	1	2	4	2	1
水色	2	4	2	1	1
叶底	1	6	3	0	0

两种花茶的模糊矩阵分别为：

$$R_1=\begin{bmatrix} 0.1 & 0.5 & 0.3 & 0.1 & 0 \\ 0 & 0.3 & 0.4 & 0.2 & 0.1 \\ 0.2 & 0.4 & 0.3 & 0.1 & 0 \\ 0.3 & 0.4 & 0.2 & 0.1 & 0 \end{bmatrix} \qquad R_2=\begin{bmatrix} 0.2 & 0.3 & 0.3 & 0.2 & 0 \\ 0.1 & 0.2 & 0.4 & 0.2 & 0.1 \\ 0.2 & 0.4 & 0.2 & 0.1 & 0.1 \\ 0.1 & 0.6 & 0.3 & 0 & 0 \end{bmatrix}$$

权重都采用 $X=[0.2 \quad 0.6 \quad 0.1 \quad 0.1]$ 处理得到：

$$B_1=\begin{bmatrix} 0.1 & 0.3 & 0.4 & 0.2 & 0.1 \end{bmatrix}$$

$$B_2=\begin{bmatrix} 0.2 & 0.2 & 0.4 & 0.2 & 0.1 \end{bmatrix}$$

归一化处理后得：

$$B_1'=\begin{bmatrix} 0.09 & 0.27 & 0.37 & 0.18 & 0.09 \end{bmatrix}$$

$$B_2'=\begin{bmatrix} 0.18 & 0.18 & 0.37 & 0.18 & 0.09 \end{bmatrix}$$

两种茶叶的评价结果峰值均为 0.37，表明这两种茶叶均为一级品。这样无法评价出哪一种茶叶更好一些，这时可以采用模糊关系曲线来进一步评判这两种茶叶的优劣。

B_1' 和 B_2' 的模糊关系曲线如图 8-2 所示。

由图 8-2 可知，虽然它们的峰值都出现在同一范围内，均为 0.37，但 B_1' 和 B_2' 中各数的分布不一样。B_1' 中峰值左边出现一个次峰 0.27，这表明分数向低位移动，产生"重心偏移"。而 B_2' 中各数较集中分布于高分区域，表明评审员的综合意见比较一致，分歧小。因此，虽然这两种花茶都属于一级茶，但 2 号花茶的名次应排在 1 号花茶之前。

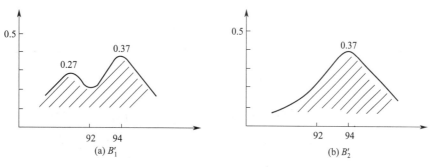

图 8-2 B'_1 和 B'_2 的模糊关系曲线

第五节 阈值试验

一、阈值和主观等价值的概念

1. 刺激阈（RL）

能够分辨出感觉的最小刺激量叫作刺激阈。刺激阈分为敏感阈、识别阈和极限阈。例如，大量的统计试验表明，食盐水浓度为0.037%时人们才能识别出它与纯水之间有区别，当食盐水浓度为0.1%时，人们才能感觉出有咸味。人们把前者称为敏感阈，把后者称为识别阈，即所谓敏感阈（味阈）是指某物质的味觉尚不明显的最低浓度。所谓极限阈是指超过某一浓度后溶质再增加也无味觉感变化的最低浓度。感觉或者识别某种特性时并不是在刺激阈附近有突然变化，而是刺激阈值前后从0到100%的概率逐渐变化，人们把概率为50%的刺激量叫作阈值。阈值大小取决于刺激的性质和评判员的敏感度，阈值大小也因测定方法的不同而发生变化。

2. 分辨阈（DL）

感觉上能够分辨出刺激量的最小变化量称为分辨阈。若刺激量由 S 增大到 $S+\Delta S$ 时，能分辨出其变化，则称 ΔS 为上分辨阈，用 ΔS 来表示；若刺激量由 S 减小到 $S-\Delta S$ 时，能分辨出其变化，则称 ΔS 为下分辨阈，用 $-\Delta S$ 来表示。上下分辨阈的绝对值的平均值称为平均分辨阈。

3. 主观等价值（DSE）

对某些感官特性而言，有时两个刺激产生相同的感觉效果，称为等价刺激。主观上感觉到与标准相同感觉的刺激强度称为主观等价值。例如，当浓度为10%的葡萄糖为标准刺激时，蔗糖的主观等价值浓度为6.3%。主观等价值与评判员的敏感度关系不大。

二、阈值的影响因素

影响阈值（味觉）的因素很多，例如，年龄、健康状态、吸烟、睡眠、温度等，简述如下。

1. 年龄和性别

随着年龄的增长，人们的感觉器官逐渐衰退，对味觉的敏感度降低，但相对而言，对酸度敏感度的降低率最小。在青壮年时期，生理器官发育成熟并且也积累了相当的经验，处于感觉敏感期。另外，女性在甜味和咸味方面比男性更加敏感，而男性在酸味方面比女性较为敏感，在苦味方面基本上不存在性别的差异。男女在食感要素的诸特性构成上均存在一定的差异。

2. 吸烟

有人认为吸烟对甜、酸、咸的味觉影响不大，其味阈与不吸烟者比较无明显差别，但对苦味的味阈值却很明显。这种现象可能是由于吸烟者长期接触有苦味的尼古丁而形成了耐受性，从而使得对苦味的敏感度下降。

3. 饮食时间和睡眠

饮食时间的不同会对味阈值产生影响。饭后 1h 所进行的品尝试验结果表明，试验人员对甜、酸、苦、咸的敏感度明显下降，其降低程度与膳食的热量摄入量有关，这是由于味觉细胞经过了紧张的工作后处于一种"休眠"状态。所以，其敏感度下降。而饭前的品尝试验结果表明，试验人员对四种基本味觉的敏感度都会提高。为了使试验结果稳定可靠，更具有说服力，一般品尝试验安排在饭后 2～3h 进行。睡眠状态对咸味和甜味的感觉影响不大，但是睡眠不足会使酸味的味阈值明显提高。

4. 疾病

疾病常是影响味觉的一个重要因素。很多病人的味觉敏感度会降低、提高、失去甚至改变感觉。例如，糖尿病患者，即使食品中无糖的成分也会被他说成是甜味感觉；肾上腺功能不全的患者会增强对甜、酸、苦、咸味的敏感性；对于黄疸病人，清水也会被说成有苦味；如此等等。因此，在试验之前，应该了解评审员的健康状态，避免试验结果产生严重失误。

5. 温度

温度对味觉的影响较为显著，如甘油的甜味阈由 17℃ 的 2.5×10^{-1} mol/L（2.3%）降至 37℃ 的 2.8×10^{-2} mol/L（0.25%），有近 10 倍之差。温度对酸、苦、咸味也有影响，其中苦味的味阈值在较高温度增加较快。在食品感官检验中，除了按需要对某些食品进行热处理外，应尽可能保持同类型的试验在相同温度下进行。

三、阈值的测定

阈值的测定方法很多，下面举例介绍食品感官检验中常用的极限法。

【例8-6】果汁饮料生产中，以葡萄糖代替砂糖时，用极限法求与10%的砂糖具有相同甜味的葡萄糖浓度。

表8-6　试验计划及记录表

试验次数		1	2	3	4	5	6	7	8	9	10	11	12	...	61	62	63	64
评审员			1				2				3			...		16		
系列		↓	↑	↑	↓	↑	↓	↓	↑	↓	↑	↑	↓	...	↑	↓	↓	↑
品尝顺序		Ⅰ	Ⅰ	Ⅱ	Ⅱ	Ⅰ	Ⅰ	Ⅱ	Ⅱ	Ⅰ	Ⅰ	Ⅱ	Ⅱ	...	Ⅰ	Ⅰ	Ⅱ	Ⅱ
葡萄糖浓度	C_{12}																	
	C_{11}	+					+											
	C_{10}	+			+		+											
	C_9	+	+		+		+	+										
	C_8	?	?	+	+		+	+	+					...				
	C_7	?	?	?	?	+	+	+	?									
	C_6	−	?	?	−	?		+	?									
	C_5		−	?		−		?	−					...				
	C_4		−	−		−												
	C_3																	
	C_2		−															
	C_1																	

注："↑"表示浓度上升系列，"↓"表示浓度下降系列；"+"表示C_i比S_i甜，"−"表示C_i不如S_i甜，"?"表示C_i与S_i无差异；"Ⅰ"表示砂糖→葡萄糖顺序，"Ⅱ"表示葡萄糖→砂糖顺序。

分析：此题是求与浓度为10%的砂糖相对应的葡萄糖的主观等价值。

（1）试验步骤

① 根据预备试验，先求出10%的砂糖对应的葡萄糖的大体浓度，然后以此浓度为中心，往浓度两侧做一系列不同浓度的葡萄糖样品C_0、C_1、C_2、…、C_n。此时要注意，如果葡萄糖的浓度变化幅度太小，虽然可以提高试验精度，但会增大样品个数，引起疲劳效应。样品数n一般取$10 \sim 20$为宜。

② 根据浓度上升、下降系列和品尝顺序，做试验计划表（如表8-6所示）。

③ 制作如表8-6所示的记录表。

④ 确定浓度上升或下降系列的试验开始浓度。试验中，由于评审员具有盼望甜度关系早点变化的心理，故评审员实际指出的甜度关系（砂糖与葡萄糖的甜度比）变化区域可能超前（称为盼望效应），因此试验时应制作不同长度的试验系列。例如，试验次数为64次时，先准备20张卡片，其中6张卡片写"长"字，表示样品从C_1至C_{12}，7张卡写"中"字，表示样品从C_2至C_{11}，7张卡写"短"字，表示样品从C_3至C_{10}。然后把20张卡片随机混合后（像洗扑克牌一样），从上边开始按卡片顺序做试验，反复循环即可。

⑤ 按葡萄糖浓度上升或下降系列进行试验。

桌上从右至左排好样品C_i，同时准备好足够的标准样S_i（即浓度为10%的砂糖溶液），评审员根据试验要求按顺序比较S_i和C_i，把每次判断的结果记入记录表中（如表8-6所示）。

⑥ 浓度下降系列中，从"?"变为"−"或者从"+"变为"−"时，结束试验；浓度上升系列中，从"?"变为"+"或者从"−"变为"+"时，结束试验。

（2）解题步骤

① 设浓度下降系列中，从"＋"变为"？"时的 C_i 为 x_u，从"？"变为"－"时的 C_i 为 x_L，浓度上升系列中，从"－"变为"？"时的 C_i 为 x_L，从"？"变为"＋"时的 C_i 为 x_u，从"＋"变为"－"或者从"－"变为"＋"时 x_L 与 x_u 相同。

例如，表 8-6 中第 1 次试验（下降系列）中

$$x_u = \frac{C_9 + C_8}{2}, \quad x_L = \frac{C_7 + C_6}{2}$$

第 2 次试验：
$$x_L = \frac{C_5 + C_6}{2}, \quad x_u = \frac{C_9 + C_8}{2}$$

依此类推　　　　　　　……

第 6 次试验：
$$x_u = x_L = \frac{C_7 + C_6}{2}$$

② 用下式计算阈值和主观等价值。

上阈
$$L_u = \frac{1}{n} \sum x_u$$

下阈
$$L_L = \frac{1}{n} \sum x_L$$

主观等价值
$$DSE = \frac{L_u + L_L}{2}$$

③ 求葡萄糖的分辨阈 DL 时，可以把葡萄糖作为标准液。

例如，求浓度为 10％的葡萄糖的分辨阈 DL 时，用 10％浓度的葡萄糖 C_0 代替上述试验中的 10％浓度的砂糖 S_i 做试验，此时：

上分辨阈　　　　　　　$DL_u = L_u - C_0$
下分辨阈　　　　　　　$DL_L = C_0 - L_L$

④ 求葡萄糖的刺激阈 RL 时，在浓度下降系列中，从明显感到甜味的浓度（＋）出发逐渐减小浓度，开始感觉不出甜味（－）时的浓度与它前面浓度的平均值即为未知刺激阈，用 r_d 表示。在浓度上升系列中，从明显感到无甜味的浓度（－）出发逐渐增大浓度，最初感到甜味（＋）时的浓度与它前面浓度的平均值即为可知刺激阈，用 r_a 表示。则

$$RL = \frac{r_d + r_a}{2}$$

⑤ 极限法中，为了避免盼望误差的影响，一般取上升系列和下降系列个数相同，但对于苦味试验来说，由于存在着先品尝的样品的残留效应，一般只用上升系列而不用下降系列。

 总结

分级试验是以某个级数值来描述食品的属性。本章介绍了评分法、成对比较

法、加权评分法、模糊数学法及阈值试验的特点、问答表的设计及其实施步骤和统计分析方法，可解决感官分析过程中权重不同、评价结果相同但确有差异等实际问题，为科学、准确、有效地实施食品感官分析提供了解决方案。

思考题

1）评分法是如何实施的？其问答表如何设计？

2）成对比较法的特点是什么？

3）加权评分法的权重是如何确定的？

4）模糊数学法由哪些基本要素构成？

5）阈值的影响因素有哪些？

工程实践

1）一款酥性饼干的感官评价指标为：酥脆性、外形、色泽、风味，参考本章第三节加权评分法的权重确定方法，确定其权重集，并用归一化原则计算各评价指标的权重系数。

2）用本章介绍的模糊数学法评价一款饮料的等级，可根据饮料的特点，自行设计评价指标，构建因素集、评价集、权重集，并利用模糊评价法评判产品的等级（可参考例8-4）。

第八章

第九章　分析或描述试验

 为什么学习分析或描述试验？

分析或描述试验可针对一个或多个样品，同时定性和定量地表示一个或多个感官指标。因此，要求评价员除具备感知食品品质特性和次序的能力外，还应具备熟练应用专有名词描述食品品质特性的能力，以及对总体印象、总体风味特性和总体差异的分析能力，从而把评价结果科学准确地表达出来。

👁 学习目标

1. 了解简单描述检验的描述方法。
2. 掌握简单描述检验问答表的设计与做法。
3. 熟悉定量描述和感官剖面检验法的特点。
4. 掌握感官剖面图的绘制方法。

　　分析或描述试验可适用于一个或多个样品，以便同时定性和定量地表示一个或多个感官指标，如外观、气味、风味（味觉，嗅觉及口腔的冷、热、收敛等知觉和余味）、组织特性和几何特性等。因此，要求评价员除具备感知食品品质特性和次序的能力外，还应具备了解掌握并熟练应用专有名词描述食品品质特性的能力，以及对总体印象、总体风味特性和总体差异的分析能力。

第一节　简单描述检验法

一、方法描述

　　要求评价员对样品特征的某个指标或各个指标进行定性描述，尽量完整地描述出样品的品质。描述的方式通常有自由式描述和界定式描述，前者由评价员自由选择自己认为合适的词汇，对样品的特性进行描述，而后者则是首先提供指标检验表，或是评价某类产品时的一组专用术语，由评价员选用其中合适的指标或术语对产品的特性进行描述。

　　描述试验对评价员的要求较高，他们一般都是该领域的技术专家，或是该领域的优选评价员，并且具有较高的文学造诣，对语言的含义有正确的理解和恰当使用的能力。

　　感官评价人员要能够用精确的语言对风味进行描述，需要经过一定的训练。训练的目的就是要使所有的感官评价人员都能使用相同的概念，能够与其他人进行准确的交流，并采用约定俗成的科学语言，即所谓"术语"，把这种概念清楚地表达出来。而普通消费者用来描述感官特性的语言，大多为日常用语或大众用语，并且带有较多的感情色彩，因而总是不太精确和特定，它们之间的区别可参见表9-1。表中的用语还十分有限，不能限定评价员使用更丰富的语言去描述样品，仅作为一种参考。

表9-1　质地感官评定用术语和大众用语对比

质地类别	主用语	副用语	大众用语
机械性用语	硬度		软、韧、硬
	凝结度	脆度 咀嚼度 胶黏度	易碎、响碎、酥碎 嫩、劲嚼、难嚼 酥松、糊状、胶黏
	黏度		稀、稠
	弹性		酥软、弹
	黏着性		胶黏
几何性用语	物质大小形状		砂状、黏状、块状等
	物质结构特征		纤维状、空泡状、晶状等
其他用语	水分含量		干、湿润、潮湿、水样
	脂肪含量	油状 脂状	油性 油腻性

　　白酒的品评在我国由来已久，已有了规范的做法和丰富的经验，并且已培养出了许多评酒大师。这里仅列举几组用来表达香气和滋味的术语，供读者鉴赏和品味。

　　表示香气程度的术语：无香气、似有香气、微有香气、香气不足、清雅、细腻、纯正、浓郁、暴香、放香、喷香、入口香、回香、余香、悠长、绵长、谐调、完满、浮香、芳香、陈酒香、异香、焦香、香韵、异气、刺激性气味、臭气等。例如，茅台酒的香气特点是：香气幽雅细致，香而不艳，低而不淡，略有焦香而不出头，柔和绵长。

　　表示滋味程度的术语：浓淡、醇和、醇厚、香醇、绵软、清冽、粗糙、燥辣、粗暴、后味、余味、回味、回甜、甜净、绵甜、醇甜、甘冽、甘润、甘爽、邪味、异味、尾子不净等。

　　此外，表示外观的有一般、深、苍白、暗状、油斑、白斑、褪色、斑纹、波动、有杂色；表示结构的有一般、黏性、油腻、厚重、薄弱、易碎、断向粗糙、裂缝、不规则、粉状感、有孔、油脂析出、有线散现象等。

二、问答表的设计与做法

　　简单描述检验通常用于对已知特征有差异的性状进行描写。此法对培训评价员也很有用处。评定小组需要专家5名或5名以上，或者优选评价员5名或5名以上。

　　在进行问答表设计时，首先应了解该产品的整体特征，或对人的感官属性有重要作用或贡献的某些特征，将这些特征列入评价表中，让评价员逐项进行品评，并用适当的词汇予以表达，或者用某一种标度进行评价。

1. 玉冰烧型米酒品评实例

（1）产品介绍　玉冰烧型米酒，原产于广东珠江三角洲地区，有五百多年的历史。它是以大米为原料，以米饭、黄豆、酒饼叶所制成的小曲酒饼作糖化发酵剂，通过半固体发酵和全蒸馏方式制成白酒，再经陈化的猪脊肥肉浸泡，精心勾兑而成的低度白酒。该酒的特点是豉香突出、醇和甘爽，其代表产品为豉味玉冰烧、石湾特醇米酒、九江双蒸米酒等。

（2）评分标准　玉冰烧型米酒评分标准见表9-2。

表9-2　玉冰烧型米酒评分标准

项目	标准	最高分	扣分
色泽	色清透明、晶亮	10	
	色清透明，有微黄感		1~2
	色清微混浊，有悬浮物		3分以上
香气	豉香独特、谐调、浓陈、柔和、有幽雅感，杯底留香长	25	
	豉香纯正、沉实，杯底留香尚长、无异香		1~2
	豉香略淡薄，放香欠长，杯底留香短，无异杂味		4~7
口味	入口醇和，绵甜细腻，酒体丰满，余口甘爽，滋味谐调，苦不留口	50	
	入口醇净，绵甜甘爽，略微涩		2~6
	入口醇甜，微涩，苦味不留口，尚爽净，后苦短		5~9
	入口尚醇甜，微涩、苦，或有杂		8~13
风格	具有该酒的典型风格，色、香、味谐调	15	
	色、香、味尚谐调，风格尚典型者		1~2
	风格典型性不足，色、香、味欠谐调		2分以上

（3）评分表　玉冰烧型米酒评分表见表9-3。

表9-3　玉冰烧型米酒评分表

样品名称：＿＿＿＿＿＿＿＿＿　　　　　　　评价员姓名：＿＿＿＿＿＿＿＿

检验日期：＿＿＿年＿＿＿月＿＿＿日

编号　项目 得分 样品号	色泽10%	香气25%	口味50%	风格15%	评语	备注
1						
2						
3						
4						
5						
6						

典型的优质玉冰烧产品：玉洁冰清，豉香独特，醇和甘滑，余味爽净。

2. 早餐盒品评实例

（1）产品介绍　某公司生产的即食早餐盒，是由面食、荤食和调味品组成的混合物，用开水或温牛奶冲调，焖放数分钟后即可食用。该产品已在市场上获得广泛认同。

（2）评价目的　由该公司开发的早餐盒新品欲投放市场，试问有无竞争力。

（3）品评项目与强度标准　见表9-4。

表9-4　即食早餐盒品评项目与强度标准

品评项目	强度标准	品评项目	强度标准
颜色	1（弱）……9（强）	混杂味	1（弱）……9（强）
主要风味	1（弱）……9（强）	细腻味	1（弱）……9（强）
咸味	1（弱）……9（强）	油味	1（弱）……9（强）
洋葱味	1（弱）……9（强）	粉粒状感	1（弱）……9（强）
鱼腥味	1（弱）……9（强）	多汁性	1（弱）……9（强）
甜味	1（弱）……9（强）	拌匀度	1（弱）……9（强）

（4）评价表　即食早餐盒评价表见表 9-5。

表9-5　即食早餐盒评价表

样品名称：_____　　　　　　　　　　　　评价员姓名：_____

检验日期：___年___月___日

序号	项目＼得分＼样品号	颜色	主要风味	咸味	洋葱味	鱼腥味	甜味	混杂味	细腻味	油味	粉粒状感	多汁性	拌匀度	综合评价
1	（对照样品）													
2														
3														
4														

三、结果分析

这种方法可以应用于一个或多个样品。在操作过程中样品出示的顺序可以不同，通常将第一个样品作为对照是比较好的。每个评价员在品评样品时要独立进行，记录中要写清每个样品的特征。所有评价员的检验全部完成后，在组长的主持下进行必要的讨论，然后得出综合结论。该方法的结果通常不需要进行统计分析。为了避免试验结果不一致或重复性不好，可以加强对评价员的培训，并要求每个评价员都使用相同的评价方法和评价标准。

这种方法的不足之处是：品评小组的意见可能被小组当中地位较高的人，或具有"说了算"地位的人所左右，而其他人员的意见不被重视或得不到体现。

综合结论描述的依据是以某描绘词汇出现频率的多寡为根据，一般要求言简意赅，字斟句酌，力求符合实际。

第二节　定量描述和感官剖面检验法

一、方法特点

要求评价员尽量完整地对形成样品感官特征的各个指标强度进行描述的检验方法称为定量描述检验。这种检验可以使用上节中简单描述检验所确定的术语词汇中选择的词汇，描述样品整个感官印象的定量分析。这种方法可单独或结合地用于品评气味、风味、外观和质地。

定量描述检验［或称作定量描述分析（quantitative descriptive analysis, QDA）］是在 20 世纪 70 年代发展起来的，特点是其数据不是通过一致性讨论而产生的，评价小组领导者不是一个活跃的参与者，同时使用非线性结构的标度来描述评估特性的强度，通常称为 QDA 图或蜘蛛网图，并利用该图的形态变化定量描述试样的品质变化。

定量描述和感官剖面检验法依照检验方法的不同可分为一致方法和独立方法两大类型。一致方法的含义是，在检验中所有的评价员（包括评价小组组长）都作为一个集体的一部分而工作，目的是获得一个评价小组赞同的综合结论，使对被评价的产品的风味特点达成一致的认识。可借助参比样品来进行，有时需要多次讨论方可达到目的。独立方法是由评价员先在小组内讨论产品的风味，然后由每个评价员单独工作，记录对食品感觉的评价成绩，最后用统计的平均值作为评价的结果。无论是一致方法还是独立方法，在检验开始前，评价组织者和评价员应完成以下工作：①制订记录样品的特性目录；②确定参比样；③规定描述特性的词汇；④建立描述和检验样品的方法。

这种方法的检验内容通常包括如下几方面。

（1）特性特征的鉴定　用叙词或相关的术语描述感觉到的特性特征。

（2）感觉顺序的确定　即记录显示和觉察到的各特性特征所出现的顺序。

（3）强度评价　每种特性特征所显示的强度。特性特征的强度可用多种标度来评估，详见第五章第二节。

（4）余味和滞留度的测定　样品被吞下（或吐出）后，出现的与原来不同的特性特征，称为余味；样品已被吞下（或吐出）后，继续感觉到的特性特征，称为滞留度。

（5）综合印象的评估　综合印象是对产品的总体评估，通常用三点标度评估，即以低、中、高表示。

（6）强度变化的评估　评价员在接触到样品时所感受到的刺激到脱离样品后存在的刺激的感觉强度的变化，例如食品中的甜味、苦味的变化等。

二、问答表的设计与做法

综上所述，定量描述和感官剖面检验法是属于说明食品质和量兼用的方法。该法多用于判断两种产品之间是否存在差异和差异存在的方面，以及差异的大小、产品质量控制、质量分析、新产品开发和产品品质改良等方面。

因此，在进行描述评定时，无论是哪一类产品都会有几个共同的问题要追索，包括：

① 一个产品的什么品质在配方改变时会发生变化？

② 工艺条件改变时产品品质可能会产生什么样的变化？

③ 这种产品在贮藏过程中会有什么变化？

④ 在不同地域生产的同类产品会有什么区别？

根据这些问题的提出，这种方法的实施通常要经过三个过程：

① 决定要检验的产品的品质是什么。

② 组织一个品评小组，开展必要的培训和预备检验，使评价员熟悉和习惯将要用于该项检验的尺度标准和有关术语。

③ 评价这种有区别的产品，在被检验的品质方面有多大程度的差异。

对于评价员感到生疏的那类产品，培训和预备检验非常重要。通过培训和预备检验，让评价员（包括组织者）明确哪些特性特征是该产品的主要品质，只有这样才能说得上被检产品应如何确定尺度标准和强度划分。有经验的评定专家或生产技术专家，可以根据产品的主要用途和商品开发生产的主要特征，提出参考意见，缩减预备检验的项目，使培训针对性更强，使之迅速接近可行的检验项目数。因此，广泛征集同行指导是非常必要和不可或缺的。

评定小组的工作概括起来有如下几方面：

① 讨论可能会遇到的商品品质，将其列表；

② 根据经验或猜测，注明最主要的品质，可能有 2 个或 3 个；

③ 提出 2 个不同的样品经过评价员的观察和品尝，开展一次自由讨论，记录对食品组成、香味、口感、色泽、外观、组织、质构等方面的意见；

④ 将这些讨论意见整理归类；

⑤ 按照该产品的主要用途，整理出主要贡献特征的名称，这些特征的数量最好不要超过 12 项；

⑥ 确定感官评定性状的尺度及强度等的范围，在评价员之间统一各性状强弱的程度；

⑦ 提出一份预备检验用的描述性状检测表，将以上有关品质的内容分别按 9 级制（或其他级制）打印在表上；

⑧ 进行预备检验；

⑨ 总结预备检验，在此基础上，提出评价小组的统一意见；

⑩ 进行产品的正式检验。

下面以一种不断改变组分的饼干为实例，说明上述过程并进行实际练习。

（1）试验目的　通过试验组分不断增加（每次增加一种）的饼干来训练评价员形成描述词汇的能力。该试验也可作为含有多种成分的其他食品的评价员的培训参考。

（2）试验方法　参评人员首先对 1 号饼干样品（只含面粉和水）进行评价，由每个评价员提出对该样品的描述词汇，完成之后，大家一起讨论，去掉意义重复的词汇，排选出具有代表性的词汇备用。然后进行 2 号饼干样品的描述，依此类推。最终形成一份针对这类饼干的全面的描述词汇，见表 9-6。

表9-6　随饼干组分变化的描述词汇

样品序号	饼干组分	特性描述词汇
1	面粉、水	
2	面粉、水、奶油	

续表

样品序号	饼干组分	特性描述词汇
3	面粉、水、人造奶油	
4	面粉、水、起酥油	
5	面粉、水、起酥油、食盐	
6	面粉、水、起酥油、苏打	
7	面粉、水、白砂糖	
8	面粉、水、红糖	
9	面粉、水、奶油、白砂糖	
10	面粉、水、人造奶油、白砂糖	
11	面粉、水、起酥油、白砂糖	
12	面粉、水、白砂糖、鸡蛋、人造奶油	
13	面粉、水、白砂糖、鸡蛋、人造奶油、香草香精	
14	面粉、水、白砂糖、鸡蛋、人造奶油、杏仁香精	

当所有样品的描述工作全部结束后，为了检验所形成的描述词汇的有效性，可以任意挑选两个样品用刚才的词汇来进行描述，看两个样品是否能够被全面、准确地描述，是否能将二者之间的差异区别开来。检验完成之后，所形成的最终词汇可以用来对该类任何品种的饼干进行描述，结果举例见表9-7。

表9-7　饼干组分变化的练习结果

样品序号	特性描述词汇	样品序号	特性描述词汇
1	生小麦、生面团、生面粉、熟小麦、面条、小麦糊、面包屑	8	同7号，加上：糖蜜
2	同1号，加上：奶油、烘烤奶油、烘烤小麦	9	同2号，加上：甜、焦糖味
3	同1号，加上：加热的食用油、烘烤小麦	10	同3号，加上：甜、焦糖味
4	同1号，加上：加热的油脂	11	同4号，加上：甜、焦糖味
5	同4号，加上：咸	12	同11号，加上：烤熟的鸡蛋味
6	同5号，加上：苏打味、咸味	13	同12号，加上：香草、蛋糕味
7	同1号，加上：焦糖味、甜味、烘烤小麦味	14	同12号，加上：樱桃、杏仁味

试验时，饼干的配方参考表9-8，将调制好的面团切成方块，置于烤盘中，于170～190℃温度下烘烤35min左右。样品应在品评试验24～28h之前准备。

表9-8　试验用饼干参考配方（质量分数）

样品序号	面粉	水	奶油	人造奶油	起酥油	食盐	苏打	白砂糖	红糖	鸡蛋/个	香草香精	杏仁香精
1	10	4										
2	10	1	3									
3	10	1		3								
4	10	1			3							
5	10	1			3	0.5						
6	10	1			3	0.2	0.5					
7	10	3						4				
8	10	3							4			
9	10	1	3					4				
10	10	1		3				4				
11	10	1			3			4				
12	10	1		3				4		4		
13	10	1		3				4		4	0.5	
14	10	1		3				4		4		0.5

三、结果分析

定量描述和感官剖面检验法不同于简单描述检验法的最大特点是利用统计法对数据进行分析。统计分析的方法随所用对样品特性特征强度评价的方法而定。强度评价的主要方法如下。

① 数字评估法：0= 不存在，1= 刚好可识别，2= 弱，3= 中等，4= 强，5= 很强。

② 标度点评估法：弱□□□□□□强

在每个标度的两端写上相应的叙词，其中间级数或点数根据特性特征改变，在标度点"□"上写出的 1 ～ 7 数值，符合该点的强度。

③ 直线评估法：例如在 100mm 长的直线上，距每个末端大约 10mm 处，写上叙词（如弱—强），评价员在线上做一个记号表明强度，然后测量评价员做的记号与线左端之间的距离（mm），表示强度数值。

④ 评价员在单独的品评室对样品进行评价，试验结束后，将标尺上的刻度转算为数值输入计算机，经统计分析后得出平均值。定量描述分析和感官剖面检验时一般还附有一个图，图形常有扇形图、棒形图、圆形图和蜘蛛网形图（QDA 图）等。

【例 9-1】调味西红柿酱风味剖面检验报告（一致方法）

（1）表格　见下表。

样品：<u>调味西红柿酱</u>　　　　　　　　　　　　　　　检验日期：___年___月___日

特性特征（感觉顺序）		强度指标
风味	西红柿	4
	肉桂	1
	丁香	3
	甜度	2
	胡椒	1

续表

特性特征（感觉顺序）	强度指标
余味	无
滞留度	相当长
综合印象	2

（2）图式　见图 9-1。

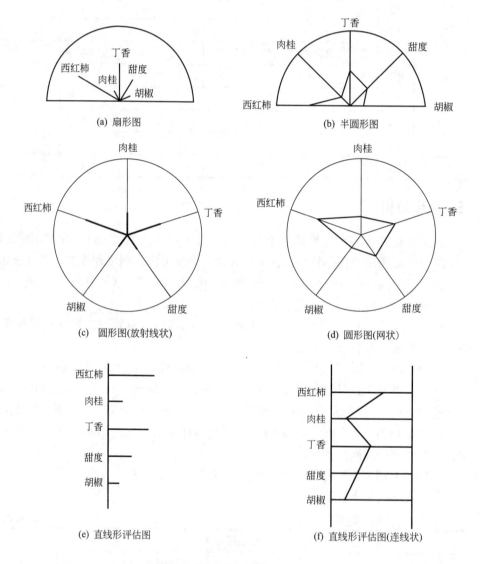

图 9-1　调味西红柿酱风味剖面图

线的长度表示每种特性强度；顺时针方向或上下方向表示特性感觉的顺序

【例 9-2】沙司酱风味剖面分析报告（独立方法）

样品：<u>沙司酱</u>　　　　检验日期：___年___月___日　　　　检验员：_____

特性特征		标度
风味	鸡蛋	7 □□□□□□ 0
	胡椒	□□□□□□□
	柠檬	□□□□□□□
	盐	□□□□□□□
	黄油	□□□□□□
余味		□□□□□□□
滞留度		□□□□□□
综合印象		3

注：综合印象通常以 3 点评度，其中 1 为低，2 为中，3 为高。

例 9-1、例 9-2 详见 GB/T 12313—1990《感官分析方法 风味剖面检验》。

【例 9-3】萝卜泡菜的 QDA 报告图

（1）表格 见下表。

样品：<u>萝卜泡菜（样品1、2、3）</u>　　　　检验日期：___年___月___日

特性特征	标度（0～7）		
	样品 1	样品 2	样品 3
酸腐味	3.5	4	5
生萝卜气味	5	3.5	2
生萝卜味道	4.6	3.5	2
酸味	3.2	4.2	6.2
馊气味	2.8	3.8	5.2
馊味道	2.5	2.8	5
劲道	5	4	5
柔嫩	3.2	3.8	3
脆性	4.5	3.8	3.8

（2）图式 QDA 图见图 9-2。

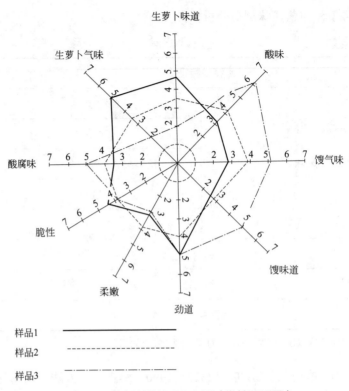

样品1	———————————
样品2	- - - - - - - - - - - - -
样品3	—·—·—·—·—·—·—

图9-2 萝卜泡菜的 QDA 图（蜘蛛网形图）

 总结

　　感官分析是基于评价员的主观评价，评价完成后如何分析并用专业术语科学准确地描述及表达出来，是感官分析的关键环节。本章介绍了简单描述检验的描述方法、问答表的设计与做法以及相关示例，定量描述和感官剖面检验法的方法特点、问答表的设计与做法以及感官剖面图的绘制方法，为科学准确地描述和表达评价结果奠定了基础。

思考题

1）描述香气程度的术语有哪些？

2）描述滋味程度的术语有哪些？

3）如何设计简单描述检验的问答表？如何实施简单描述检验？

4）定量描述和感官剖面检验法的特点是什么？

5）感官剖面图有哪些形式？试分析其优缺点。

⚡ 工程实践

1）参考本章简单描述检验的内容，试列出评价饮料甜度的术语。

2）参考本章简单描述检验的内容，试列出评价薯片酥脆程度的术语。

3）针对面包的硬度、耐嚼性、胶黏性、凝聚性、弹性、色泽这六项主要感官评价指标，自行设置标度，来评价普通面包和全麦面包的上述感官指标，试绘制其感官剖面图，并简单评价两种面包的感官质量（标度设置可参阅本书第五章的内容）。

第十章 食品感官检验与仪器测定的关系

 为什么学习食品感官检验与仪器测定的关系？

食品感官检验与仪器测定之间通常存在一定的关系，二者既各自独立，又相互支撑。分析感官检验与仪器测定之间的相关性，建立二者之间的联系，以期用仪器测定来部分取代感官检验，可以减小由于人为等主观因素对食品评价结果的影响，从而获得更为客观、准确的食品感官检验结果。

学习目标

1. 了解食品感官检验与仪器测定的关系。
2. 熟悉感官检验与仪器测定的优缺点。
3. 掌握常用食品感官指标测定仪器（如质构仪、粉质仪、电子鼻、电子舌等）的基本结构、原理及应用。
4. 掌握感官检验与仪器测定的相关性分析方法。

食品感官检验与仪器测定之间通常存在一定的关系，分析感官检验与仪器测定之间的相关性，建立二者之间的联系，以期用仪器测定来部分取代感官检验，可以减小由于人为等主观因素对食品评价结果的影响，从而获得更为客观、准确的评价结果。

第一节　感官检验与仪器测定的特点比较

食品感官检验和仪器测定的特点与区别列于表 10-1 中。由表可知，仪器测定的特点是结果再现性好，具有易操作、误差小等优点；而感官检验结果具有个体差异大、再现性差等缺点。此外，仪器测定的物性参数有时与感官给出的特性不同，例如，对于大米口感的评价，有人做了如下试验：把典型的粳米和较松散的籼米调制成糊状，进行了动态黏弹性测定。结果发现，口感认为比较黏的粳米实际弹性率和黏度都很小，而籼米的弹性率和黏度却较大，说明口感的"黏度"与力学测定的黏度并非为同一个概念。口腔感觉"发黏"，实际上是米饭在口中容易流动的性质，而物理学定义的黏度与这种感官黏度竟是相反的关系。对面条"筋道"的评价也有类似的问题。因此，用仪器测定代替感官检验时，仪器和测定方式的选择尤为重要。要使仪器测定的结果与感官检验的结果真正达到一致，首先要搞清感官检验各种表现的物理意义，而了解仪器测定的测试仪器、测试方法及测试指标也同样是非常重要的。

表10-1　感官检验和仪器测定的特点比较

项目	仪器测定的特点	感官检验的特点
测定过程	物理·化学反应 特性　　　　　　数值 →　　装置·分析　→ 检测　　　　　　输出	生理·心理分析 刺激　　　　　　　　　　　　　　语言 →　[感官]→[大脑]→[知觉]　→ 感受　生理　　　·　　　心理　表现
结果表现	数值或图线	语言表现与感觉对应的不明确性
误差和校正	一般较小，可用标准物质校正	有个体差异，相同刺激鉴别较难
再现性	一般较高	一般较低
精度和敏感性	一般较高，在某种情况下不如感官检验	可通过训练评价员提高准确性
操作性	效率高、省事	实施烦琐
受环境影响	小	相当大
适用范围	适于测定要素特性，测定综合特性难，不能进行嗜好评价	适于测定综合特性，未经训练测定要素特性困难，可进行嗜好评价

第二节　食品物性指标的仪器测定

一、质构仪及其在食品质构特性测试中的应用

　　质构仪（texture analyzer）通过模拟人的触觉，分析检测触觉方面的物理特征。图 10-1 是食品工业中常用的质构仪，扫描图中的二维码可以详细了解其工作状态。在计算机程序控制下，安装了特定量程的力传感器的横臂以程序设定的速度上下移动，力传感器的前部安装了与样品表面接触的特定规格的检测探头，当检测探头与被测物体接触，且达到设定的触发应力或触发深度时，计算机以设定的数据采集频率（单位时间采集的数据信息量）开始记录，并在计算机显示器上同时绘出力传感器的受力与其移动时间或距离的关系曲线。由于传感器是在设定的速度下匀速移动，因此，横坐标时间和距离可以自动转换，并可以进一步计算出被测物体的应力与应变关系。依据实验目的，质构仪的软件可编辑不同的实验方法，全自动控制质构仪的工作模式，如向上移动的拉伸模式、向下移动的挤压模式、扭转模式、单次挤压或多次挤压、恒力持续挤压或恒定样品形变量挤压等。利用不同式样规格的检测探头，确定与样品接触的表面积和作用方式，如针式穿刺方式、锥形挤压方式、整体挤压形变方式、局部挤压形变方式等，以期模拟门牙咬切食品、槽牙咀嚼食品、手指挤压食品等对食品的各种作用形式，获得同人体口腔对食品物性刺激相类似的力学信息（代表性的模拟形式如图 10-2 所示）。质构仪可依据食品物性学的基本参数定义，客观定量地评价食品的相关感官特性，可测定食品的硬度、酥脆性、弹性、脆性、咀嚼度、坚实度、黏着性、胶着性、黏聚性、屈服点、延展性、回复性、凝胶强度、挤出强度、表面（皮）强度、拉伸强度、断裂强度、成熟度、新鲜度、内在损伤度、稠度、柔软度、发酵度等多项感官指标。此外，质构仪还可应用于药品、烟草、化妆品等诸多产品的感官质量评价。下面简单介绍几种检测方法。

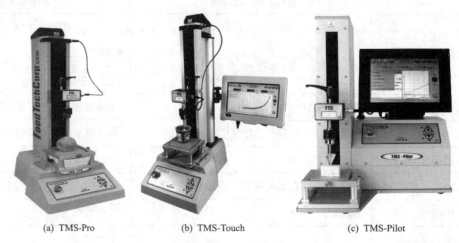

(a) TMS-Pro   (b) TMS-Touch   (c) TMS-Pilot

图 10-1 质构仪

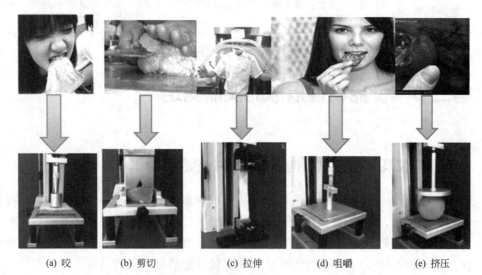

(a) 咬   (b) 剪切   (c) 拉伸   (d) 咀嚼   (e) 挤压

图 10-2 质构仪模拟人牙咬、剪切、拉伸、咀嚼、挤压样品

1. 稠度检测（consistency measurement）

图 10-3（a）是稠度测量专用杯，杯直径为 50mm，3 个压板直径分别为 35mm、40mm 和 45mm。压板的选取根据被测物体的黏度和是否含有颗粒物质而定，一般黏度低、质构细腻的物体选择大一点的压板，而黏度高、颗粒多的物体（如果酱）应该选择小压板。测量杯内的待测样品一般不超过杯容积的 75%，压入深度也不要超过样品深度的 75%，以免与杯底碰撞。图 10-3（b）是含水量不同的 3 种奶油的稠度检测结果。正的压力值表示奶油的坚实性，而围成的面积表示压入时所做的功；负的压力值和面积表示奶油内聚力和克服内聚力所做的功。

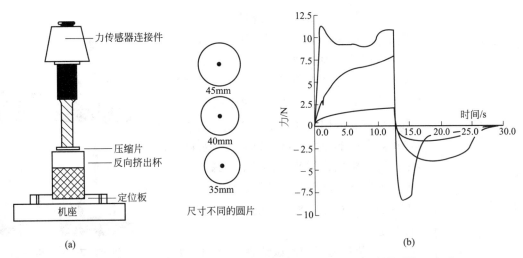

图 10-3　稠度检测装置（a）及 3 种不同含水量奶油稠度的检测结果（b）

2. 脆性检测（crispness measurement）

　　图 10-4 是检测物体脆性的传感器，是一个底部可以方便更换的具有不同宽度长槽的底板。试验时，脆性物体松散地放入容器内，在探头的压缩下，脆性物体破碎并从底板长槽排出。对物体脆性的检测以往采用曲线上的峰数量来表征物体的破碎程度，然而，近些年人们试验发现用力与变形曲线的真实长度更能反映物体的脆性。图 10-5 是 20℃下 25g 马铃薯片的脆性检测结果。统计表明，在触发应力为 20N 条件下，可检测到的峰的数量为 88±7.1 个，而统计长度 L 为 1630.9±4.4，平均面积为（917.3±43.1）N·s。

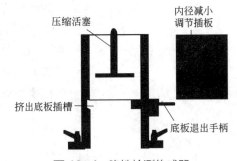

图 10-4　脆性检测传感器

参照图 10-6 及式（10-1），由专用软件自动计算出统计长度。平均面积表征马铃薯片整体的韧性。

$$L=\sum_{x=1}^{n}\sqrt{[F(x-1)-F(x)]^2+[D(x+1)-D(x)]^2}\qquad（10-1）$$

　　式中，$F(x)$ 为纵坐标几何高度值；$D(x)$ 为横坐标几何长度值。虽然它们的单位分别是力的单位和时间单位，但是这里仅仅取其几何长度，因此，统计长度的单位无意义。

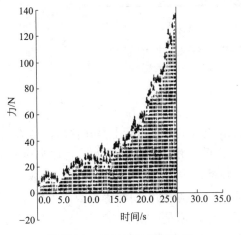

图 10-5　薯片脆性检测结果

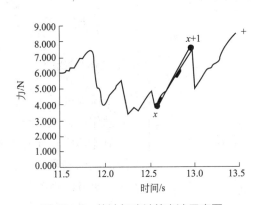

图 10-6　统计长度计算方法示意图

另一种常用来测试酥脆性的探头是三点弯曲检测探头，通过三点支撑对样品进行弯曲折弯实验，检测样品的脆性（注意：底座两个支撑点距离跨度可调，3 个样品接触点表面光滑，无应力集中），如图 10-7 所示。该探头主要应用于面包干、饼干、巧克力棒等烘焙产品的断裂强度、酥脆性等质构的测定；评估黄瓜、胡萝卜、芹菜等蔬菜的新鲜度及腌制品的硬度、脆性等。微型三点弯曲探头还可以对糖果和药片的硬度、脆性等进行测定。

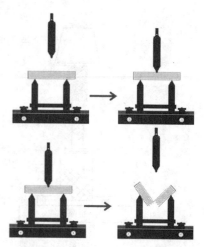

图 10-7　三点弯曲检测探头图

力 - 位移曲线的测试结果如图 10-8 所示。图中力（N）的峰值反映了样品折断的最大强度；起点到力峰值点的位移（mm）大小反映了样品折弯的弯曲程度；起点到峰值点的力和位移的积分面积，反映了样品被折断过程中所做的功（J 或 mJ）。通常情况下，力峰值高，反映样品的弯曲强度大；起点到峰值点的曲线斜率高，反映样品脆性较强；曲线斜率高、力峰值低、积分面积小反映样品有比较好的脆性和酥性；而起点到力峰值点的位移比较大，反映样品有比较好的弯曲率和韧性。

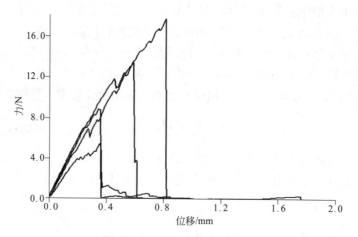

图 10-8　饼干脆性检测结果

3. 质构分析

质构分析（texture profile analysis，TPA）实际上是让仪器模拟人的两次咀嚼动作，记录并绘出力与时间的关系，并从中找出与人感官评定对应的参数。目前能够检测到的主要有硬度、弹性、内聚性、黏附性等物性参数，还可通过检测到的参数计算出来产品的脆性、咀嚼性和韧性等参数。虽然 TPA 这种试验分析方法被各国研究人员广泛采用，但是，由于语言表述和个体差异，TPA 参数命名和对参数的定义还不十分完善，因此，在参照仪器提供的检测方法和参数定义基础上，根据实际情况做出修改。

TPA 检测结果与试验方法有密切关系。首先，样品大小、传感器型号和移动速度都应该一致，否则，试验数据没有可比性。例如，如果两次试验传感器端面积分别大于和小于被测样品，那么，在压缩过程中仪器检测到的力将分别是单轴压缩力和压缩力加剪切力，因此，两次试验数据不能有效反映材料的压缩性差异。目前，人们较多使用传感器端面积大于样品的试验方法。其次，由于 TPA 是模拟人的咀嚼动作，因此第一次压缩样品的应变量以及第一次与第二次压缩间的停留时间非常重要。例如，第一次压缩是否应该使样品材料破碎或样品材料的应变量多少合适，停留时间又多少合适，这些参数的设定都直接影响第二次压缩参数，同时也影响整个质构分析结果。目前，第一次应变量采用较多的是 20%～50%，而对于凝胶食品，当应变量达到 70%～80% 时，即出现了破碎。应变量、停留时间、样品材料大小等试验参数对质构分析影响非常大，因此，在质构分析研究中，应尽量保持试验条件的一致性。此外，在报告研究结果时也应该同时给出试验条件。

图 10-9 是 Breene 等用这种方法求出的黄瓜的压缩拉伸曲线。从曲线可求得黄瓜的质构特性参数。F_b 为脆度；F_c 为硬度；d 为弹性；A_2/A_1 为凝聚性；$F_c A_2/A_1$（硬度 × 凝聚性）为胶黏性；$F_c(A_2/A_1)d$（硬度 × 凝聚性 × 弹性）为咀嚼性。

另外，Henry 等人对半固体食品进行了压缩拉伸曲线的测定（变形速度为 1.25cm/min），测定果冻状食品所得的曲线如图 10-10 所示。图中，A_1 为最初压缩曲线面积（斜线部分）（cm^2）；A_2 为第二次压缩曲线面积（斜线部分）（cm^2）；F_c 为最初压缩的最大压力（N）；d 为第二次压缩开始至最大压力时的变形（mm）；F_T 为最初拉伸的最大拉力（N）；A_3 为拉伸开始至最大拉力时的面积（cm^2）；A_4 为第二次拉伸开始至最大拉力时的面积（cm^2）；d' 为第二次拉伸开始至达最大拉力时的变形（mm）。

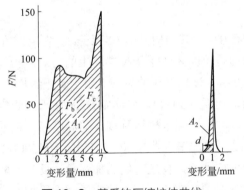

图 10-9 黄瓜的压缩拉伸曲线

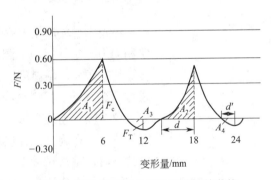

图 10-10 果冻状食品的压缩拉伸曲线

由曲线可以看出，果冻状固体食品的压缩拉伸曲线与脆性食品黄瓜完全不同。然而，对于压缩部分所表现出的性质参数，可以借用脆性食品曲线的表示方法，而拉伸曲线部分可用以下质构参数表示：F_T 为拉伸硬度；d' 为拉伸弹性；A_4/A_3 为拉伸凝聚性；$F_T A_4/A_3$ 为拉伸胶黏性；$F_T(A_4/A_3)d'$ 为拉伸咀嚼性。

4. 数据分析

质构仪备有专用的数据分析（data analysis）软件，熟练掌握其分析功能，对于开发研究食品物性非常有帮助。首先利用锚定效应选定分析域，之后再利用指定功能的快捷键即可获得所需要的数据。质构仪计算功能有：面积、曲线斜率、数据平均、时间增量、曲线上选定两点处力的比值、峰值、横坐标和纵坐标截距、锯齿形曲线的平均梯度、作用力变化绝对值、峰谷平均差值、样品密度、最大作用力和最小作用力、坐标移动、曲线拟合、曲线光滑、曲线绝对长度、屈服点偏移确定等。图 10-11 是任意选定

的 1～2 两点间的面积，在此曲线上，人们还可以投放多个锚，这时只要点击"面积"快捷键或从"数据处理"菜单中运行"面积"，就可以在选定的两个锚之间出现阴影，面积数据自动出现在数据框中。面积的单位可以是 kg·s、N·s、N·mm，也可以用应力应变积的单位 N/mm²。如果希望采用某种面积单位，一定要在面积计算之前调整图横坐标和纵坐标的单位，这样面积计算出来就是所需要的，否则，面积计算之后，其单位将无法改变。

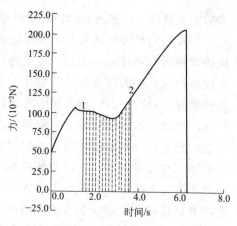

图 10-11　1～2 两点间面积计算示意

二、搅拌型测试仪及其在食品粉质特性测试中的应用

搅拌型测试仪是利用仪器在测定过程中对食品（或食品材料）的机械搅拌作用，通过测定其扭矩或剪切阻力，来测定食品的粉质特性。例如，用布拉本德粉质仪测定面粉蛋白质的黏性，用粉力测试仪测定面粉中淀粉的特性（特别是发酵性）。这些方法的特点是测定面团在搅拌过程中的阻力变化。

1. 布拉本德粉质仪

布拉本德粉质仪也称面团阻力仪，其结构见图 10-12（a）。它由调粉（揉面）器和动力测定计组成。测定原理是：面团作用于搅拌翼上的力对测力计 2 产生转矩使之倾斜，倾斜度通过刻度盘 6 读出，缓冲设备 5 用于防止连杆 4 的振动。通过恒温水槽 8 保证缓冲用油的恒温（30℃）。用滴定管 11 加水，测定结果由记录仪 7 输出粉质曲线。试验时，当恒温水槽达到规定的温度后，把面粉倒进搅拌槽内，在旋转搅拌仪的同时，通过滴定管加水。当转矩小于 500B.U（仪器单位）时，下次试验要适当减少加水量，反之，增加加水量。反复试验，最后使转矩的最大值达到 500B.U。但是要注意，不能在测定过程中添加水来调整转矩。转矩最大值达到 500B.U 之后，至少还要继续记录 12min。粉质仪的记录曲线称为面团的粉质曲线，如图 10-12（b）所示。根据曲线，各参数定义如下。

（1）及线时间（t_E）　搅拌开始到记录曲线和 500B.U 的纵轴线接触所需要的时间。它表示小麦蛋白质水合所需的时间，蛋白质含量越高，这个时间越长。

（2）面团形成时间（t_A）　搅拌开始到转矩达到最大值所需要的时间。如果存在两个峰值，则取第二个峰值。

（3）稳定时间（t_B）　曲线到达 500B.U 到脱离 500B.U 所需要的时间。它表示面团稳定性，这个时间越长，耐衰落性越好，即使长时间搅拌，也不产生弱化现象。通常特等粉的稳定性好，稳定时间较长。

（4）耐力指数（t_C）　曲线的最高点和过 5min 后的最高点之间的距离，用仪器单位（B.U）表示。它表示面团在搅拌过程中的耐衰落性，与稳定性相似。

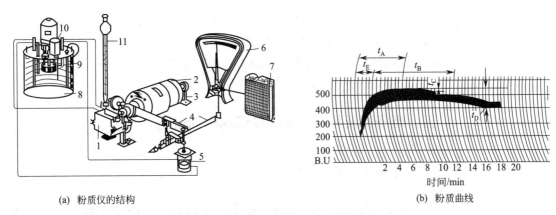

(a) 粉质仪的结构 (b) 粉质曲线

图 10-12 粉质仪的结构及粉质曲线

1—搅拌槽；2—测力计；3—轴承；4—连杆；5—缓冲器；6—刻度盘；7—记录仪；
8—恒温水槽；9—循环管；10—循环电机；11—滴定管

（5）面团衰落度（t_D） 曲线从最高点开始下降时起 12min 后曲线的下降值。面团衰落度值越小，说明面团筋力越强。

2. 淀粉粉力测试仪

淀粉粉力测试仪主要测定面粉中的淀粉酶（主要是 α- 淀粉酶）活性，用它可以预测面包的质量。这种仪器可以一边自动加热（或冷却）面粉悬浮液，一边自动记录加热而形成的淀粉糊的黏度。仪器的主要部分是装面粉悬浮液用的容器，可用电阻丝加热。容器和搅拌器如图 10-13（a）所示。原理是：把搅拌器放入装有面粉悬浮液的容器，然后一边加热容器，一边旋转搅拌器（75r/min），随着温度的升高粉液糊化，其黏度会发生变化，导致搅拌器的剪切力及扭矩发生相应变化，从而间接测定粉液黏度等相关参数。把含水量为 13.5% 的面粉 65g 放进容器后，缓慢加入 450mL 蒸馏水，调制成测试用面粉悬浮液。记录曲线如图 10-13（b）所示。根据曲线，各参数定义如下：

① 糊化开始温度（GT）；

② 黏度最大时的温度（MVT）；

③ 最大黏度（MV）。

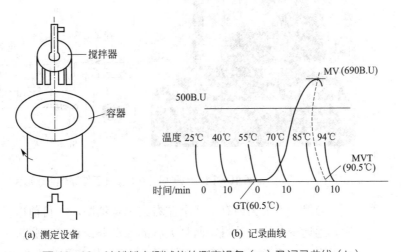

(a) 测定设备 (b) 记录曲线

图 10-13 淀粉粉力测试仪的测定设备（a）及记录曲线（b）

一般来说，面团的加工特性，特别是酶活性与 MV 相关性高。MV 太高时，酶活性弱，面团发酵性差，制造的面包质量差，但对制造饼干和面条无影响；MV 太低时，酶活性太强，面团易变软，影响操作，降低面包、饼干和面条的质量。MV 值小于 100B.U 的面粉不适于制造面包。

三、电子鼻及其在食品嗅觉识别中的应用

1. 电子鼻的构成及原理

电子鼻（electronic nose）是模拟动物及人的嗅觉系统研制出的一种人工嗅觉系统。1994 年，英国 Warwiek 大学的 Gardner 和 Southampton 大学的 Bartlett 使用了"电子鼻"这一术语并给出了定义：电子鼻由具有部分选择性的化学传感器阵列和适当的模式识别系统组成，通过分析样品挥发的气体对样品进行定性或定量判断，是一种能快速识别简单或复杂气味的仪器。

电子鼻由气体传感器阵列（初级神经元）、相应的信号运算放大电路（嗅球）、主控制电路以及计算机分析软件（大脑）组成。图 10-14 为电子鼻及其工作原理示意图，扫描图中的二维码可以详细了解其工作状态。工作时，被测样品挥发的气体流经传感器阵列表面，同传感器阵列发生电化学反应产生一定的电流或电压信号，经电路转换和放大，再经计算机软件对信号进行处理。这里对信号处理是应用模式识别原理，即建立相应的聚类分析模型，采用定性的识别分析算法或定量预测算法，最终形成对气味或气体的决策、判断和识别。常见的聚类分析算法有 PCA（主成分分析）、LDA（线性判别分析）等；常见的定性识别算法有 MAHALANOBIS（马氏距离）、EUCLID（欧氏距离）、DFA（判别因子分析）、CORRELATION（相关性分析）、ANN（人工神经网络）等；常见的定量预测算法有 PLS 等。

电子鼻

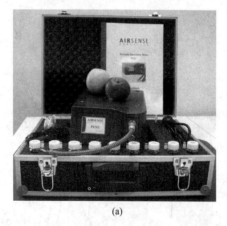

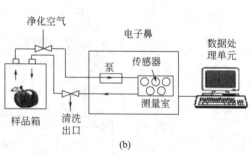

图 10-14 电子鼻（a）及其工作原理（b）示意图

当然，人类大约有 1 亿个左右的嗅觉细胞，而目前电子鼻所拥有的传感器阵列远远少于这个数目，而且大脑的活动要比计算机强很多，因此，电子鼻还远没有人及动物嗅觉系统所具有的功能和敏感程度。但作为一种先进的感觉

测试仪器，电子鼻已经在食品工程、医疗等领域得到一定范围的应用。随着该项技术的不断完善和发展，其应用领域将会得到进一步的拓展。

2. 电子鼻在食品感官检测中的应用

电子鼻在检测中充分发挥了其客观性强、可靠性强和重现性好等方面的优点，主要用来识别、分析、检测一些挥发性成分，在食品、药品、烟草、环境和医疗方面得到了广泛的应用。下面从几个方面简要介绍电子鼻在食品感官检测中的应用。

（1）在食品品质检测中的应用　对不同酒类进行区分和品质检测可以通过对其挥发物质的检测进行。传统的方法是采用专家组进行评审，也可以采取化学分析方法，如采用气相色谱法（GC）和气相色谱-质谱联用技术（GC-MS），虽然这类方法具有较高的可靠性，但处理程序复杂，耗费时间和费用，因此需要有一个更加快速、无损、客观和低成本的检测方法。Guadarrama 等对 2 种西班牙红葡萄酒和 1 种白葡萄酒进行检测和区分。为了有对比性，他们同时还检测了纯水和稀释的酒精样品。他们的电子鼻系统采用 6 个导电高分子传感器阵列，数据采集采用 Test Point™ 软件，模式识别技术采用 PCA 方法，在 MATLAB v4.2 上进行，同时他们对这些样品进行气相色谱分析。结论是电子鼻系统可以完全区分 5 种测试样品，测试结果和气相色谱分析的结果一致。

茶叶的挥发物中包含了大量的各种化合物，而这些化合物也在很大程度上反映了茶叶本身的品质。Ritaban Dutta 等对 5 种不同加工工艺（不同的干燥、发酵和加热处理）的茶叶进行分析和评价。他们用电子鼻检测其顶部空间的空气样品。电子鼻由费加罗公司生产的 4 个涂锡的金属氧化物传感器组成，数据采集和存储用 LabView 软件，数据处理用 PCA、FCM 和 ANN 等方法。结论是采用 RBF 的 ANN 方法分析时，可以 100% 地区分 5 种不同制作工艺的茶叶。

Sullivan 等用电子鼻和 GC-MS 分析 4 种不同饲养方式的猪肉在加工过程中的气味变化，所有数据采用 Unscramble reversion7.6 软件进行处理，同时邀请了 8 位专家进行评审。得到的结论是，电子鼻不仅可以清晰地区分不同饲养方式的猪肉，也可以评价猪肉加工过程中香气的变化。为了确定电子鼻检测是否具有再现性，他们把样品在不同时期不同的实验室进行重复试验，结论是电子鼻分析具有很好的重复性和再现性。

（2）在食品成熟度和新鲜度检测中的应用　水果所散发的气味能够很好地反映出水果内部品质的变化，所以可以通过闻其气味来评价水果的品质。然而人只能感受出约 10000 种独特的气味，特别是在区分相似的气味时，人的辨别力受到了限制。水果在贮藏期间，通过呼吸作用进行新陈代谢而变熟，因此在不同的成熟阶段，其散发的气味会不一样。糖度、pH 值和坚实度等是水果成熟度的几个指标，而这些指标都要进行有损检测获得。Oshita 等（2000）将日本的 "La Franch" 梨在不成熟时进行采摘，然后将它们分成 3 组。第 1 组在 4℃下贮藏 115 天（未成熟期）；第 2 组在 4℃下贮藏 115 天后，在 30℃下放置 1 天（成熟期）；第 3 组在 4℃下贮藏 115 天后，在 30℃下放置 5 天（完熟期）。用 32 个导电高分子传感器阵列的电子鼻系统进行分析，采用 Non-linear Mapping 软件进行数据处理。同时用化学分析方法、GC 和 GC-MS 对 3 个不同阶段的梨进行分析。结论是电子鼻能够很明显地区分出 3 种不同成熟时期的梨，并且同其他分析方法的结果有很强的相关性。

传统鱼肉的新鲜度评价可以通过电流计生物传感器来测定胺或用酶反应来测定。这些方法在实际检测中不是很方便。O'Connell 等采用 11 个费加罗公司产涂锡金属氧化物传感器阵列构成的电子鼻系统来评价和分析阿根廷鳕鱼肉的新鲜度。他们从同一个市场得到新鲜的阿根廷鳕鱼肉后，切成 20 ～ 60g 不同质量的鱼片，放入冰箱内贮藏，每次试验都从冰箱内取样品进行分析。得到的结论是，电子鼻可以区分

不同贮藏天数的鱼肉，不同质量的鱼肉样品对电子鼻评价其新鲜度无影响。

（3）在食品早期败坏检测中的应用　因为乳制品的保存期较短，而且容易出现由微生物引起的败坏和变质，所以早期快速检测其败坏和变质非常重要。GC-MS 可以定量分析乳制品挥发物的成分，但它也存在许多的不足，如不能得到样品的总体信息。Naresh Magan 等（2000）采用 14 个导电高分子传感器阵列组成的电子鼻系统，数据处理采用 PCA、DFA 和 CA（聚类分析）等方法。结论是用电子鼻可以区分未损坏的乳制品和由 5 种单一微生物或酵母引起品质改变的乳制品，而且，用电子鼻也可以区分和鉴别由单一微生物或酵母引起的乳制品品质改变的程度。

近几年，国内电子鼻的应用研究得到了迅猛发展，有大量采用 10 组 MOS 金属氧化物传感器阵列的电子鼻技术分析中国白酒、啤酒、黄酒、葡萄酒、茶叶、肉品、水果、谷物、酱料、休闲食品等样品的产地、品种、真伪、年份、霉变、掺假情况、新鲜或腐败程度、虫子或微生物生长情况及生产工艺等方面的应用文章，还有利用 MOS 金属氧化物传感器、PID 光离子化传感器、CE 电化学传感器等混合传感器阵列组合的电子鼻技术进行环境空气的臭气浓度评价，这些充分说明电子鼻技术在相关应用领域具有很大的应用前景。

总之，电子鼻技术作为一个新兴的技术种类也正持续快速地发展着，它必将为食品品质，特别是食品气味的检测带来一次技术革命。然而，受敏感膜材料、制造工艺、数据处理方法等方面的限制，目前电子鼻的应用范围与人们的期望还存在距离，还不能完全真正意义上地替代人工嗅觉。需要技术不断改进的方向主要有：降低成本、取样浓缩装置的小型实用化、气敏传感器的灵敏度、检测的时间和速度、合适的数据分析方法、如何培训电子鼻以建立起完整的检测数据库。这些问题的解决，将使电子鼻技术得到更加广泛和深入的应用。

四、电子舌及其在食品味觉识别中的应用

1. 电子舌的结构及基本原理

电子舌（electronic tongue）是一种模拟人类味觉系统用以鉴别味道的仪器，由味觉传感器、信号采集器和模式识别工具三部分组成。如图 10-15 所示，扫描图中的二维码可以详细了解其工作状态。其中，味觉传感器是由数种可灵敏感知味觉成分的膜电极或多传感器阵列组成，这些电极能对特定味物质产生响应，并转换为电流或电压信号，这种电信号与相对应的味觉指标有密切的关联性；信号采集器将电极的信号收集并存储在计算机内存中；软件的模式识别工具模拟人脑对电信号加以识别并换算成与人味觉指标相关联的数字信息，这些数字信息以图表的形式客观展示样品的味觉指标、味道质量等。目前，电子舌可以客观数字化地评价食品、药品等样品的苦味、涩味、酸味、咸味、鲜味、甜味等基本味觉感官指标，同时还可以分析苦、涩、鲜的回味（丰富度）等参数，从而对食品、农产品、药品等进行味觉感官指标量化分析。

电子舌的研究开发国外起步较早，最早的商业化产品始于 20 世纪 90 年

代初期。早期的电子舌以基于交互响应的传感器阵列技术结合模式识别算法做样品间的差异识别，随着味觉传感器技术的发展，2000 年后出现了对酸、甜、苦、咸、鲜、涩等味物质具有选择性的味觉传感器，由此引起了电子舌技术的大发展。电子舌内部依据各味觉传感器信号通过味觉指标转换算法直接分析检测样品的酸、甜、苦、咸、鲜、涩等味觉指标，将复杂味觉的综合信息依据国际标准味觉分类分解成 5 味指标（如扩展含涩味就为 6 味指标）信息，便于样本间的味觉指标比较。目前国内多为国外产品的原装购置及使用，对该项技术的研究开发尚处于试验阶段，尚未达到成熟的商业化程度。随着传感器数据融合技术这一交叉新兴学科的发展，电子舌的功能必将进一步增强，如开发麻辣味、脂味等涵盖触觉及心理范围的新兴味觉传感器，结合智能化程度更高的数学算法，必将以其独特的功能，拥有更加广阔的应用前景。

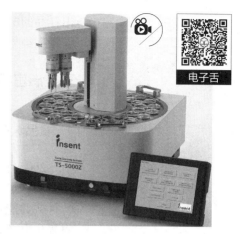

图 10-15 电子舌

2. 电子舌在食品味觉识别中的应用

电子舌技术主要用于液体食物的味觉检测和识别上，对于其他领域的应用尚处于不断研究和探索阶段。

电子舌可以对 5 种基本味感——酸、甜、苦、辣、咸进行有效的识别。日本的 Toko 应用多通道类脂膜味觉传感器对氨基酸进行研究，结果显示，可以把不同的氨基酸分成与人的味觉评价相吻合的 5 个组，并能对氨基酸的混合味道作出正确的评价。同时，通过对 L- 蛋氨酸这种苦味氨基酸的研究，得出生物膜上的脂质（疏水）部分可能是苦味感受体的结论。

目前，使用电子舌技术能容易地区分多种不同的饮料。俄罗斯的 Legin 使用由 30 个传感器组成阵列的电子舌技术检测不同的矿泉水和葡萄酒，能可靠地区分所有的样品，重复性好，2 周后再次测量，结果无明显的改变。另外，电子舌技术也能对啤酒和咖啡等饮料作出评价。对 33 种品牌的啤酒进行测试，电子舌技术能清楚地显示各种啤酒的味觉特征，同时，样品并不需要经过预处理，因此这种技术能满足生产过程在线检测的要求。对于咖啡，通常认为咖啡碱是咖啡形成苦味的主要成分，但不含咖啡碱的咖啡喝起来反而让人觉得更苦。因为味觉传感器能同时对许多不同的化学物质作出反应，并经过特定的模式识别得到对样品的综合评价，所以它能鉴别不同的咖啡，显示出这种技术独特的优越性。

电子舌技术不仅可以用于液体食物的味觉检测，也可以用在胶状食物或固体食物上。例如对番茄进行味觉评价，可以先用搅拌器将其打碎，对肉品进行味觉分析，可以将肉品打碎，用水溶液溶解味觉物质进行检测，所得到的结果同样与人的味觉感受相符。此外，国外的一些研究者尝试把电子舌与电子鼻这两种技术融合在一起，从不同角度分析同一个样品，模拟人的嗅觉与味觉结合的综合评价，在一些情况下能大大提高识别能力。

目前，电子舌已商业化。例如法国的 Alpha MOS 公司生产的 ASTREE 型电子舌，利用 7 个电化学传感器组成的检测器及化学计量软件对样品内溶解物进行味觉评估，能在 3min 内稳妥地提供所需的聚类分析图表，大大提高了产品全方位质控的效率，可应用于食品原料、软饮料和药品的区别检测。另外，日本 INSENT 公司生产的 SA402B、TS-5000Z 电子舌产品（见图 10-15），已经具备对不同味觉物质设有专一响应的味觉传感器，它们模仿人舌头表面的味觉细胞感知味道的原理，通过捕捉味觉物质与人工脂质膜之间的电势变化来实现对某一基本味的量化，可数字化评价食品的各味觉感官指标，以图表的形式输

出样品的酸味、甜味、苦味、咸味、鲜味、涩味，以及苦、涩、鲜的回味等味觉指标结果。

五、感官检验机器人

1. 食品味觉机器人（food-tasting robot）

2005 年 6 月 9 日 NEC System Technologies, Ltd. 宣布他们成功地研制了用于食品味道检验的机器人，该机器人通过配置的传感器能够检测出食品的味觉特性，并能够确定该食品的名称及成分。而且，它还可以根据检测到的数据信息提供有关食品与健康方面的建议，故这种机器人被称为"食品与健康珍视机器人"。这个小巧的机器人功能十分强大，比如它能通过它的手臂来分辨多种不同的奶酪，还能通过红外功能探测食物的营养成分，并给出相应的营养健康方面的建议。

2. 葡萄酒品评机器人（wine-tasting robot）

日本的工程师还发明了葡萄酒品评机器人，这种机器人可以区分 30 多种不同类型的葡萄酒。它诞生的目的是进行葡萄酒自动分析，从而使零售商和客户能够很容易地辨别出标签是否与产品的实际成分相符。它是由日本 NEC's System Technologies Laboratory 和 Mie University 的科学家们发明的，其大小仅为 3L 葡萄酒瓶的 2 倍，由微电脑和光学感官部件组成。检测分析时，只需把 5mL 样品倒入放置在机器人前面的托盘中，由发光二极管发出的红外线通过样品，而光敏二极管检测反射光线。通过确定被样品所吸收的红外线波长，机器人能够在 30s 内准确测试出 30 种常见葡萄酒的有机成分。

这种机器人还具有分辨假葡萄酒的功能。由于葡萄酒具有很强的地域特点，某一特定区域生产的葡萄酒其主要成分是确定的，NEC 指出该机器人甚至可以辨明葡萄酒的产地，该公司承诺："机器人在产品上市之前，即可以分辨出产品的批次和编号。"由于目前假葡萄酒的辨别主要还是依靠人的感官和通过对葡萄园记录的详细分析完成，英国葡萄酒及葡萄汁贸易联合会技术及国际事务官员 John Corbet-Milward 说："任何一种新的机器人如果可以快速检测出葡萄酒的真伪，并可以降低检测成本的话，那将是非常令人感兴趣的事情。"

然而，这种葡萄酒机器人尚有待于进一步改进和提高。一方面，它需要能够分辨出更多种的葡萄酒，这是由于世界上的葡萄酒有很多种；另一方面，它在测试的准确性方面也有待于进一步提高。

第三节　感官检验与仪器测定的相关性分析

如前所述，食品的感官检验与仪器测定之间存在着内在的相关性，如何分析并确定二者之间的关系及其相关程度，是决定能否用仪器测定来代替感官检验的关键所在。本节将结合实例来介绍食品感官检验与仪器测定的关系的确定和检验方法，进而可以解决生产和试验中的预测和控制问题，并实现生产过程中的在线检测。

【例 10-1】以汉堡包牛肉饼为例，说明质构感官检验与仪器测定的关系及分析方法。

（1）感官检验　选择 5～10 名评审员按图 10-16 的评定项目和标度打分。这是对比评分法，即把两个以上的食品和标准食品进行对比，把特性之差用数值尺度进行评定。采用这种评定法时，必须事先通过预备实验选择好标准试样（以标准试样的特性值在中间为宜）。

（2）仪器测定　主要测定：①水分含量；②肉粒平均直径；③离液量（挤压流汤量）；④应力松弛；⑤用剪切实验测定剪切能、剪切强度、最大应力；⑥用质构仪测定硬度、脆性。

（3）进行相关性分析　进行感官检验和仪器测定的各项测定值之间的相关性分析，与感官检验相关性大的前三个仪器测定值列于表 10-2 中。

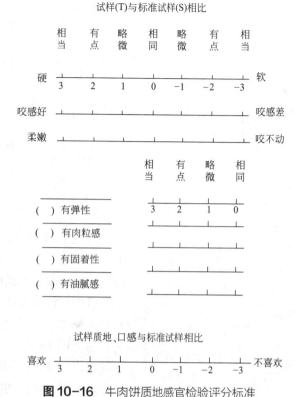

图 10-16　牛肉饼质地感官检验评分标准

表10-2　与感官检验有较大相关性的仪器测定项目

感官指标	相关顺序					
	1		2		3	
	仪器测定项目	相关系数	仪器测定项目	相关系数	仪器测定项目	相关系数
坚硬性	硬度（咀嚼）	0.900	最大应力（穿孔）	0.883	切断功（钢丝）	0.837
弹性	最大应力（穿孔）	0.903	V 模强度（咬断）	0.898	V 模强度（咬断）	0.856
固着性	最大应力（穿孔）	0.902	V 模强度（咬断）	0.885	V 模强度（咬断）	0.828
脆性	最大应力（穿孔）	−0.877	硬度（咀嚼）	−0.861	切断功（钢丝）	−0.830
易咬性	硬度（咀嚼）	−0.816	切断强度（钢丝）	−0.798	切断功（刀片）	−0.793
油腻感	离液量	0.651				
肉粒感	切断功（刀片）	0.863	切断功（钢丝）	0.860	V 模强度（咬断）	0.831

由主成分分析可知，汉堡包的第一主成分是肉粒感等肉质特性；第二主成分是弹性、固着性、脆性等组成的劲力特性；第三主成分是离液量等油性。由表 10-2 可知，肉质特性与剪切能相关性高，劲力特性与最大应力相关性高，油性只与离液量有关，与仪器测定的其他值之间无相关关系。

其次，为了进一步弄清用哪些仪器测定项目能够代替各感官检验指标，种谷做了回归分析，结果列于表 10-3 中。

表10-3 仪器分析项目和由回归求得的贡献率

项目	直线回归		对最大应力的回归
	测定项目	贡献率/%	贡献率/%
硬度	硬度	81.0	78.1
弹性	最大应力	81.5	81.5
固着性	最大应力	81.4	81.4
脆性	最大应力	76.9	76.9
咬碎感	硬度	66.6	50.8
油性	离液量	42.4	6.5
肉粒感	剪切能	74.5	64.6

由表 10-3 可知，仪器测定项目集中在四项。最大应力对弹性、固着性、脆性的贡献率大，因此，只要测定最大应力就能基本上掌握劲力特性。同样，测定剪切能就能掌握肉粒特性。下面分析最大应力、剪切能与质构的关系。

根据感官检验结果，把质构的好坏分为好（○＞1）、一般（–1＜◑≤1）、不好（●＜ –1）三种。质构好坏与仪器测定值（最大应力和剪切能）之间的关系示于图 10-17。由图可知，质构的好坏在最大应力轴上比较集中，在剪切能轴上比较分散。因此，如果用一种测定值来判断汉堡包牛肉饼的质构，那么最好还是要测定剪切能。

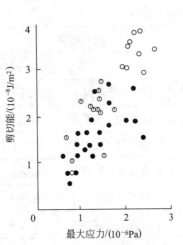

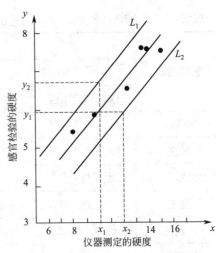

图10-17 最大应力、剪切能与质构的关系　**图10-18** 仪器测定与感官检验的硬度关系

【例 10-2】用黄瓜制作的泡菜，其质构是重要的特性之一。因此，用流变仪测定 6 种黄瓜泡菜的硬度 x 值（测定 30 次的平均值），受过训练的 6 名评价员按 1 分（极端软）至 9 分（极端硬）的 9 个等级对硬度进行感官检验，其结果为 y 值，上述数据列于表 10-4。

表10-4 黄瓜泡菜仪器测定值和感官检验值对照表

仪器测定值 x	15.1	14.0	13.4	12.3	9.7	8.1
感官检验值 y	7.5	7.6	7.6	6.6	5.9	5.3

这组数据表明，总的趋势是随着仪器测定值的减小，感官检验值也减小，但变化的程度不同，甚至有时仪器测定值减小了，而感官检验结果并未发生变化，也就是说，这是一组相关关系。做这组数据的散点图（图10-18中的黑点），从图10-18可以看出，所有散点围绕图中画出的一条直线分布。显然，这样的直线在图上可以画出许多条，而我们要找的是其中能最佳地反映散点分布状态的一条。

按最小二乘原理确定的直线

$$\hat{y} = \hat{a} + \hat{b}x \tag{10-2}$$

就是所要求的能最佳地反映观察值散布状态的一条直线，它称为 y 对 x 的回归直线，$\hat{a}$、$\hat{b}$ 称为回归系数。回归系数可用式（10-3）求出：

$$\begin{cases} \hat{b} = \dfrac{\sum\limits_{i=1}^{n} x_i y_i - n\bar{x}\bar{y}}{\sum\limits_{i=1}^{n} x_i^2 - n\bar{x}^2} \\ \hat{a} = \bar{y} - \hat{b}\bar{x} \end{cases} \tag{10-3}$$

下面利用最小二乘原理求感官检验值 y 对仪器测定值 x 的回归直线。先把原数据及统计和处理结果列于表10-5。

表10-5 用于最小二乘法的黄瓜泡菜原始及统计数据

序号（i）	仪器测定值（x_i）	感官检验值（y_i）	x_i^2	y_i^2	$x_i y_i$
1	15.1	7.5	228.01	56.25	113.25
2	14.0	7.6	196.00	57.76	106.40
3	13.4	7.6	179.56	57.76	101.84
4	12.3	6.6	151.29	43.56	81.18
5	9.7	5.9	94.09	34.81	57.23
6	8.1	5.3	65.61	28.09	42.93
合计	72.6	40.5	914.56	278.23	502.83
平均	12.1	6.75			

由式（10-3）有

$$\hat{b} = \frac{502.83 - 6 \times 12.1 \times 6.75}{914.56 - 6 \times 12.1^2} \approx 0.354$$

$$\hat{a} = 6.75 - 0.354 \times 12.1 \approx 2.467$$

故感官检验值 y 对仪器测定值 x 的回归直线为：

$$\hat{y} = 2.467 + 0.354x$$

线性关系的显著性检验：

$$r = \frac{\sum\limits_{i=1}^{n} x_i y_i - n\bar{x}\bar{y}}{\sqrt{(\sum\limits_{i=1}^{n} x_i^2 - n\bar{x}^2)(\sum\limits_{i=1}^{n} y_i^2 - n\bar{y}^2)}} \tag{10-4}$$

对于给定的显著水平 α，可查出相应的相关系数的临界值 r_α。由样本算出的 r 值大于临界值，就可认

第十章

为 y 与 x 存在线性相关关系；当算出的 r 值小于等于临界值时，则认为 y 与 x 不存在线性相关关系，或者说线性相关关系不显著。

表中的自由度等于样本容量 n 减去变量数目，本例中的自由度就是 6-2=4。对显著水平 α、自由度 4 查相关系数临界值表（读者可查阅相关数理统计文献），得临界值 $r_{0.01}=0.917$，再由样本计算得

$$\sum_{i=1}^{6} x_i y_i - 6\bar{x}\bar{y} = 502.83 - 6 \times 12.1 \times 6.75 = 12.78$$

$$\sum_{i=1}^{6} x_i^2 - 6\bar{x}^2 = 914.56 - 6 \times 12.1^2 = 36.1$$

$$\sum_{i=1}^{6} y_i^2 - 6\bar{y}^2 = 278.23 - 6 \times 6.75^2 \approx 4.86$$

代入式（10-4）得

$$r_0 = \frac{12.78}{\sqrt{36.1 \times 4.86}} \approx 0.965$$

即 $r_0 > r_{0.01}$，故感官检验值 y 与仪器测定值 x 的线性相关关系显著，因而前面得出的回归直线确实可以表述变量间的线性相关关系。

若回归方程是显著的，那么在一定程度上可以反映两个相关变量之间的内在规律。这样就可在生产和试验中解决有重要意义的预测和控制问题，并利用仪器测试代替感官检验。

【例 10-3】利用例 10-2 的试验结果

（1）预测仪器测定值为 12 时，感官检验值的范围；

（2）若感官检验中，硬度的最佳范围为 5.7 ～ 6.3，则仪器测定值应如何控制？

解：（1）把 $x_0 = 12$ 代入回归直线方程得

$$\hat{y}_0 = 2.467 + 0.354 \times 12 \approx 6.72$$

由数理统计学可知，σ^2 的无偏估计量 s'_y 为：

$$s_y'^2 = \frac{(1-r^2)\sum_{i=1}^{n}(y_i-\bar{y})^2}{n-2} = \frac{(1-r^2)(\sum y_i^2 - n\bar{y}^2)}{n-2} \tag{10-5}$$

随着 x 取值的变化，y 的预测区间的上下限给出如图 10-18 所示的两条平行于回归直线的直线。

$$\begin{cases} y = \hat{a} - 1.96 s'_y + \hat{b} x \\ y = \hat{a} + 1.96 s'_y + \hat{b} x \end{cases} \tag{10-6}$$

由此可以预测，对应于以 $\bar{x}$ 为中心的一系列 x 值，y 值的 95% 将落在直线 L_1 及 L_2 所夹的区域中。

$$s_y'^2 = \frac{(1-r^2)(\sum_{i=1}^{n} y_i^2 - n\bar{y}^2)}{n-2}$$

$$=\frac{(1-0.965^2)\times4.86}{4}\approx0.084$$

于是
$$s_y'=\sqrt{0.084}\approx0.29$$

代入预测直线方程得

$$y_1=\hat{a}-1.96s_y'+\hat{b}x=6.72-1.96\times0.29\approx6.15$$

$$y_2=\hat{a}+1.96s_y'+\hat{b}x=6.72+1.96\times0.29\approx7.29$$

故当仪器测定值为 12 时，以 95% 的概率预测感官检验值介于 6.15 ~ 7.29 之间。

（2）当要求感官检验值 y 在 5.7 ~ 6.3 之间时，由预测方程

$$2.467-1.96\times0.29+0.354x_1=5.7$$

$$2.467+1.96\times0.29+0.354x_2=6.3$$

解得 $x_1=10.74$，$x_2=9.22$。即仪器测定值控制在 9.22 ~ 10.74 之间，就能得到最佳感官效果的产品。

从前面的讨论可知：用最小二乘法求回归直线的做法比较简便，而预测与控制的方法又比较直观，所以在研究食品质构的仪器测定与感官检验之间的关系时常用一元线性回归方法。但必须注意，只有 $y_2-y_1>4s_y'$ 时，所求控制区间才有意义。

【例 10-4】饼干的断裂特性与感官检验之间的关系

为了研究饼干的感官检验值与仪器测定值之间的关系，用压缩型仪器测定了饼干的断裂应变、断裂所需时间、断裂应力和断裂能，并且研究了它们和感官检验的硬度、脆性之间的关系。结果表明，硬度和断裂应力显著相关，脆性和断裂应力、断裂能显著相关。

饼干的感官检验硬度值与断裂应力之间的关系如图 10-19 所示。由图可知，硬度 S_H 和断裂应力 σ_f 的对数之间呈线性关系，其回归方程式为：

$$S_H=6.33\lg\sigma_f-2.47 \quad （相关系数r=0.94）$$

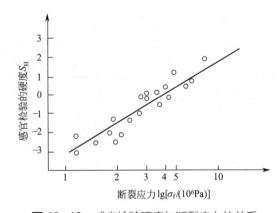

图 10-19 感官检验硬度与断裂应力的关系

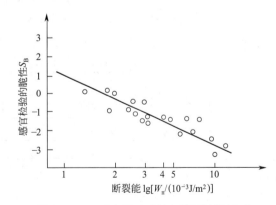

图 10-20 感官检验脆性与断裂能的关系

当断裂应力 $\sigma_f<2.45\times10^6$Pa 时，饼干有软的感觉；当 $\sigma_f>2.45\times10^6$Pa 时，饼干有硬的感觉。

饼干感官检验的脆性与断裂能之间的关系如图 10-20 所示。由图可知，脆性 S_B 和断裂能 W_n 的对数之间有直线关系，其回归方程式为：

$$S_B=3.46\lg W_n+1.18 \quad （相关系数r=-0.94）$$

总结

食品感官检验与仪器测定之间既各自独立，又相互支撑，二者相互结合，可以获得更为客观、准确的食品感官检验结果。本章对比分析了食品感官检验与仪器测定的特点，介绍了常用食品物性指标的测定仪器——质构仪、粉质仪、电子鼻、电子舌的结构、工作原理及应用，并结合案例对感官检验与仪器测定的相关性进行了分析。

思考题

1）食品感官检验与仪器测定的特点分别是什么？
2）质构仪在食品工程中有哪些方面的应用？
3）粉质仪在食品工程中有哪些方面的应用？
4）电子鼻在食品工程中有哪些方面的应用？
5）电子舌在食品工程中有哪些方面的应用？
6）如何分析感官检验与仪器测定的相关性？举例说明。

工程实践

1）查阅相关资料，了解电子舌在其他工程领域中的应用，并结合本章内容，说明其应用及评价方法，如利用电子舌评价药用口服液的口感。

2）查阅相关资料，了解电子鼻在其他工程领域中的应用，并结合本章内容，说明其应用及评价方法，如利用电子鼻测试香水的香气成分。

3）新鲜面包及无包装贮藏4天后的面包主要质构指标的测试结果列于下表，试绘制其感官剖面图，并简单评价面包经无包装贮藏4天后的质量变化。

指标	硬度	耐嚼性	胶黏性	凝聚性	弹性
新鲜面包	1.30	0.60	0.65	0.54	0.65
贮藏4天后的面包	4.50	2.25	2.25	0.40	0.78

第十一章 食品感官分析的应用

　　　学以致用，知行并进，是学习的根本目的之所在。于产品加工生产而言，如何利用食品感官分析控制产品质量；于新产品开发及营销策划而言，如何设计消费者试验、市场调查及营销策略；于日常生活而言，如何利用感官分析知识快速评价肉、蛋、乳、水产品、粮油及果蔬等产品的质量等等，都涉及到食品感官分析的应用。

👁 学习目标

1. 了解消费者试验的类型及特点。
2. 掌握市场调查的要求及方法。
3. 熟悉感官质量控制项目开发与管理的要点。
4. 掌握新产品开发的各阶段与感官分析的关系。
5. 了解肉、蛋、乳、水产品、粮油及果蔬等产品质量的快速感官分析方法。

第一节　消费者试验

一、消费行为研究

　　消费者购买行为由多种因素共同决定，表现为在同类商品中的选择倾向。在首次购买时，会考虑质量、价格、品牌、口味特征等。在食品质量方面，消费者主要考虑卫生、营养、含量；在价格方面，则关注单价、性价比。现代食品市场逐步在产品标识上表现产品的口味特征，这一点也同样借助于消费者的感官体验。

　　对于食品生产商，消费者的二次购买行为被赋予越来越多的关注。在质量、价格与同类产品无显著差别的情况下，口味特征成为消费者是否二次购买的关键因素，这就体现出食品感官评价工作的重要性，必须要能反映消费者的感受。

　　前面章节讲述的食品感官评价原理与技术都是基于实验室控制条件下进行的，与消费者消费产品的条件并不完全一致。因此，有必要对消费者感官检验领域进行研究。

二、消费者感官检验与产品概念检验

　　消费品获得认可并在激烈的市场竞争中得以保持市场份额的一个策略就是通过感官检验的测试，确定消费者对产品特性的感受。这种做法不但可以使公司的产品优于竞争者，而且具有更大的创造性。本章在盲标的条件下，研究消费者采用的产品检验技术，从而确定人们对产品实际特性的感知。生产商在对此了解的基础上，才能洞察消费者的行为，建立品牌信用，保证人们能够再次购买该产品。

　　进行盲标的消费者感官检验有如下作用：正常情况下，在感官基础上，如果不通过广告或包装上的概念宣传，就有可能确定消费者的接受能力水平；而在进行投入较高的市场研究检验之前，消费者感官检验可以促进对消费者问题的调查，避免错误，并且可以从中发现在实验室检验或更严格控制的集中场所检验中没有发现的问题。最好在进行大量的市场研究领域检验或者产品投放市场之前，安排消费者感官检验。在隐含商标的基础上，可以借此筛选评价员。而选择目标消费者进行检验，公司可以获得一些用于宣传证明的数据。在市场竞争中，这些资料极其重要。

　　消费者感官评价领域检验与在市场研究中所做的消费者检验种类有一些重要区别。其中一部分内容列于表 11-1。在两个检验中，由消费者放置产品，在实验进行后对他们的意见进行评述。然而，对于产品及其概念性质，不同的消费者所给予的信息量是不同的。

表11-1　消费者感官检验与产品概念检验部分内容对照

检验性质	感官检验	产品概念检验	检验性质	感官检验	产品概念检验
指导部门	感官评价部门	市场研究部门	产品商标	概念中隐含程度最小	全概念的提出
信息的主要最终使用者	研究与发展	市场	参与者的选择	产品类项的使用者	对概念的积极反应者

　　市场研究的产品概念检验按以下的步骤进行：首先，市场销售人员以口述或视频等方式向参与者展示产品的概念（内容常与初期的广告策划意见有些类似）；然后向参与者询问他们的感受如何，而参与者在产品概念展示的基础上，则会期待这些产品的出现（这对于市场销售人员来说是重要的策略信息）；最后，销售人员会要求那些对产品感觉不好的参与者带些产品回家，在他们使用以后再对产品的感官性质、吸引力以及期望值作出评价。

　　而在消费者感官定向检验中，操作中只给出足够的信息以确保产品的合理使用，以及与产品类项相关的适当评价，信息中无明显特征的概念介绍。

　　在检验方式上，消费者感官检验与产品概念检验有很大区别。

　　消费者感官检验就像一个科学试验，从广告宣传中独立进行感官特征和吸引力的检验，不受产品任何概念的影响。消费者把产品看作一个整体，并不对预期的感官性质进行独立的评价，而是把预期值建立为概念表达与产品想法的一个函数。他们对特征的评价意见及对产品的接受能力受到其他因素的影响。所以，产品感官检验试图在除去其他影响的同时，确定他们对于感官性质的洞察力。

　　第二个区别是关于参与者的选择问题。在市场研究概要中，进行实际产品检验的人一般只包括那些对产品概念表示有兴趣或反应积极的人。由于这些参与者具有一定的正面偏爱，在检验中导致产品得高分。而消费者感官检验很少去考查那些参与者的可靠性，他们是各种产品类项的使用者（有时是偏爱者），仅对感官的吸引力以及他们对产品表现出的理解力感兴趣，他们的反应与概念并不相关。

三、消费者感官检验的类型

　　消费者感官检验适用于如下情况：①新产品进入市场；②再次明确表述产品，包括产品成分、工艺或包装的变化；③筛选参加竞争的产品种类；④考察产品的可接受性，及是否优于其他同类产品。

　　通过消费者感官检验，可以收集隐藏在消费者喜欢和不喜欢理由之上的诊断信息。根据随意的问题、

强度标度和偏爱标度，可以获得人们喜欢产品的理由。通过问卷和面试等消费者检验方式，可以获得消费者对商标感知的认同、对产品的期望和满意程度等结果。

消费者检验结果受多种因素的影响。例如基于时间、资金或安全性等因素的消费者"模型"的影响；由于实施"消费者检验"的群体可能由一些受雇者或当地的居民组成，并非最大限度地代表了广大的消费者，因此会给检验带来可能作出错误判断的风险。所以，要考虑选择有代表性的群体样本，以获得更加准确的市场定位信息。

如果使用"模型"的检验类型是内部的消费者检验，例如在公司中或实验室中利用被雇佣者进行感官检验，产生的问题是被雇佣者对产品不是盲标，对所检验的产品可能有其他潜在的偏爱信息或潜意识。同时，技术人员观察产品可能与消费者有很大的差别，他们完全着重于产品特性的不同。可见应该筛选消费者"模型"，只有这类产品的使用者才能参与检验。如果不是产品的常用者，没有资格预测产品的可接受性。

另一个"消费者"模型是利用当地的消费者评价小组来进行检验，以节省时间和资源。通常是通过双方领导者相互沟通，选择隶属于学校或俱乐部的相关团体，或就近选择其他组织，为产品和问卷的分布节省一些时间。这种"消费者"模型同样存在一定的局限性。第一，样品不一定代表在地理界限之外的群体的意见。第二，参与者可能互相之间有所了解，并且大家都在一个有规律的基础上互相交谈，因此，不能保证这些意见都具有独立性。即使采用对产品进行任意编码等措施，也不能完全解决问题。第三，除非利用外部力量或一个伪装的实验环境进行交换意见和分配，否则参与者会发现是谁在进行这项检验。此外，这种情况还要注意领导者的个人倾向性或嗜好性对评价结果的影响。

在任何消费者的可接受性检验中，应仔细地挑选参与者，然后再进行产品类项的有规律使用。必须清除群体中那些不是有规律使用产品的人。

由于感官评价工作和评价小组的性质，感官评价小组需要细心维护，同时对于感官评价工作的结果进行审定。例如，将产品调查的问卷收回后会发现，没有使用过产品的人返回的问卷同样是填满的，有的回答没有逻辑，这些都对最终的统计分析结果有影响，要及时发现并剔除这种问卷。其原因可能是由于考虑团体的作用而将问卷草率完成，这就需要对评价小组的关系进行协调，关键是与当地的居民保持良好的关系及密切的联系。完成这一工作要借助领导人的作用。对这些重要的联系人进行培养，使她或他能够尽快地适应这些步骤。

食品最大众化的消费者检验是集中场所的产品检验。该检验提供了有利的、良好的控制条件，职员可以在产品准备和处理方面受到良好的训练。按照指示，很容易掌握和控制样品的检验方法以及回答的方式，很容易在检验站或分散区域隔离回答，以减少外部条件的影响。与家庭使用相比，这种检验更容易保持安全性。

对于香味的检验，检验场所及时长的不同会影响检验结果。如果人们短时处于香气环境中，可能会对香味作出过高的评价结果；如果人们长时间处于香气环境中，可能会对香味作出较低的评价结果。一般而言，在实验室中进行吸气检验来筛选香味好的物质，但这种做法是有问题的，尤其是对功能性食品，其香味必须要接近产品功效的知觉。在风味中也可能发生错误的配比。例如，在牙膏中加入像蜜饯样的风味，这样做对于牙膏的销售就会产生一定的阻力。

一般消费者感官检验有 4 种类型：雇佣消费者模型、当地固定的消费者评价小组、集中场所检验和家庭使用检验。其中雇佣消费者检验是最快、最安全的检验方法，但费用较高，且对于潜在的偏爱项目也有其最大的不利因素，即样品缺乏代表性，检验情况也缺乏现实性等问题。检验方法的选择一方面要考虑时间和资金因素，另一方面要考虑如何得到最有效的信息。

四、家庭使用检验

家庭使用检验可视为终端检验，是消费者检验的最基本单元，也是关乎产品市场定位和消费调查的终端形式，对于产品开发和市场战略定位布局具有重要的参考价值。

家庭使用检验需要组织方提前设计方案，其中许多部分需要与信息的委托人或最终使用者以及一些进行数据收集服务的现场检验代理商进行商谈。感官专业人员的初步方案中会包括样品的尺寸规格、试验设计、参与者的资格、地点和代理商的选择、接见或问卷的形式等内容。启动并操作这个检验过程，有几十个活动内容和指标，包括邀请一个感官专家。多城市的领域检验，其复杂程度和所需要的努力与撰写研究论文的内容十分接近。检验设计中最后要考虑是否包括成对偏爱的问题。在单因素有序检验中，如果在使用之后，接着就提出一个偏爱问题，结果就与参与者的记忆力有关。此外，由于可能有顺序影响问题，因此，成对偏爱比较要考虑参与者记忆及样品呈送顺序带来的影响。

检验设计的内容还包括样本大小、产品数量以及如何比较产品等。领域检验有三种基本设计。当两个产品同时放置时，有时可以进行并行检验。该检验在集中场所检验中的使用频率要高于家庭中。由于并行检验是由同一个人观察两种产品，所以该方法有很大的灵敏性，可以用不同的分数（有依赖性的或配对的 t 检验）或受完全限制（重复的测定）的分析变化来分析数据。但是，在家庭使用检验中同时检验的不止一个产品时，结论就值得仔细考虑，如自我管理，产品的使用、评价的顺序以及问卷的完成等出现错误的概率较高。只有当控制和掌握了产品使用人的交互作用后，才可以使用并行检验。

家庭使用检验是消费者把产品带回家，在日常生活中使用，这更能体现其检验的实用性及真实性。这需要花费大量的时间去建立和执行，如果雇佣第三方检验服务机构去做大部分工作，虽然花费很高，但他们提供的数据结果更为可靠，同时，当家庭成员每天使用所购买的产品时，可以提供更加真实的产品描述结果。

家庭使用检验评价的形成过程为：消费者对所购买的产品经过一段时间的使用后，可以检验在各种场合下产品的表现情况，然后形成一个总体意见，经历这一过程之后，就会迅速正确地评价食品的风味、外观和质地等相关特性，从而可以快速做出相对准确的评价结果。以洗发香波或地板蜡为例，消费者可以看见被处理的物质（在此情况下是指头发和地板）在一段时间的使用过程中是如何维持的。家庭使用为人们在不同情况下，观察产品的使用效果提供了有利的机会。另一个优点是为检验产品和包装的交互作用提供了机会，可能有些产品很好，但其质量与它们的包装设计十分不相称，而家庭使用检验可以很好地检查这一点。

五、检验问卷的设计原则

检验的目标、资金或耗时和其他资源，以及合适的面试形式，决定了检验问卷的设计形式及原则。

1. 面试形式与问题

以个人形式面试可以进行自我管理，也可通过电话进行，两种方法各有利弊。自我管理费用低，但无法探明自由回答者的问题，在回答的混乱与错误程度方面是开放的，不适于那些需要解释的复杂主题，甚至不能保证在回答问题时是否浏览了全部问卷，也可能调查中这个人没有按照问题的顺序回答。自我管理的合作与完成速率都是比较差的。对于不识字的回答者，电话或亲自面试是唯一有效的方法。电话会谈是一个合理的折中方法，但是复杂的多项问题一定要简短、直接。回答者往往要求缩短通话时间，对自由回答的问题可能只有较短的答案。电话会见持续的时间一般短于面对面的情况，有时候会出现回答者过早就终止问题的情况。

与人面试的形式最具灵活性，因为面试者与问卷都清楚地存在着，所以包括标度变化在内的问卷可以很复杂。如果面试者把问卷读给回答者听，也可以采用视觉教具来演示说明标度和标度选择。这个方法虽然费用较高，但效果明显。

2. 设计流程

设计问卷时，首先要设计包括主题的流程图。流程图要求内容详细，包括所有的模型，或者按顺序全部列出主要的问题。让顾客和其他人了解面试的总体计划，有助于他们在实际检验前，回顾所采用的检验手段。

通常应按照以下流程询问问题：①回答者的筛选性问题；②总体接受性问题；③喜欢或不喜欢的理由的问题；④特殊性质的问题；⑤权利、意见和出版物方面的问题；⑥多样品检验（或再检验）的可接受性以及其他标度之间的偏爱；⑦敏感问题。可接受性的最初与最终评价经常是高度相关的，但是如果改变了问题的形式，就有可能出现一些冲突情况。比如，在第一个可接受性的问题中，质地可能是压倒一切的问题；而当以后询问优先权时，可能结论是便利性。这就产生了一些明显的前后矛盾，但它们是消费者检验中的一部分。

3. 面试准则

感官专业人员参加面试要遵循几条准则：第一，要穿着合体，并介绍自己。与回答者建立友好的关系，可以使回答者乐于提供更多的想法。缩短彼此之间的距离，可能会得到更加理想的面试结果。第二，把握好面试时间，切忌超时引起面试者的反感而影响面试效果。第三，如果进行一场个人的面试，请注意个人的言语，不要有不合适的迹象。第四，不要成为问卷的奴隶。如果有利于获得满意的面试效果，可以根据参与者的反应及现场情况灵活调整问卷内容及顺序。

参与者可能不了解某些标度的含义，面试人员可给以合适的比喻以便于理解。有时，由于可选择的回答没有合理的限制，数据结果可能会有很大变异。

面试结束时，应该给参与者补充遗漏的机会，也包括删去以前提到的一些内容。可以用这样的问题引出："你还有其他方面的事情想告诉我吗？"

　　注意：面试是一个社会性的角色互换。面试者永远不要用高人一等的口气对回答者说话，或让她或他感觉自己是个下属。面试者的积极问候，有助于获得回答者真诚的配合及反应，而面试者的口头感激会让回答者觉得他们的意见很重要，使他们更乐于从事这项工作。

4. 问题构建经验法则

　　构建问题并设立问卷时，心中要有几条主要法则。这些简单的法则可以在调查中避免一般性的错误，也有助于确定答案，反映问卷想要说明的问题。不要假设人们知道你所要说的内容，他们会理解这个问题或会从所给的参照系中得到结论。预检手段可以揭露不完善的假设，这些准则列于表 11-2，这里不对其进行详细的解释了。

表11-2　问卷构建的10条法则

序号	法则	序号	法则
1	简洁	6	不要引导回答者
2	词语定义清晰	7	避免含糊
3	不要询问什么是他们不知道的	8	注意措辞的影响
4	详细而明确	9	小心光环效应和喇叭效应
5	多项选择问题之间应该是专有的和彻底的	10	有必要经过预检验

5. 问卷中的其他问题及作用

　　除了关于感官性质或产品行为的满意程度等方面的问卷主题，问卷也应该包括一些可能对顾客有用的、额外的问题。比如参与者的个人嗜好性问题，典型的用词是："全面考虑后，你对产品满意或不满意的程度如何？"可用以下简短的 5 点标度：非常满意、略微满意、既不是满意也不是不满意、略微不满意以及非常不满意。由于标度很短且间隔性质不明确，因此，通常根据频数来进行分析，有时会把两个最高分的选择放入被称为"最高的两个分数"中。注意不要对回答的选择对象规定整数值，不要假定数值有等间隔的性质。最后，可采用 t 检验进行统计分析。

　　问卷中还包括购买意向和连续使用的问题。可以采用这样的问询方式："如果这个产品在一个合适的价位上对你有用，有多少可能你会继续使用它？"一个简单的 3 点或 5 点标度在"非常可能"到"非常不可能"之间的基础上构建，以了解参与者的购买意向及连续使用的可能性。

　　消费者检验过程中也可以探查参与者对产品的看法。例如，对于某护肤产品 X，检验"使皮肤不再干燥"这一陈述的感觉。典型的标度点按以下方式排列：非常同意、同意（或稍微同意）、既没有同意也没有不同意、不同意（或稍微不同意）以及非常不同意。这一信息对产品的广告宣传及消费者对产品的感知和认可具有很重要的价值。

6. 自由回答问题

　　自由回答的问题既有优点也有缺点。优点是限制性小、随机性强，比规定问题能获得更多信息；缺点是信息量大、有效性差，需要认真筛选并慎重决定其是否有进一步利用的价值。关于自由回答的问题，这里就不作系统的阐述和对比分析了。

第二节   市场调查

一、市场调查的目的和要求

市场调查的目的主要有两方面：一是了解市场走向，预测产品形式，即市场动向调查；二是了解试销产品的影响和消费者意见，即市场接受程度调查。两者都是以消费者为对象，所不同的是前者多是对流行于市场的产品而进行的，后者多是对企业所研制的新产品开发而进行的。

感官评价是市场调查的重要组成部分，其许多方法和技巧被大量运用于市场调查中。但是，市场调查不仅是了解消费者是否喜欢某种产品（即食品感官鉴评中的嗜好性试验结果），更重要的是了解其喜欢的原因或不喜欢的理由，从而为开发新产品或改进产品质量提供依据。

二、市场调查的对象和场所

市场调查的对象应该包括所有的消费者。但是，每次市场调查都应根据产品的特点，选择特定的人群作为调查对象。如老年食品应以老年人为主；大众性食品应选高、中和低等收入家庭成员各 1/3；婴幼儿食品除了针对婴幼儿群体之外，其家长的意见也非常重要。营销系统人员的意见也应起很重要的作用。

市场调查的人数每次不应少于 400 人，最好在 1500 ～ 3000 人之间，人员的选定主要采用随机抽样方式，也可采用整群抽样法和分等按比例抽样法，否则有可能影响调查结果的可信度。

市场调查的场所通常是在调查对象的家中，或在大型商场及大型活动场所。复杂的环境条件对调查过程和结果的影响是市场调查组织所应考虑的重要内容之一。

由此可以看出，市场调查与感官鉴评试验无论在人员的数量上，还是在组成上，以及环境条件方面都相差极大。

三、市场调查的方法

市场调查一般是通过调查人员与调查对象面谈来进行的，随着互联网的发展，网上（或微信）问卷调查已成为方便、快捷、低成本的市场调查方法。首先由组织者统一制作答题纸，把要调查的内容写在答题纸上。调查员登门或现场调查时，可以将答题纸交与调查对象，并要求他们根据调查要求直接填写意见或看法；也可以由调查人员根据要求与调查对象进行面对面的问答或自由问答，并将答案记录在答题纸上。网上（或微信）调查应设置合理的问答页面（或公众号、APP 平台等），也可以委托专业的网调公司设计，设计应遵循清晰明了、操作方便的原则。

调查常常采用顺序试验、选择试验、成对比较试验等方法，并将结果进行相应的统计分析，从而分析出可信的结果。

市场调查是企业市场定位、发展规划及新产品开发的重要决策依据，在全球市场竞争越来越激烈的互联互通及高度信息化的时代，发挥着重要作用。

第三节　质量控制

一、产品质量

产品质量是消费者最关心的产品特征之一，也是生产厂商商业获利的重要保障。如果能建立质量与感官评价的关系，对于保证产品质量以及消费者对产品的认可度都具有积极的意义。现在，全面质量管理是工业质量专家推行的任务。

按惯例，利用专家评论或政府的检查员作为产品质量的仲裁人，但研究者大多以消费者的满意程度这个主题作为测试质量的依据。这种方法非常适用于标准日用品，能确保最低水平的产品质量，但无法保证产品具有优良品质。另一个有效的惯例是强调与说明书一致。这种方法适用于耐用品的生产，其品质和表现能通过使用仪器或客观的方式加以测定。

质量的另一个普通定义是"适用"。该定义以消费者对产品感官和表现试验中的可靠性和一致性作为产品质量的评价依据。该方法有利于建立消费者对产品的信任度及认可度。

二、质量控制与感官评价

一旦感官评价与质量控制（QC）相结合以提高生产水平，在感官评价项目中就会出现新的问题。在生产过程中，感官评价要根据生产环境的变化进行相应调整，需要一个灵活、全面，且涵盖原料、成品、包装和货架期的检验系统。如在线感官质量检验很可能需要在很短时间内完成，就不可能由很多评价人员参与，而且只能用少量的质量评价指标来评价。有时由于资源的限制，很可能无法完成一个详细的描述评价和统计分析。

与普通的食品感官评价不同，感官质量控制系统运行的基本要求是在产品感官基础上对标准或忍受限度的重新定义，这需要校准工作，这个过程可能会花费比感官评价小组自己操作更高的费用。另外，为一个产品的感官质量制定参考标准时，也可能会遇到新的困难，比如即便在货架期内，产品的质量也会随着时间的延长而变化。同时，在评价小组和校准研究中使用的消费者参照系会发生季节性的偏差和变化。这就使得备选标准产品的感官特性难以确定。

进行感官质量控制项目时需要处理与仪器分析的关系。许多负责质量控制的领导者和个人曾受过有关分析化学或流变学分析的培训，更倾向于从产品说明书或仪器分析数据中得出一定结论。感官专业人员要使他们认识到，进行质量评价时感官的重要性以及在市场中的重要作用。同时，应该提示某些感官性质与仪器分析结果之间不是线性相关的，而且化学分析及仪器测定是无法替代感官检验的。

感官质量控制与传统的质量控制不同。传统的质量控制假设一批产品中的任意个体是相同的，可以根据仪器测定和小组评价结果，得出质量评价；而感官质量控制选择大量不同背景人群，检测人们感官评定的平均分数。在仪器测定中，一个人可以取出数百个产品样品，分别对每一个产品进行测定；而在感官质量控制中，通过采用科学的取样方法，对每种产品只取一个样品，但是必须经过多重的测定。

三、感官质量控制项目开发与管理

　　感官评价部门在项目早期应考虑感官质量控制项目的费用和实践内容，还必须经过详细的研究与讨论，形成具体的方案。通常在初始阶段把所有的研究内容分解成子项目中的各种因素，这有助于完整、详细地完成项目开发。

1. 设定承受限度

　　这是项目的第一个管理主题。管理部门可以自己进行评价并设置限度。由于没有参与者，这个操作非常迅速而简单。但管理者与消费者的需求未必一致，而且，由于利益问题，对已经校准的项目，管理者可能不会随消费者的要求改进，这会给项目实施带来一定的麻烦。

　　一种安全有效的方法是由消费者（参与者）设定及校准，可以把有代表性的产品交由消费者评定校准，包括可能存在的已知缺点，以及过程和因素变化的全部范围。这种方法的缺点是耗时长、费用高。另一种校准方法是由有经验的个人去定义感官说明书和限度。该方法要求设定人具有丰富的经验，以确保他们的判断结果与消费者的意见是一致的。

2. 费用相关因素

　　第二个主题是费用问题。感官质量控制项目需要一定花费，还要包括品尝小组进行评价的时间成本。感官质量控制项目的内容相当复杂，不熟悉感官检验的生产行政部门很容易低估感官检验的复杂性、时间成本以及小组启动和小组辩论筛选的费用，并且忽视对技术人员和小组领导人的培训工作。

　　时间成本的计算相对比较复杂，一般的企业通常不设置专门的感官检验机构及人员，进行感官检验主要是利用工作时间之外的个人时间。如果管理部门合计了进行感官检验的所有时间，包括培训技术人员及检验者的时间，甚至要计算走到检验场所需要花费的时间，有可能会让行政部门重新考虑员工薪水以及其他的经济成本问题。所以，时间安排需仔细进行。

3. 完全取样的问题

　　第三个主题是取样问题。合理的取样管理在保证产品质量的同时，可以避免因过度检验而产生不必要的费用。传统质量控制项目，会根据产品的所有阶段，在每个批次和每项偏差中分别取样测定，这种方式耗时长、费用高，且对于感官检验不具有实际意义。质量控制工作的目的是避免不良批次的产品流入市场，比较科学的取样方法是多批次随机取样，单批次重点重复取样，以足够样品数量，通过对照的感官评价步骤，由受过良好训练的质量控制评价小组评价，才能保证获得维持检验的高敏感度及产品质量。

4. 全面质量管理

第四个主题是全面质量管理问题，这需要感官质量管理与其他质量管理协同进行。感官质量管理机构与企业其他质量管理部门（如理化指标检测部门）之间密切合作，互相弥补各自的不足，形成一套完整的质量管理体系，方可实现全面质量管理。

5. 如何确保项目连续性

为确保感官质量控制项目实施的连续性，需要做好以下几个方面的工作：感官评价所需设备需要由专人定期维护、校正，并且放置在一个不移动的固定位置上；要对感官质量控制小组成员进行定期考评及再训练；定期对参考标准进行校正和更换，避免由于实际情况变化造成标准下降，以及确保评价结果不发生负偏差等问题。

6. 感官质量控制系统的特征

感官质量控制系统的特定任务包括小组辩论的可用性和专家意见、参考材料的可用性以及时间限制等方面的研究。一定要在客观条件下进行评价小组人员的筛选和训练。取样计划一定要在与样品处理和贮存标准步骤一致的前提下进行开发和实施。数据处理、报告的格式、历史的档案和轨迹，以及评价小组的监控都是非常重要的任务。系统应该有一定的特征以维持评价步骤自身的质量。下面通过例子加以说明。

Gillette 和 Beekley（1994）列出了在一个管理良好的工厂中，感官质量控制项目中的 8 条要求，以及其他 10 项令人满意的特征（见表 11-3）。其中包括从组分供应商的看法到主要的食品制造商的看法，可以进行修改后用于其他制造情况。感官质量控制项目必须包括人们对产品的评价情况，且供应商和消费者应该都能接受；应该考虑偏差的可接受范围，即承认有些产品可能达不到优质的标准，但消费者仍能接受；同时，项目必须能检验出不能接受的产品，这是进行感官质量控制项目的主要目的；定义可接受与不可接受范围，需要进行如前所述的校准研究。这些要求也是所有供应商采用和执行的，并允许消费者进行监控。

表11-3　感官质量控制项目中的要求

感官质量控制项目中的 8 条要求	其他 10 项令人满意的特征
1. 对所有供应商简单、足够的体系	1. 有参考标准或能分阶段进行
2. 允许消费者的监控、审核	2. 最低的消费
3. 详细说明一个可接受的偏离范围	3. 转移到可能的仪器使用方法中
4. 识别不可接受的生产样品	4. 提供快速的直接用于在线的修正
5. 消费者管理的可接受系统	5. 提供定量的数据
6. 容易联系的结论，如以图例表示	6. 与其他质量控制方法的连接
7. 供应商能接受	7. 可转移到货架寿命的研究中
8. 包括人们的评价	8. 应用于原材料的质量控制中
	9. 具有证明了的轨迹记录
	10. 反馈的消费者意见

四、感官质量控制方法

前面系统介绍了感官质量控制的基本思想、系统特征及项目开发和管理等内容，阐述了感官质量控制在保障产品质量方面的重要作用。而采用什么方法才能做好感官质量控制，这才是感官质量控制问题的关键，下面详细介绍感官质量控制方法。

1. 规格内外方法

Munoz 等（1992）对感官质量评估方法进行了讨论，他们描述的最简单的方法之一就是规格内外方法。该方法是在现场与劣质产品进行简单比较的方法，评价小组成员经过训练后，能够识别定义为"规格之外"的产品性质，以及被认为是"规格之内"的产品性质范围，这就增强了该标准的一致性，从而判断产品质量是在"规格之内"还是"规格之外"。下面通过一个例子加以说明。

评价小组包括来自管理队伍的公司职员（4～5人）。每次会议中，在没有标准和对照的前提下，评价小组需要评估大量的生产样品（20～40个），并且对每一个产品都要进行讨论，以决定它是在规格之"内"还是之"外"。在该项目中，没有界定的产品评估规定或方针，也没有对评估人员进行训练或产品定向。每个评价小组成员在其个人经验以及对生产熟悉程度的基础上作出结论，或以评价小组中最高等级的评价员的意见为基础作出决定，通过自训练和学习，完成产品的内外评价。

规格内外方法的主要优点在于具有突出的简单性，特别适用于简单产品或特性变化不大的产品评价。缺点就是标准设置问题，而且，由于这个方法无须提供拒绝或失败的理由，因此在确定问题时会缺乏方向性，数据与其他测定结果联系性差。对于评价小组，具有分析能力而且在寻找问题的同时要提供产品质量的整体综合判断是相当困难的，所以，比较而言评价结果的可靠性不高。

2. 根据标准评估产品差别度

感官质量控制的第二个主要方法是根据标准产品或对照产品的情况，评估整体产品的差别度。如果维持一个恒定的优质标准进行比较，这种方法是有效可行的，能够很好地评估整体产品的差别度。这种方法也很适合于分析产品变化，其步骤可以参照 Aust 等（1985）在论文中评估所用的简单标度，如下所示：

☐   ☐   ☐   ☐   ☐   ☐   ☐   ☐   ☐   ☐   ☐

与标准完全不同   与标准完全一样

需要说明的是，为达到快速分析的目的，该标度可以适当变化和调整，有时会利用不同程度差别的其他口头描述来标记标度中的其他点。其变化和调整可以通过参考范围的训练来完成：评价小组成员要在训练过程中，挑选出能代表大部分或全部标度点的样品，这样就能对消费者的意见或消费者品尝后作出的选择进行交叉参考（Munoz 等，1992）。而且在项目发展的初期，可以根据消费者的意见进行校正。

简单的整体差别标度可以与具有单一变化性质的简单产品良好匹配。对于更复杂的或不同种类的产品而言，可能需要添加进一步的描述标度。当然，这也增加了评价小组成员进行训练、数据分析以及设置行为标准的难度。

盲标控制是这个步骤中的重要部分。在每个检验会议中，应该设置一部分标准的盲标样品，并与带有商标的样品进行比较分析，这有助于建立标度响应的基线，因为人们很少会把两个产品当作完全相同的样品进行评估。此外，在 Aust 等（1985）的原始文献中，还增设相同生产过程但不同批次的产品作为对照样品。这样，根据回答的偏差，或者在标准评估以内的变化，以及不同批次之间产品的变化情况，人们就能测定出被检产品的变化情况。这种方法有利于对不同生产点的产品进行比较。

这种检验方法的主要缺点是：如果人们只使用单一标度进行评估，就无须提供有关差别理由的判定信息。这一缺点可以通过针对特殊性质和缺点进行明确训练，或者把全体所得的成绩分解为因素等过程加以抵消。

3. 质量评估方法

第三种方法就是使用质量评估的方法。这需要评价小组部分成员进行更复杂的判断步骤，因为这样做不仅可以使事情更具有差别性，而且还可以研究是如何决定产品质量的。

使用质量评估方法，要求受过训练的评价人员或专家具备三方面主要技能：第一，专家评估一定要坚持心里的标准，即理想的产品是根据感官属性而来的；第二，评估者一定要学习如何预测和鉴定产品的缺点，如劣质成分、粗劣的处理或生产实践、微生物问题、贮存方法的滥用等；第三，评估者需要了解每项缺点在不同水平上的影响程度，以及它们是如何降低产品整体质量的，这种情况经常按照推论形式出现。

质量评估的一般特性如下：标度直接代表了人们对质量的评估，这优于简单的感官差别，同时还可以使用像"从劣质到优秀"这样的词语。另外，用词本身也是一种激励因素，就像它给予评价员一个印象一样，有利于他们快速作出决定。除了整体的质量评价之外，人们还能够对产品单一性质进行评估，例如，产品的质地、风味、外观等的质量指标。

这种方法的优点是速度快、费用低，其缺点是定量化评价不够准确。所以，这种方法基本上是一种定性评价方法，需要和其他方法配合使用，才能获得一个可靠的评价结果。

4. 描述性分析

感官质量控制的第四种方法是一种描述性的分析方法。目标是由受过训练的评价小组成员提供个人的感官性质强度评估，重点是单一属性的可感知强度，而不是质量上的整体差别。人们如果进行单一感官属性的强度评估，需要一个分析的思维框架，并要把注意力集中于将感官经验分解成几个成分的内容上。

与总体质量评估或整体差别评估不同，质量和差别评估需要把全部感官经验整合成一个整体分数。在以研究为目的的描述性分析中，人们对产品进行比较时，为了完整地说明感官性质，经常需要利用技术对所有的感官特性进行评估。为达到质量控制的目的，需要对重要性质特别关注。

描述性分析同其他方法一样，需要进行校准。评价标准要由消费者和 / 或管理部门参与，进行描述性的详细说明，它由产品重要特性中强度的不同分数所组成。表 11-4 举例说明了一项关于马铃薯片的描

述性评价及其感官情况说明，综合消费者和／或管理部门的输入数据，在校准研究中进行具体的测定。

表11-4　基于描述性详细说明的马铃薯片样品描述评价表（Munoz等,1992，有删节）

项目		小组分数	可接受范围
外观	色泽强度	4.7	3.5 ~ 6.0
	平均色泽	4.8	6.0 ~ 12.0
	平均大小	4.1	4.0 ~ 8.5
风味	纸板味	5.0	3.0 ~ 5.0
	着色过度	0.0	0.0 ~ 1.0
	咸味浓	12.3	8.0 ~ 12.5
质地	硬度	7.5	6.0 ~ 9.5
	脆性	13.1	10.0 ~ 15.0
	稠密度	7.4	7.4 ~ 10.0

描述性分析对评价员的要求较高，评价小组要接受广泛训练。应该向评价小组成员展示参考标准，并让他们学习关键属性的含义。一定要向他们展示强度标准，以便他们能够把定量评估与强度标度对应结合，但不一定向他们展示标有"规格内"或"规格外"等标记的样品，可以在强度评估的训练中使用这类样品，但最好由生产管理者来决定实际的中止点。可如果评价小组成员知道用于实际情况的水平，则会向可接受范围以内的分数倾斜。

这种方法有三个主要优点。第一个优点是描述性说明书中，定量化评价有助于建立与其他测定值（如仪器分析）的相关性。第二个优点是评价结果不受或很少受到个体评价结果波动或感官强度变化的影响。第三个优点是由于对特殊的性质进行了评估，因此很容易推断出缺陷的来源以及修正的方法。这要优于一个总体分数，它能更好地把质量评价结果与成分和过程的因素紧密结合。

这种方法的缺点是：评价小组成员的训练费时、费力，且培训成本高。另外，一些不包括在分数卡和／或训练安排以外的性质，可能会发生这样或那样的问题。

5. 带有品质标度的质量评分

以上是四种主要的方法。Gillette和Beekley在1994年食品技术人员协会的会议中，提出了介于质量评估方法和全面的描述性方法之间的一个合理的折中办法，这个办法的核心是一个总体质量标度。下面通过示例进行说明。

在Gillette和Beekley所述的方法中，主要的标度以这种方式出现：

1	2	3	4	5	6	7	8	9	10
拒绝		不能接受			能接受			相称	

在这个标度中，明显不符合要求而需要立即处理的产品只能得 1 ~ 2 分。

不能接受但可以重新生产或返混的产品，其得分的范围在 3～5 分。在线评价过程中，这些产品将不能作为成品出厂，而是被重新生产或返混。如果样品与标准样品有所区别，但仍在可接受的范围以内，它们的得分在 6～8 分之间；而与标准品几乎相一致或被认为是完全一样的产品则分别得 9 或 10 分。根据 Munoz 等人（1992）的理论，这里使用"可接受"和"不可接受"的术语是不合适的，因为它给评价小组成员提供了产品可以通过或不能通过的标准印象，并且他们感觉到有责任对产品合格与否作出决定。

这种方法的优点在于它在利用全面评估结果方面，以及在拒绝使用产品时提供的额外性质标度方面，所具有的外在简单性。同其他的方法一样，在人员进行培训之前，一定要明确产品边界以及优质样品的选择标准；一定要向进行试验的对象展示已被定义过的样品，以帮助他们建立标准产品的概念界限，即要向评价小组成员展示产品的承受范围。

然而，仅仅利用简单的全面判断就得出结论未必可靠，因为它们的许多性质存在高度复杂的变化，同时还要考虑从总体评价中剔除个人的好恶印象。

此外，为了使评价人员的感官具有高度的敏锐性，同时又具有一个良好的训练制度，要对评价小组成员进行必要的筛选。关于评价员的筛选、培训以及评价结果的统计分析等实施方法，请读者参阅本书中的相关内容，这里就不再一一赘述了。

6. 实践要点

下面列出的是感官质量评价中优选的实践准则。

（1）感官质量检验的 10 条准则

① 建立最优质量标准（优质标准）以及可接受和不可接受产品的范围标准。

② 如果可能，要利用消费检验来校准这些标准。方法是：项目组先设置一个标准，然后有针对性地选择消费者进行检验，并根据消费者的意见加以修正。

③ 一定要对评价员进行训练，如让他们熟悉标准以及可接受变化的界限。

④ 可以使用针对强度或标度的清单，训练评价员如何获得缺陷样品的判定信息。

⑤ 不可接受产品的标准应该包括原料、加工过程及包装等所有方面的缺陷和偏差。

⑥ 总是应该从至少几个辩论小组中收集数据。在理想情况下，收集有统计意义的数据（每个样品 10 个或更多个观察结果）。

⑦ 检验的程序应该遵循优良感官实践的准则：隐性检验、合适的环境、检验控制、随机的顺序等。

⑧ 在每个检验中，都要引入标准的盲标用于检查评价员的评估准确性。

⑨ 隐性重复可以检验评价员的可靠性。

⑩ 有必要建立小组评论的协议。如果发生不可接受的变化或争议，要保证评价员可以进行再训练。

（2）感官评估中参与的准则（由 Nelson 和 Trout 修改，1964）

① 身体和精神状态良好。

② 了解分数卡。

③ 了解缺陷以及设定的强度范围。

④ 对于一些食品和饮料而言，打开样品容器后立即品评香气。

⑤ 品尝足够的数量。

⑥ 注意风味的顺序。

⑦ 品评不同情形的同种产品及不同类型的产品要漱口。

⑧ 集中注意力。仔细考虑你的感知，给出合理的语言描述或标度值。

⑨ 不要批评太多。而且，不要过分关注标度中点。

⑩ 不要改变你的想法。第一印象往往是最有价值的，特别是对香气而言。

⑪ 评估之后检查一下你的评分。回想一下你是如何工作的。

⑫ 对自己诚实。面对其他意见时，坚持你自己的想法。

⑬ 要实践。试验和专家意见来得较慢，要有耐心。

⑭ 要专业。避免不正式的实验室玩笑和自我主义的错误。坚持合适的试验管理，提防歪曲的"试验"。

⑮ 在参与前至少 30min 不要吸烟、喝酒或吃东西。

⑯ 不要洒香水和修面等。避免使用有香气的肥皂和洗手液。

在所有的感官检验中，都应该对样品进行盲标，并按照不同的任意顺序提供给评价小组。如果把生产人员也编入评价小组成员中，他们已经知道所要进行评估的一些产品性质，那么一定要安排另一个技术人员对他们进行盲标，并把隐含的对照样插入到检验设置中。需要特别注意的是，供样人绝对不能参与样品编码及评价工作。设备应该没有气味，并且不会造成迷惑。评价人员应该在带有简单构筑物或离析器的、干净的感官检验环境中进行评估，既不能在分析仪器实验室的实验桌上进行评估，也不能在生产车间进行评估。评估者应该品尝有代表性的产品，既不是最后批次的产品，也不是其他生产不规范的产品。

可以将经过处理的其他准则应用于评估者或辩论小组。应该筛选、证明，并用合适的动机激励评价小组成员。一定不要在一天里给他们加上过重的负担，或者要求他们检验太多的样品。按照有规则的时间间隔，进行评价小组的轮转，这样可以减轻他们的厌倦感。评价员应该处于良好的身体状态下，如没有伤风或过敏等疾病。他们不应该受到来自检验中出现的其他问题的干扰，应处于放松状态，并能够对即将到来的任务集中精力。一定要训练他们能识别产品的品质、得分水平以及了解分数卡。评估结束以后，评价小组会向人们提供讨论的反馈意见，以利于正在进行的校正工作顺利进行。但是，如果评价小组成员由一些生产人员组成，由于他们对产品及其生产过程非常了解，因此一方面会产生带有倾向性及个人偏好性的评价结果，另一方面评价小组成员可能不愿意"捣乱"而指出问题，从而无法唤起人们对问题的注意。无论哪个方面的问题，都要引起足够的重视。

数据应该由可能的时间间隔内的标度测定结果所组成。如果利用了大规模的评价小组（10 个或更多个评价者组成），需要进行统计分析，并可以通过一定的方式和标准误差对数据进行总结。如果利用了非常小规模的评价小组，数据只能作定性处理。应该报告个别分数的频率数，并把它考虑在行为标准之内。要考虑对局外分数的删除，但是如上所述，一些作为少数意见的低分数样品可能预示着一个重要的问题，这就需要在剔除少数局外分数时慎重考虑。当存在很强烈的争论或者评价小组的成员发生高度的变化时，有可能要进行重新品尝，以保证结果的可靠性。

总之，与传统质量控制相比，感官质量控制具有覆盖面宽、设备投资少、实施费用低等优点。随着感官科学的不断发展及应用领域的不断拓展，感官评价在产品质量控制中将会发挥越来越重要的作用。

第四节　新产品开发

新产品的开发包括若干阶段，对这些阶段进行确切划分是很难的，它与环境条件、个人习惯及产品特性等都有密切关系。但总体来说，一个新产品从设想构思到商品化生产，基本上要经过如下阶段：①设想构思；②研制；③鉴评；④消费者抽样检查；⑤货架期研究；⑥包装；⑦生产；⑧试销；⑨商品化。当然，这些阶段并非一定按顺序进行，也并非必须进行全部阶段。实际工作中应根据具体情况灵活运用，可以调整前后顺序，也可以几个阶段结合进行，甚至可以省略其中部分阶段。但无论如何，目的只有一个，那就是开发出适合于消费者、企业和社会的新产品。

一、设想构思阶段

设想构思阶段是第一阶段，它可以包括企业内部的管理人员、技术人员或普通工人的"突发奇想"的想象，以及竭尽全力的猜想，也可以包括特殊客户的要求和一般消费者的建议及市场动向调查等。为了确保设想的合理性，需要动员各方面的力量，从技术、费用和市场角度，经过若干月甚至若干年的可行性评价后才能作出最后决定。

二、研制和鉴评阶段

现代新食品的开发不仅要求味美、色适、口感好、货架期长，而且还要求营养性和功能性，因此这是一个极其重要的阶段。同时，研制开发过程中，食品质量的变化必须由感官鉴评来进行，只有不断地发现问题，才能不断改进，研制出适宜的食品。因此，新食品的研制必须要与鉴评同时进行，以确定开发中的产品在不同阶段的可接受性。

新食品开发过程中，通常需要两个评价小组：一个是经过若干训练或有经验的评价小组，对各个开发阶段的产品进行评价（差异识别或描述）；另一个评价小组由小部分消费者组成，以帮助开发出受消费者欢迎的产品。

三、消费者抽样调查阶段

即新产品的市场调查。首先送一些样品给一些有代表性的家庭，并告知他们调查人员过几天再来询问他们对新产品的看法如何。几天后，调查人员登门拜访收到样品的家庭并进行询问，以获得关于这种新产品的信息，了解他们对该产品的想法、是否购买、价格估计、经常消费的概率。一旦发现该产品不太受欢迎，那么继续开发下去将会有较大风险，但通过抽样调查往往会得到改进产品的建议，这些将增加产品在市场上成功的希望。

四、货架期和包装阶段

食品必须具备一定的货架期才能成为商品。食品的货架期除与本身加工质量有关外，还与包装有着不可分割的关系。包装除了具有吸引性和方便性外，还具有保护食品、维持原味、抗撕裂等作用，是保

第十一章

证食品质量的重要手段之一。

五、生产阶段和试销阶段

在产品开发工作进行到一定程度后，就应建立一条生产线了。如果新产品已进入销售试验，那么等到试销成功再安排规模化生产并不是明智之举。许多企业往往在小规模的中试期间就生产销售试验产品了。

试销是大型企业为了打入整个市场之前避免风险而设计的。大多数中小型企业的产品在当地销售，一般并不进行试销。试销方法也与感官鉴评方法有关联。

六、商品化阶段

商品化是决定一种新产品成功与否的最后一举。新产品进入什么市场、怎样进入市场有着深奥的学问。这涉及很多市场营销方面的策略，其中广告就是重要的手段之一。在此不再展开说明了。

第五节　主要食品与食品原料的感官鉴别要点及应用举例

在日常生活中，应用感官检验手段来鉴评食品及食品原料的质量优劣是简单易行的有效方法。而且，有些食品在轻微变质时，精密仪器有时难以检出，但通过人体的感觉器官却可以敏感地判断出来，因此，食品质量感官鉴评在某种程度上具有极高的敏感度。另外，食品感官鉴评不像理化分析及仪器测试那样需要相应的药品、工具和仪器设备，且速度快、效率高，是其他方法所无法替代的。本节将对日常生活中常见的主要食品及食品原料的感官检验方法及特点进行相应的介绍，并对常见食品及食品原料的感官检验实施方法进行举例说明。

一、畜禽肉的感官鉴别要点及应用举例

1. 畜禽肉的感官鉴别要点

对畜禽肉进行感官鉴别时，一般按照如下顺序进行：首先是眼观其外观、色泽，特别应注意肉的表面和切口处的颜色与光泽，有无色泽灰暗，是否存在淤血、水肿、囊肿和污染等情况；其次是嗅肉品的气味，不仅要了解肉表面上的气味，还应感知其切开时和试煮后的气味，注意是否有腥臭味；最后是用手指按压、触摸以感知其弹性和黏度，结合脂肪以及试煮后肉汤的情况，才能对肉进行综合性的感官评价和鉴别。

2. 畜禽肉的感官鉴别应用举例

（1）鲜猪肉质量的感官鉴别

① 外观鉴别。

新鲜猪肉——表面有一层微干或微湿的外膜，呈暗灰色，有光泽，切断面稍湿、不粘手，肉汁透明。

次鲜猪肉——表面有一层风干或潮湿的外膜，呈暗灰色，无光泽，切断面的色泽比新鲜的肉暗，有黏性，肉汁混浊。

变质猪肉——表面外膜极度干燥或粘手，呈灰色或淡绿色、发黏并有霉变现象，切断面也呈暗灰或淡绿色、很黏，肉汁严重混浊。

② 气味鉴别。

新鲜猪肉——具有鲜猪肉正常的气味。

次鲜猪肉——在肉的表层能嗅到轻微的氨味、酸味或酸霉味，但在肉的深层却没有这些气味。

变质猪肉——腐败变质的肉，不论在肉的表层还是深层均有腐臭气味。

③ 弹性鉴别。

新鲜猪肉——新鲜猪肉质地紧密却富有弹性，用手指按压凹陷后会立即复原。

次鲜猪肉——肉质比新鲜肉柔软、弹性小，用手指按压凹陷后不能完全复原。

变质猪肉——腐败变质肉由于自身被分解严重，组织失去原有的弹性而出现不同程度的腐烂，用手指按压后凹陷，不但不能复原，有时手指还可以把肉刺穿。

④ 脂肪鉴别。

新鲜猪肉——脂肪呈白色，具有光泽，有时呈肌肉红色，柔软而富有弹性。

次鲜猪肉——脂肪呈灰色，无光泽，容易粘手，有时略带油脂酸败味和哈喇味。

变质猪肉——脂肪表面污秽、有黏液，霉变呈淡绿色，脂肪组织很软，具有油脂酸败气味。

⑤ 煮沸后的肉汤鉴别。

新鲜猪肉——肉汤透明、芳香，汤表面聚集大量油滴，油脂的气味和滋味鲜美。

次鲜猪肉——肉汤混浊，汤表面浮油滴较少，没有鲜香的滋味，常略有轻微的油脂酸败的气味及味道。

变质猪肉——肉汤极混浊，汤内漂浮着有如絮状的烂肉片，汤表面几乎无油滴，具有浓厚的油脂酸败或显著的腐败臭味。

（2）冻猪肉（解冻后）质量的感官鉴别

① 色泽鉴别。

良质冻猪肉——肌肉色红、均匀，具有光泽，脂肪洁白，无霉点。

次质冻猪肉——肌肉红色稍暗，缺乏光泽，脂肪微黄，可有少量霉点。

变质冻猪肉——肌肉色泽暗红，无光泽，脂肪呈污黄或灰绿色，有霉斑或霉点。

② 组织状态鉴别。

良质冻猪肉——肉质紧密，有坚实感。

次质冻猪肉——肉质软化或松弛。

变质冻猪肉——肉质松弛。

③ 黏度鉴别。

良质冻猪肉——外表及切面微湿润，不粘手。

次质冻猪肉——外表湿润，微粘手，切面有渗出液，但不粘手。

变质冻猪肉——外表湿润，粘手，切面有渗出液且粘手。

④ 气味鉴别。

良质冻猪肉——无臭味，无异味。

次质冻猪肉——稍有氨味或酸味。

变质冻猪肉——具有严重的氨味、酸味或臭味。

（3）鲜牛肉质量的感官鉴别

① 色泽鉴别。

良质鲜牛肉——肌肉有光泽，红色均匀，脂肪洁白或淡黄色。

次质鲜牛肉——肌肉色稍暗，用刀切开截面尚有光泽，脂肪缺乏光泽。

② 气味鉴别。

良质鲜牛肉——具有牛肉的正常气味。

次质鲜牛肉——牛肉稍有氨味或酸味。

③ 黏度鉴别。

良质鲜牛肉——外表微干或有风干的膜，不粘手。

次质鲜牛肉——外表干燥或粘手，用刀切开的截面上有湿润现象。

④ 弹性鉴别。

良质鲜牛肉——用手指按压后的凹陷能完全恢复。

次质鲜牛肉——用手指按压后的凹陷恢复慢，且不能完全恢复到原状。

⑤ 煮沸后的肉汤鉴别。

良质鲜牛肉——肉汤透明澄清，脂肪团聚于肉汤表面，具有牛肉特有的香味和鲜味。

次质鲜牛肉——肉汤稍有混浊，脂肪呈小滴状浮于肉汤表面，香味差或无鲜味。

（4）冻牛肉（解冻后）质量的感官鉴别

① 色泽鉴别。

良质冻牛肉——肌肉色红均匀，有光泽，脂肪白色或微黄色。

次质冻牛肉——肌肉色稍暗，肉与脂肪缺乏光泽，但切面尚有光泽。

② 气味鉴别。

良质冻牛肉——具有牛肉的正常气味。

次质冻牛肉——稍有氨味或酸味。

③ 黏度鉴别。

良质冻牛肉——肌肉外表微干或有风干的膜，或外表湿润，但不粘手。

次质冻牛肉——外表干燥或轻微粘手，切面湿润粘手。

④ 组织状态鉴别。

良质冻牛肉——肌肉结构紧密，手触有坚实感，肌纤维的韧性强。

次质冻牛肉——肌肉组织松弛，肌纤维有韧性。

⑤ 煮沸后的肉汤鉴别。

良质冻牛肉——肉汤澄清透明，脂肪团聚于表面，具有鲜牛肉汤固有的香味和鲜味。

次质冻牛肉——肉汤稍有混浊，脂肪呈小滴浮于表面，香味和鲜味较差。

（5）鲜羊肉质量的感官鉴别

① 色泽鉴别。

良质鲜羊肉——肌肉有光泽，红色均匀，脂肪洁白或淡黄色，质坚硬而脆。

次质鲜羊肉——肌肉色稍暗淡，用刀切开的截面尚有光泽，脂肪缺乏光泽。

② 气味鉴别。

良质鲜羊肉——有明显的羊肉膻味。

次质鲜羊肉——羊肉稍有氨味或酸味。

③ 弹性鉴别。

良质鲜羊肉——用手指按压后的凹陷能立即恢复原状。

次质鲜羊肉——用手指按压后凹陷恢复慢，且不能完全恢复到原状。

④ 黏度鉴别。

良质鲜羊肉——外表微干或有风干的膜，不粘手。

次质鲜羊肉——外表干燥或粘手，用刀切开的截面上有湿润现象。

⑤ 煮沸后的肉汤鉴别。

良质鲜羊肉——肉汤透明澄清，脂肪团聚于肉汤表面，具有羊肉特有的香味和鲜味。

次质鲜羊肉——肉汤稍有混浊，脂肪呈小滴状浮于肉汤表面，香味差或无鲜味。

（6）冻羊肉（解冻后）质量的感官鉴别

① 色泽鉴别。

良质冻羊肉——肌肉颜色鲜艳，有光泽，脂肪呈白色。

次质冻羊肉——肉色稍暗，肉与脂肪缺乏光泽，但切面尚有光泽，脂肪稍微发黄。

变质冻羊肉——肉色发暗，肉与脂肪均无光泽，切面亦无光泽，脂肪微黄或淡污黄色。

② 黏度鉴别。

良质冻羊肉——外表微干或有风干膜，或湿润但不粘手。

次质冻羊肉——外表干燥或轻度粘手，切面湿润而粘手。

变质冻羊肉——外表极度干燥或粘手，切面湿润发黏。

③ 组织状态鉴别。

良质冻羊肉——肌肉结构紧密，有坚实感，肌纤维韧性强。

次质冻羊肉——肌肉组织松弛，但肌纤维尚有韧性。

变质冻羊肉——肌肉组织软化、松弛，肌纤维无韧性。

④ 气味鉴别。

良质冻羊肉——具有羊肉正常的气味（如膻味等），无异味。

次质冻羊肉——稍有氨味或酸味。

变质冻羊肉——有氨味、酸味或腐臭味。

⑤ 煮沸后的肉汤鉴别。

良质冻羊肉——澄清透明，脂肪团聚于表面，具有鲜羊肉汤固有的香味或鲜味。

次质冻羊肉——稍有混浊，脂肪呈小滴浮于表面，香味、鲜味均差。

变质冻羊肉——混浊，脂肪很少浮于表面，有污灰色絮状物悬浮，有异味甚至臭味。

第十一章

二、蛋和蛋制品的感官鉴别要点及应用举例

1. 蛋和蛋制品的感官鉴别要点

鲜蛋的感官鉴别分为蛋壳鉴别和打开鉴别。蛋壳鉴别包括眼看、手摸、耳听、鼻嗅等方法，也可借助于灯光透视进行鉴别。打开鉴别是将鲜蛋打开，观察其内容物的颜色、稠度、性状，有无血液、胚胎是否发育，有无异味和臭味等。

蛋制品的感官鉴别指标主要有色泽、外观形态、气味和滋味等，同时应注意杂质、异味、霉变、生虫和包装等情况，以及是否具有蛋品本身固有的气味或滋味。

2. 鲜蛋质量的感官鉴别应用举例

（1）蛋壳的感官鉴别

① 眼看　即用眼睛观察蛋的外观形状、色泽、清洁程度等。

良质鲜蛋——蛋壳清洁、完整、光亮，壳上有一层白霜，色泽鲜明。

次质鲜蛋——一类次质鲜蛋：蛋壳有裂纹、格窝现象，蛋壳破损、蛋清外溢或壳外有轻度霉斑等。二类次质鲜蛋：蛋壳发暗，壳表破碎且破口较大，蛋清大部分流出。

劣质鲜蛋——蛋壳表面的粉霜脱落，壳色油亮，呈乌灰色或暗黑色，有油样浸出，有较多或较大的霉斑。

② 手摸　即用手摸索蛋的表面是否粗糙，掂量蛋的轻重，把蛋放在手掌心上翻转等。

良质鲜蛋——蛋壳粗糙，重量适当。

次质鲜蛋——一类次质鲜蛋：蛋壳有裂纹、格窝或破损，手摸有光滑感。二类次质鲜蛋：蛋壳破碎、蛋清流出。手掂重量轻，蛋拿在手掌上翻转时总是一面向下（贴壳蛋）。

劣质鲜蛋——手摸有光滑感，掂量时过轻或过重。

③ 耳听　就是把蛋拿在手上，轻轻抖动使蛋与蛋相互碰击，细听其声；或是手握蛋摇动，听其声音。

良质鲜蛋——蛋与蛋相互碰击声音清脆，手握蛋摇动无声。

次质鲜蛋——蛋与蛋碰击发出哑声（裂纹蛋），手摇动时内容物有流动感。

劣质鲜蛋——蛋与蛋相互碰击发出嘎嘎声（孵化蛋）、空空声（水花蛋）；手握蛋摇动时内容物有晃荡声。

④ 鼻嗅　用嘴向蛋壳上轻轻哈一口热气，然后用鼻子嗅其气味。

良质鲜蛋——有轻微的生石灰味。

次质鲜蛋——有轻微的生石灰味或轻度霉味。

劣质鲜蛋——有霉味、酸味、臭味等不良气味。

（2）鲜蛋的灯光透视鉴别　灯光透视是指在暗室中用手握住蛋体紧贴在照

蛋器的光线洞口上，前后上下左右来回轻轻转动，靠光线的帮助看蛋壳有无裂纹、气室大小、蛋黄移动的影子、内容物的澄明度、蛋内异物，以及蛋壳内表面的霉斑、胚胎的发育等情况。

在市场上无暗室和照蛋设备时，可将手电筒围上暗色纸筒（照蛋端直径稍小于蛋）进行鉴别。如有阳光也可以用纸筒对着阳光直接观察。

良质鲜蛋——气室直径小于 11mm，整个蛋呈微红色，蛋黄略见阴影或无阴影，且位于中央，不移动。蛋壳无裂纹。

次质鲜蛋——一类次质鲜蛋：蛋壳有裂纹，蛋黄部呈现鲜红色小血圈。二类次质鲜蛋：透视时可见蛋黄上呈现血环，环中及边缘呈现少许血丝，蛋黄透光度增强而蛋黄周围有阴影。气室大于 11mm，蛋壳某一部位呈绿色或黑色。蛋黄不完整，散如云状，蛋壳膜内壁有霉点，蛋内有活动的阴影。

劣质鲜蛋——透视时黄、白混杂不清，呈均匀灰黄色。蛋全部或大部不透光，呈灰黑色，蛋壳及内部均有黑色或粉红色斑点。蛋壳某一部分呈黑色且占蛋黄面积的 1/2 以上，有圆形黑影（胚胎）。

（3）鲜蛋的打开鉴别　将鲜蛋打开，将其内容物置于玻璃平皿或瓷碟上，观察蛋黄与蛋清的颜色、稠度、性状，有无血液，胚胎是否发育，有无异味等。

① 颜色鉴别。

良质鲜蛋——蛋黄、蛋清色泽分明，无异常颜色。

次质鲜蛋——一类次质鲜蛋：颜色正常，蛋黄有圆形或网状血红色；蛋清颜色发绿，其他部分正常。二类次质鲜蛋：蛋黄颜色变浅，色泽分布不均匀，有较大的环状或网状血红色，蛋壳内壁有黄中带黑的粘痕或霉点，蛋清与蛋黄混杂。

劣质鲜蛋——蛋内液态流体呈灰黄色、灰绿色或暗黄色，内杂有黑色霉斑。

② 性状鉴别。

良质鲜蛋——蛋黄呈圆形凸起而完整，并带有韧性。蛋清浓厚、稀稠分明，系带粗白而有韧性，并紧贴蛋黄的两端。

次质鲜蛋——一类次质鲜蛋：性状正常或蛋黄呈红色的小血圈或网状血丝。二类次质鲜蛋：蛋黄扩大、扁平，蛋黄膜增厚发白，蛋黄中呈现大血环，环中或周围可见少许血丝。蛋清变得稀薄，蛋壳内壁有蛋黄的粘连痕迹，蛋清与蛋黄相混杂，但无异味。

劣质鲜蛋——蛋清和蛋黄全部变得稀薄混浊，蛋膜和蛋液中都有霉斑或蛋清呈胶冻样霉变，胚胎形成长大。

③ 气味鉴别。

良质鲜蛋——具有鲜蛋的正常气味，无异味。

次质鲜蛋——具有鲜蛋的正常气味，无异味。

劣质鲜蛋——有臭味、霉变味或其他不良气味。

三、乳和乳制品的感官鉴别要点及应用举例

1. 乳和乳制品的感官鉴别要点

感官鉴别乳和乳制品，主要指的是观其色泽和组织状态、嗅其气味、尝其滋味，应做到三者并重，缺一不可。

对于乳而言，应注意其色泽是否正常、质地是否均匀细腻、滋味是否纯正以及乳香味如何。同时应留意杂质、沉淀、异味等情况，以便作出综合性的评价。

对于乳制品而言，除注意上述鉴别内容外，有针对性地观察了解诸如酸奶有无乳清分离、奶粉有无结块、奶酪切面有无水珠和霉斑等情况，对于感官鉴别也有重要意义。必要时可以将乳制品冲调后进行感官鉴别。

2. 乳和乳制品的感官鉴别应用举例

（1）鲜乳质量的感官鉴别

① 色泽鉴别。

良质鲜乳——乳白色或稍带微黄色。

次质鲜乳——色泽较良质鲜乳为差，白色中稍带青色。

劣质鲜乳——呈浅粉色或显著的黄绿色，或是色泽灰暗。

② 组织状态鉴别。

良质鲜乳——呈均匀的流体，无沉淀、凝块和机械杂质，无黏稠和浓厚现象。

次质鲜乳——呈均匀的流体，无凝块，但可见少量微小的颗粒，脂肪聚黏表层呈液化状态。

劣质鲜乳——呈稠而不匀的溶液状，有乳凝结成的致密凝块或絮状物。

③ 气味鉴别。

良质鲜乳——具有乳特有的乳香味，无其他任何异味。

次质鲜乳——乳中固有的香味稍淡或有异味。

劣质鲜乳——有明显的异味，如酸臭味、牛粪味、金属味、鱼腥味、汽油味等。

④ 滋味鉴别。

良质鲜乳——具有鲜乳独具的纯香味，滋味可口而稍甜，无其他任何异常滋味。

次质鲜乳——有微酸味（表明乳已开始酸败），或有其他轻微的异味。

劣质鲜乳——有酸味、咸味、苦味等。

（2）炼乳质量的感官鉴别

① 色泽鉴别。

良质炼乳——呈均匀一致的乳白色或稍带微黄色，有光泽。

次质炼乳——色泽有轻度变化，呈米色或淡肉桂色。

劣质炼乳——色泽有明显变化，呈肉桂色或淡褐色。

② 组织状态鉴别。

良质炼乳——组织细腻，质地均匀，黏度适中，无脂肪上浮，无乳糖沉淀，无杂质。

次质炼乳——黏度过高，稍有一些脂肪上浮，有沙粒状沉淀物。

劣质炼乳——凝结成软膏状，冲调后脂肪分离较明显，有结块和机械杂质。

③ 气味鉴别。

良质炼乳——具有明显的牛奶乳香味，无任何异味。

次质炼乳——乳香味淡或稍有异味。

劣质炼乳——有酸臭味及较浓重的其他异味。

④ 滋味鉴别。

良质炼乳——淡炼乳具有明显的牛奶滋味，甜炼乳具有纯正的甜味，均无任何异味。

次质炼乳——滋味平淡或稍差，有轻度异味。

劣质炼乳——有不纯正的滋味和较重的异味。

（3）奶粉质量的感官鉴别

① 固体奶粉

a. 色泽鉴别。

良质奶粉——色泽均匀一致，呈淡黄色，脱脂奶粉为白色，有光泽。

次质奶粉——色泽呈浅白或灰暗，无光泽。

劣质奶粉——色泽灰暗或呈褐色。

b. 组织状态鉴别。

良质奶粉——粉粒大小均匀，手感疏松，无结块，无杂质。

次质奶粉——有松散的结块或少量硬颗粒、焦粉粒、小黑点等。

劣质奶粉——有焦硬的、不易散开的结块，有肉眼可见的杂质或异物。

c. 气味鉴别。

良质奶粉——具有消毒牛奶纯正的乳香味，无其他异味。

次质奶粉——乳香味平淡或有轻微异味。

劣质奶粉——有陈腐味、发霉味、脂肪哈喇味等。

d. 滋味鉴别。

良质奶粉——有纯正的乳香滋味，加糖奶粉有适口的甜味，无任何其他异味。

次质奶粉——滋味平淡或有轻度异味，加糖奶粉甜度过大。

劣质奶粉——有苦涩或其他较重异味。

② 冲调奶粉　若经初步感官鉴别仍不能断定奶粉质量好坏时，可加水冲调，检查其冲调还原奶的质量。

冲调方法：取奶粉 4 汤匙（每平匙约 7.5g），倒入玻璃杯中，加温开水 2 汤匙（约 25mL），先调成稀糊状，再加 200mL 开水，边加水边搅拌，逐渐加入，即成为还原奶。冲调后的还原奶，在光线明亮处进行感官鉴别。

a. 色泽鉴别。

良质奶粉——乳白色。

次质奶粉——乳白色。

劣质奶粉——白色凝块，乳清呈淡黄绿色。

b. 组织状态鉴别：取少量冲调奶置于平皿内观察。

良质奶粉——呈均匀的胶状液。

次质奶粉——带有小颗粒或有少量脂肪析出。

劣质奶粉——胶态液不均匀，有大的颗粒或凝块，甚至水、乳分离，表层有游离脂肪上浮。

（4）酸牛奶质量的感官鉴别

① 色泽鉴别。

良质酸牛奶——色泽均匀一致，呈乳白色或稍带微黄色。

次质酸牛奶——色泽不匀，呈微黄色或浅灰色。

劣质酸牛奶——色泽灰暗或出现其他异常颜色。

② 组织状态鉴别。

良质酸牛奶——凝乳均匀细腻，无气泡，允许有少量黄色脂膜和少量乳清。

次质酸牛奶——凝乳不均匀也不结实，有乳清析出。

劣质酸牛奶——凝乳不良，有气泡，乳清析出严重或乳清分离。瓶口及酸牛奶表面均有霉斑。

③ 气味鉴别。

良质酸牛奶——有清香、纯正的酸牛奶味。

次质酸牛奶——酸牛奶香气平淡或有轻微异味。

劣质酸牛奶——有腐败味、霉变味、酒精发酵及其他不良气味。

④ 滋味鉴别。

良质酸牛奶——有纯正的酸牛奶味，酸甜适口。

次质酸牛奶——酸味过度或有其他不良滋味。

劣质酸牛奶——有苦味、涩味或其他不良滋味。

（5）奶油质量的感官鉴别

① 色泽鉴别。

良质奶油——呈均匀一致的淡黄色，有光泽。

次质奶油——色泽较差且不均匀，呈白色或着色过度，无光泽。

劣质奶油——色泽不匀，表面有霉斑，甚至深部发生霉变，外表面浸水。

② 组织状态鉴别。

良质奶油——组织均匀紧密，稠度、弹性和延展性适宜，切面无水珠，边缘与中心部位均匀一致。

次质奶油——组织状态不均匀，有少量乳隙，切面有水珠渗出，水珠呈白浊色而略黏；加盐奶油有食盐结晶。

劣质奶油——组织不均匀，黏软、发腻、粘刀或脆硬疏松且无延展性，切面有大水珠，呈白浊色，有较大的孔隙及风干现象。

③ 气味鉴别。

良质奶油——具有奶油固有的纯正香味，无其他异味。

次质奶油——香气平淡、无味或微有异味。

劣质奶油——有明显的异味，如鱼腥味、酸败味、霉变味、椰子味等。

④ 滋味鉴别。

良质奶油——具有奶油独具的纯正滋味，无任何其他异味；加盐奶油有咸味；酸奶油有纯正的乳酸味。

次质奶油——奶油滋味不纯正或平淡，有轻微的异味。

劣质奶油——有明显的不愉快味道，如苦味、肥皂味、金属味等。

⑤ 外包装鉴别。

良质奶油——包装完整、清洁、美观。

次质奶油——外包装可见油斑污迹，内包装纸有油渗出。

劣质奶油——不整齐、不完整或有破损现象。

四、水产品及水产制品的感官鉴别要点及应用举例

1. 水产品及水产制品的感官鉴别要点

感官鉴别水产品及其制品的质量优劣时，主要是通过体表形态、鲜活程度、色泽、气味、肉质的弹性和洁净程度等感官指标来进行综合评价的。

对于水产品来讲，首先是观察其鲜活程度如何，是否具备一定的生命活力；其次是看外观形体的完整性，注意有无伤痕、鳞爪脱落、骨肉分离等现象；再次是观察其体表卫生洁净程度，即有无污秽物和杂质等；然后才是看其色泽，嗅其气味，有必要的话还要品尝其滋味。综上所述再进行感官评价。

对于水产制品而言，感官鉴别也主要是外观、色泽、气味和滋味几项内容。其中是否具有该类制品特有的正常气味与风味，对于作出正确判断有着重要意义。

2. 水产品的感官鉴别应用举例

（1）鲜鱼质量的感官鉴别　在进行鱼的感官鉴别时，先观察其眼睛和鳃，然后检查其全身和鳞片，同时用一块洁净的吸水纸浸吸鳞片上的黏液来观察和嗅闻，鉴别黏液的质量。必要时用竹签刺入鱼肉中，拔出后立即嗅其气味，或者切割小块鱼肉，煮沸后测定鱼汤的气味与滋味。

① 眼球鉴别。

新鲜鱼——眼球饱满凸出，角膜透明清亮，有弹性。

次鲜鱼——眼球不凸出，眼角膜起皱，稍变混浊，有时眼内溢血发红。

腐败鱼——眼球塌陷或干瘪，角膜皱缩或有破裂。

② 鱼鳃鉴别。

新鲜鱼——鳃丝清晰呈鲜红色，黏液透明，具有海水鱼的咸腥味或淡水鱼的土腥味，无异臭味。

次鲜鱼——鳃色变暗呈灰红或灰紫色，黏液轻度腥臭，气味不佳。

腐败鱼——鳃呈褐色或灰白色，有污秽的黏液，带有不愉快的腐臭气味。

③ 体表鉴别。

新鲜鱼——有透明的黏液，鳞片有光泽且与鱼体贴附紧密、不易脱落（鲳、大黄鱼、小黄鱼除外）。

次鲜鱼——黏液多不透明，鳞片光泽度差且较易脱落，黏液黏腻而混浊。

腐败鱼——体表暗淡无光，表面附有污秽黏液，鳞片与鱼皮脱离殆尽，具有腐臭味。

④ 肌肉鉴别。

新鲜鱼——肌肉坚实有弹性，指压后凹陷立即消失，无异味，肌肉切面有光泽。

次鲜鱼——肌肉稍呈松散，指压后凹陷消失得较慢，稍有腥臭味，肌肉切面有光泽。

腐败鱼——肌肉松散，易与鱼骨分离，指压时形成的凹陷不能恢复或手指可将鱼肉刺穿。

⑤ 腹部外观鉴别。

新鲜鱼——腹部正常、不膨胀，肛孔白色、凹陷。

次鲜鱼——腹部膨胀不明显，肛门稍凸出。

腐败鱼——腹部膨胀、变软或破裂，表面发暗灰色或有淡绿色斑点，肛门凸出或破裂。

（2）冻鱼质量的感官鉴别　鲜鱼经 −23℃低温冻结后，鱼体发硬，其质量优劣不如鲜鱼那么容易鉴

别。冻鱼的鉴别应注意以下几个方面。

① 体表　质量好的冻鱼，色泽光亮如鲜鱼般的鲜艳，体表清洁，肛门紧缩；质量差的冻鱼，体表暗无光泽，肛门凸出。

② 鱼眼　质量好的冻鱼，眼球饱满凸出，角膜透明，洁净无污物；质量差的冻鱼，眼球平坦或稍陷，角膜混浊发白。

③ 组织　质量好的冻鱼，体形完整无缺，用刀切开检查，肉质结实不离刺，脊骨处无红线，胆囊完整不破裂；质量差的冻鱼，体形不完整，用刀切开后，肉质松散，有离刺现象，胆囊破裂。

（3）咸鱼质量的感官鉴别

① 色泽鉴别。

良质咸鱼——色泽新鲜，具有光泽。

次质咸鱼——色泽不鲜明或暗淡。

劣质咸鱼——体表发黄或变红。

② 体表鉴别。

良质咸鱼——体表完整，无破肚及骨肉分离现象，体形平展、无残鳞、无污物。

次质咸鱼——鱼体基本完整，但可有少部分变成红色或轻度变质，有少量残鳞或污物。

劣质咸鱼——体表不完整，骨肉分离，残鳞及污物较多，有霉变现象。

③ 肌肉鉴别。

良质咸鱼——肉质致密结实，有弹性。

次质咸鱼——肉质稍软，弹性差。

劣质咸鱼——肉质疏松易散。

④ 气味鉴别。

良质咸鱼——具有咸鱼所特有的风味，咸度适中。

次质咸鱼——可有轻度腥臭味。

劣质咸鱼——具有明显的腐败臭味。

五、谷类的感官鉴别要点及应用举例

1. 谷类的感官鉴别要点

感官鉴别谷类质量的优劣时，一般依据色泽、外观、气味、滋味等项目进行综合评价。眼睛观察可感知谷类颗粒的饱满程度、是否完整均匀、质地的紧密与疏松程度，及其本身固有的正常色泽，并且可以看到有无霉变、虫蛀、杂物、结块等异常现象；鼻嗅和口尝则能够体会到谷物的气味和滋味是否正常，有无异臭异味。其中，注重观察其外观与色泽在对谷类作感官鉴别时有着尤其重要的意义。

2. 谷类的感官鉴别应用举例

（1）稻谷质量的感官鉴别

① 色泽鉴别　进行稻谷色泽的感官鉴别时，将样品在黑纸上撒成一薄层，在散射光下仔细观察。然后将样品用小型出白机或装入小帆布袋揉搓脱去米壳，看有无黄粒米，如有拣出称重。

良质稻谷——外壳呈黄色、浅黄色或金黄色，色泽鲜艳一致，具有光泽，无黄粒米。

次质稻谷——色泽灰暗无光泽，黄粒米超过2％。

劣质稻谷——色泽变暗或外壳呈褐色、黑色，肉眼可见霉菌菌丝，有大量黄粒米或褐色米粒。

② 外观鉴别　进行稻谷外观的感官鉴别时，可将样品在纸上撒一薄层，仔细观察各粒的外观，并观察有无杂质。

良质稻谷——颗粒饱满、完整、大小均匀，无虫害及霉变，无杂质。

次质稻谷——有未成熟颗粒，少量虫蚀粒、生芽粒及病斑粒等，大小不均，有杂质。

劣质稻谷——有大量虫蚀粒、生芽粒、霉变颗粒，有结团、结块现象。

③ 气味鉴别　进行稻谷气味的感官鉴别时，取少量样品于手掌上，用嘴哈气使之稍热，立即嗅其气味。

良质稻谷——具有纯正的稻香味，无其他任何异味。

次质稻谷——稻香味微弱，稍有异味。

劣质稻谷——有霉味、酸臭味、腐败味等不良气味。

（2）大米质量分级及各级别大米的质量特征　我国稻谷根据加工深度的不同，将大米分为四个等级，即特等米、标准一等米、标准二等米和标准三等米。

特等米的背沟有皮，而米粒表面的皮层除掉在85％以上，由于特等米基本除净了糙米的皮层和糊粉层，所以粗纤维和灰分含量很低，因此，米的胀性大，出饭率高，食用品质好。

标准一等米的背沟有皮，而米粒表面留皮不超过1/5的占80％以上，加工精度次于特等米，食用品质、出饭率和消化吸收率略低于特等米。

标准二等米的背沟有皮，而米粒表面留皮不超过1/3的占75％以上，米中的灰分和粗纤维较高，出饭率和消化吸收率均低于特等米和标准一等米。

标准三等米的背沟有皮，而米粒表面留皮不超过1/3的占70％以上，由于米中保留了大量的皮层和糊粉层，从而使米中的粗纤维和灰分增多；虽出饭率没有特等米、标准一等米和标准二等米高，但所含的大量纤维素对人体生理具有很多的有益功能。

（3）小麦质量的感官鉴别

① 色泽鉴别　进行小麦色泽的感官鉴别时，可取样品在黑纸上撒一薄层，在散射光下观察。

良质小麦——去壳后小麦皮色呈白色、黄白色、金黄色、红色、深红色、红褐色，有光泽。

次质小麦——色泽变暗，无光泽。

劣质小麦——色泽灰暗或呈灰白色，胚芽发红，带红斑，无光泽。

② 外观鉴别　进行小麦外观的感官鉴别时，可取样品在黑纸或白纸上（根据品种，色浅的用黑纸，色深的用白纸）撒一薄层，仔细观察其外观，并注意有无杂质。最后取样用手搓或牙咬来感知其质地是否紧密。

良质小麦——颗粒饱满、完整、大小均匀，组织紧密，无害虫和杂质。

次质小麦——颗粒饱满度差，有少量破损粒、生芽粒、虫蚀粒，有杂质。

劣质小麦——严重虫蚀，生芽，发霉结块，有多量赤霉病粒（被赤霉菌感染，麦粒皱缩，呆白，胚

芽发红或带红斑，或有明显的粉红色霉状物），质地疏松。

③ 气味鉴别　进行小麦气味的感官鉴别时，取样品于手掌上，用嘴哈热气，然后立即嗅其气味。

良质小麦——具有小麦正常的气味，无任何其他异味。

次质小麦——微有异味。

劣质小麦——有霉味、酸臭味或其他不良气味。

④ 滋味鉴别　进行小麦滋味的感官鉴别时，可取少许样品进行咀嚼，品尝其滋味。

良质小麦——味佳微甜，无异味。

次质小麦——乏味或微有异味。

劣质小麦——有苦味、酸味或其他不良滋味。

（4）面粉质量的感官鉴别

① 色泽鉴别　进行面粉色泽的感官鉴别时，应将样品在黑纸上撒一薄层，然后与适当的标准颜色或标准样品作比较，仔细观察其色泽异同。

良质面粉——色泽呈白色或微黄色，不发暗，无杂质的颜色。

次质面粉——色泽暗淡。

劣质面粉——色泽呈灰白或深黄色，发暗，色泽不均。

② 组织状态鉴别　进行面粉组织状态的感官鉴别时，将面粉样品在黑纸上撒一薄层，仔细观察有无发霉、结块、生虫及杂质等，然后用手捻捏以试手感。

良质面粉——呈细粉末状，不含杂质，手指捻捏时无粗粒感，无虫子和结块，置于手中紧捏后放开不成团。

次质面粉——手捏时有粗粒感，生虫或有杂质。

劣质面粉——面粉吸潮后霉变，有结块或手捏成团。

③ 气味鉴别　进行面粉气味的感官鉴别时，取少量样品置于手掌中，用嘴哈气使之稍热；为了增强气味，也可将样品置于有塞的瓶中，加入60℃热水，紧塞片刻，然后将水倒出嗅其气味。

良质面粉——具有面粉的正常气味，无其他异味。

次质面粉——微有异味。

劣质面粉——有霉臭味、酸味、煤油味以及其他异味。

④ 滋味鉴别　进行面粉滋味的感官鉴别时，可取少量样品细嚼，遇有可疑情况，应将样品加水煮沸后尝试。

良质面粉——味道可口，淡而微甜，没有发酸、刺喉、发苦、发甜以及外来滋味；咀嚼时没有砂声。

次质面粉——淡而乏味，微有异味，咀嚼时有砂声。

劣质面粉——有苦味、酸味、发甜或其他异味，有刺喉感。

（5）面筋质量的感官鉴别　面筋存在于小麦的胚乳中，其主要成分是小麦蛋白质中的胶蛋白和谷蛋白，这种蛋白是人体需要的营养素，也是面粉品质的重要质量指标。鉴别面筋的质量，有以下四个方面的内容：

① 颜色　质量好的面筋呈白色，稍带灰色；反之，面筋的质量就差。

②　气味　新鲜面粉加工出的面筋，具有轻微的面粉香味；受虫害、含杂质多以及陈旧的面粉加工出的面筋则带有不良气味。

③　弹性　正常的面筋有弹性，变形后可以复原，不粘手；质量差的面筋，无弹性，粘手，容易散碎。

④　延伸性　质量好的软面筋拉伸时，具有很大的延伸性；质量差的面筋，拉伸性小，易拉断。

（6）玉米质量的感官鉴别

①　色泽鉴别　进行玉米色泽的感官鉴别时，可取玉米样品在散射光下进行观察。

良质玉米——具有各种玉米的正常颜色，色泽鲜艳，有光泽。

次质玉米——颜色发暗，无光泽。

劣质玉米——颜色灰暗无光泽，胚部有黄色或绿色、黑色的菌丝。

②　外观鉴别　进行玉米外观的感官鉴别时，可取样品在纸上撒一层，在散射光下观察，并注意有无杂质，最后取样品用牙咬观察质地是否紧密。

良质玉米——颗粒饱满完整，均匀一致，质地紧密，无杂质。

次质玉米——颗粒饱满度差，有破损粒、生芽粒、虫蚀粒、未熟粒等，有杂质。

劣质玉米——有多量生芽粒、虫蚀粒，或发霉变质、质地疏松。

③　气味鉴别　进行玉米气味的感官鉴别时，可取样品于手掌中，用嘴哈热气，立即嗅其气味。

良质玉米——具有玉米固有的气味，无任何其他异味。

次质玉米——微有异味。

劣质玉米——有霉味、腐败变质味或其他不良气味。

④　滋味鉴别　进行玉米滋味的感官鉴别时，可取样品进行咀嚼，品尝其滋味。

良质玉米——具有玉米的固有滋味，微甜。

次质玉米——微有异味。

劣质玉米——有酸味、苦味、辛辣味等不良滋味。

六、食用植物油的感官鉴别要点及应用举例

1. 食用植物油的感官鉴别要点

（1）气味鉴别　每种食用油均有其特有的气味，这是油料作物所固有的，如豆油有豆味，菜油有菜籽味等。油的气味正常与否，可以说明油料的质量、油的加工技术及保管条件等的好坏。国家油品质量标准要求食用油不应有焦臭、酸败或其他异味。检验方法是将食用油加热至50℃，用鼻子闻其挥发出来的气味，决定食用油的质量。

（2）滋味鉴别　滋味是指通过嘴尝得到的味感。除小磨麻油带有特有的芝麻香味外，一般食用油多无任何滋味。油脂滋味有异感，说明油料质量、加工方法、包装和保管条件等不良。新鲜度较差的食用油，可能带有不同程度的酸败味。

（3）色泽鉴别　各种食用油由于加工方法、消费习惯和标准要求的不同，其色泽有深有浅。如油料加工中，色素溶入油脂中，则油的色泽加深；如油料经蒸炒或热压，生产出的油常比冷压生产出的油色泽深。检验方法是取少量油放在50mL比色管中，在白色幕前借反射光观察试样的颜色。

（4）透明度鉴别　质量好的液体状态油脂，在20℃静置24h后，应呈透明状。如果油质混浊，透明度低，说明油中水分多、黏蛋白和磷脂多，加工精炼程度差；有时油脂变质后，形成的高熔点物质也能

引起油脂的混浊。透明度低、掺了假的油脂，也有混浊和透明度差的现象。

（5）沉淀物鉴别　食用植物油在20℃以下，静置20h以后所能下沉的物质，称为沉淀物。油脂的质量越高，沉淀物越少。沉淀物少，说明油脂加工精炼程度高，包装质量好。

2. 大豆油质量的感官鉴别要点

（1）色泽鉴别　纯净油脂是无色、透明、略带黏性的液体。但因油料本身带有各种色素，在加工过程中这些色素溶解在油脂中而使油脂具有颜色。油脂色泽的深浅，主要决定于油料所含脂溶性色素的种类及含量、油料籽品质的好坏、加工方法、精炼程度及油脂贮藏过程中的变化等。

进行大豆油色泽的感官鉴别时，将样品混匀并过滤，然后倒入直径50mm、高100mm的烧杯中，油层高度不得小于5mm。在室温下先对着自然光线观察，然后再置于白色背景前借反射光线进行观察。冬季油脂变稠或凝固时，取油样250g左右，加热至35～40℃使之呈液态，并冷却至20℃左右按上述方法进行鉴别。

良质大豆油——呈黄色至橙黄色。

次质大豆油——呈棕色至棕褐色。

（2）透明度鉴别　品质正常的油脂应该是完全透明的，如果油脂中含有较高的磷脂、固体脂肪、蜡质或水分，就会出现混浊，使透明度降低。

进行大豆油透明度的感官鉴别时，将100mL充分混合均匀的样品置于比色管中，然后置于白色背景前借反射光线进行观察。

良质大豆油——完全清晰透明。

次质大豆油——稍混浊，有少量悬浮物。

（3）水分含量鉴别　油脂是一种疏水性物质，一般情况下不易和水混合。但是油脂中常含有少量的磷脂、固体脂肪和其他杂质等，能吸收水分而形成胶体物质悬浮于油脂中，所以油脂中仍有少量水分，而这部分水分一般是在加工过程中混入的；同时还混入一些杂质，促使油脂水解和酸败，影响油脂贮存时的稳定性。

进行大豆油水分的感官鉴别时，可采用以下三种方法：取样观察法、烧纸验水法和钢精勺加热法。

良质大豆油——水分不超过0.2%。

次质大豆油——水分超过0.2%。

（4）杂质和沉淀鉴别　油脂在加工过程中混入机械性杂质（泥沙、料坯粉末、纤维等）和磷脂、蛋白、脂肪酸、黏液、树脂、固醇等非油脂性物质，这些物质在一定条件下沉入油脂的下层或悬浮于油脂中。

进行大豆油脂杂质和沉淀物的感官鉴别时，可用以下三种方法：取样观察法、加热观察法和高温加热观察法。

良质大豆油——可以有微量沉淀物，其杂质含量不超过0.2%，磷脂含量不超标。

次质大豆油——有悬浮物及沉淀物，其杂质含量超过 0.2%，磷脂含量超过标准。

（5）气味鉴别　感官鉴别大豆油的气味时，可以用以下三种方法进行：一是盛装油脂的容器打开封口的瞬间，用鼻子挨近容器口，闻其气味；二是取 1～2 滴油样放在手掌或手背上，双手合拢快速摩擦至发热，闻其气味；三是用钢精勺取油样 25g 左右，加热到 50℃左右，鼻子接近油面，闻其气味。

良质大豆油——具有大豆油固有的气味。

次质大豆油——大豆油固有的气味平淡，微有异味，如青草等味。

（6）滋味鉴别　进行大豆油滋味的感官鉴别时，应先漱口，然后用玻璃棒取少量油样，涂在舌头上，品尝其滋味。

良质大豆油——具有大豆固有的滋味，无异味。

次质大豆油——滋味平淡或稍有异味。

七、豆制品的感官鉴别要点及应用举例

1. 豆制品的感官鉴别要点

豆制品的感官鉴别，主要是依据观察其色泽和组织状态、嗅闻其气味、品尝其滋味来进行的。其中应特别注意其色泽有无改变，手摸有无发黏的感觉以及发黏程度如何。不同品种的豆制品具有本身固有的气味和滋味，气味和滋味对鉴别豆制品很重要，一旦豆制品变质，即可通过鼻和嘴感觉到，故在鉴别豆制品时，应有针对性地注意鼻嗅和品尝，不可一概而论。

2. 豆制品的感官鉴别应用举例

（1）豆芽质量的感官鉴别

① 色泽鉴别　进行豆芽色泽的感官鉴别时，可取豆芽在散射光线下直接观察。

良质豆芽——颜色洁白，根部显白色或淡褐色，头部显淡黄色，色泽鲜艳而有光泽。

次质豆芽——色泽灰白且不鲜艳。

劣质豆芽——色泽发暗，根部呈棕褐色或黑色，无光泽。

② 外观鉴别　取豆芽样品在散射光线下观察其外观形态。

良质豆芽——芽身挺直，长短合适，芽脚不软，组织结构脆嫩，无烂根、烂尖现象。

次质豆芽——长短不一，粗细不均，枯萎蔫软。

劣质豆芽——严重枯萎或霉烂。

③ 气味鉴别　进行豆芽气味的感官鉴别时，可取豆芽样品来直接嗅其气味。

良质豆芽——具有豆芽固有的鲜嫩气味，无异味。

次质豆芽——固有的气味淡薄或稍有异味。

劣质豆芽——有腐烂味、酸臭味、农药味、化肥味及其他不良气味。

④ 滋味鉴别　进行豆芽滋味的感官鉴别时，可取样品细细咀嚼，品尝其滋味。

良质豆芽——具有本种豆芽固有的滋味。

次质豆芽——豆芽的固有滋味平淡或稍有异味。

劣质豆芽——有苦味、涩味、酸味及其他不良滋味。

（2）豆浆质量的感官鉴别

① 色泽鉴别　进行豆浆色泽的感官鉴别时，可取豆浆样品置于比色管中，在白色背景下借散射光线

进行观察。

良质豆浆——呈均匀一致的乳白色或淡黄色，有光泽。

次质豆浆——呈白色，微有光泽。

劣质豆浆——呈灰白色，无光泽。

② 组织状态鉴别　进行豆浆组织状态的感官鉴别时，取事先搅拌均匀的豆浆样品置于比色管中静置 1～2h 后观察。

良质豆浆——呈均匀一致的混悬液型浆液，浆体质地细腻，无结块，稍有沉淀。

次质豆浆——有多量的沉淀及杂质。

劣质豆浆——浆液出现分层现象，结块，有大量的沉淀。

③ 气味鉴别　进行豆浆气味的感官鉴别时，可取样品置于细颈容器中直接嗅闻，必要时加热后再嗅其气味。

良质豆浆——具有豆浆固有的香气，无任何其他异味。

次质豆浆——豆浆固有的香气平淡，稍有焦煳味或豆腥味。

劣质豆浆——有浓重的焦煳味、酸败味、豆腥味或其他不良气味。

④ 滋味鉴别　进行豆浆滋味的感官鉴别时，可取样品直接品尝。

良质豆浆——具有豆浆固有的滋味，味佳而纯正，无不良滋味，口感滑爽。

次质豆浆——豆浆固有的滋味平淡，微有异味。

劣质豆浆——有酸味（酸泔水味）、苦涩味及其他不良滋味；因颗粒粗糙而在饮用时带有刺喉感。

（3）豆腐质量的感官鉴别

① 色泽鉴别　进行豆腐色泽的感官鉴别时，应取一块样品在散射光线下直接观察。

良质豆腐——呈均匀的乳白色或淡黄色，稍有光泽。

次质豆腐——色泽变深直至呈浅红色，无光泽。

劣质豆腐——呈深灰色、深黄色或者红褐色。

② 组织状态鉴别　进行豆腐组织状态的感官鉴别时，应先取样品直接看其外部情况，然后用刀切成几块再仔细观察切口处，最后用手轻轻按压，以试验其弹性和硬度。

良质豆腐——块形完整，软硬适度，富有一定的弹性，质地细嫩，结构均匀，无杂质。

次质豆腐——块形基本完整，切面处比较粗糙或嵌有豆粕，质地不细嫩，弹性差，有黄色液体渗出；表面发黏，用水冲后就不粘手了。

劣质豆腐——块形不完整，组织结构粗糙而松散，触之易碎，无弹性，有杂质；表面发黏，用水冲洗后仍然粘手。

③ 气味鉴别　可取一块豆腐样品，在常温下直接嗅闻其气味。

良质豆腐——具有豆腐特有的香味。

次质豆腐——豆腐特有的香气平淡。

劣质豆腐——有豆腥味、馊味等不良气味或其他外来气味。

④ 滋味鉴别　进行豆腐滋味的感官鉴别时，可在室温下取小块样品细细咀嚼以品尝其滋味。

良质豆腐——口感细腻鲜嫩，味道纯正清香。

次质豆腐——口感粗糙，滋味平淡。

劣质豆腐——有酸味、苦味、涩味及其他不良滋味。

八、果品的感官鉴别要点及应用举例

1. 果品的感官鉴别要点

鲜果品的感官鉴别方法主要是目测、鼻嗅和口尝。其中目测包括三方面的内容：一是看果品的成熟度和是否具有该品种应有的色泽及形态特征；二是看果形是否端正，个头大小是否基本一致；三是看果品表面是否清洁新鲜，有无病虫害和机械损伤等。鼻嗅则是辨别果品是否带有本品种所特有的芳香味，有时候果品的变质可以通过其气味的不良改变直接鉴别出来，像坚果的哈喇味和西瓜的馊味等，都是很好的例证。口尝不但能感知果品的滋味是否正常，还能感觉到果肉的质地是否良好，也是很重要的一个感官指标。

干果品虽然较鲜果的含水量低或是经过了干制，但其感官鉴别的原则与指标基本上和前述三项大同小异。

2. 苹果质量的感官鉴别要点

有些人在选购苹果时喜欢挑又红又大的，其实这样的苹果不一定是上品，也不一定能合乎自己的口味。现仅将几类苹果所具有的感官特点介绍如下。

（1）一类苹果　主要有红香蕉（又叫红元帅）、红金星、红冠、红星等。

表面色泽——色泽均匀而鲜艳，表面洁净光亮，红者艳如珊瑚、玛瑙，青者黄里透出微红。

气味与滋味——具有各自品种固有的清香味，肉质香甜鲜脆，味美可口。

外观形态——个头以中上等大小且均匀一致为佳，无病虫害，无外伤。

（2）二类苹果　主要有青香蕉、黄元帅（又叫金帅）等。

表面色泽——青香蕉的色泽是青色透出微黄，黄元帅色泽为金黄色。

气味与滋味——青香蕉表现为清香鲜甜，滋味以清心解渴的舒适感为主。黄元帅气味醇香扑鼻，滋味酸甜适度，果肉细腻而多汁，香润可口，给人以新鲜开胃的感觉。

外观形态——个头以中等大小均匀一致为佳，无虫害，无外伤，无锈斑。

（3）三类苹果　主要有国光、红玉、翠玉、鸡冠、可口香、绿青大等。

表面色泽——这类苹果色泽不一，但具有光泽、洁净。

气味与滋味——具有本品种的香气。国光滋味酸甜稍淡，吃起来清脆；而红玉与鸡冠颜色相似，苹果酸度较大。

外观形态——个头以中上等大、均匀一致为佳，无虫害，无锈斑，无外伤。

（4）四类苹果　主要有倭锦、新英、秋金香等。

表面色泽——这类苹果色泽鲜红，有光泽，洁净。

气味与滋味——具有本品种的香气，但这类苹果纤维量高，质量较粗糙，甜度和酸度低，口味差。

外观形态——一般果形较大。

九、蔬菜的感官鉴别要点及应用举例

1. 蔬菜的感官鉴别要点

蔬菜有种植的和野生的两大类，其品种繁多而形态各异，难以确切地感官鉴别其质量。我国主要蔬菜种类有 80 多种，按照蔬菜食用部分的器官形态，可以将其分成根菜类、茎菜类、叶菜类、花菜类、果菜类和食用菌类六大类型。现只将几个感官鉴别的基本方法简述如下。

从蔬菜色泽看，各种蔬菜都应具有本品种固有的颜色，大多数有发亮的光泽，以此显示蔬菜的成熟度及鲜嫩程度。除杂交品种外，别的品种都不能有其他因素造成的异常色泽及色泽改变。

从蔬菜气味看，多数蔬菜具有清香、甘辛香、甜酸香等气味，可以凭嗅觉识别不同品种的质量，不允许有腐烂变质的亚硝酸盐味和其他异常气味。

从蔬菜滋味看，因品种不同而各异，多数蔬菜滋味甘淡、甜酸、清爽鲜美，少数具有辛酸、苦涩等特殊风味以刺激食欲；如失去本品种原有的滋味即为异常，但改良品种应该除外，例如大蒜的新品种就没有"蒜臭"气味或该气味极淡。

就蔬菜的形态而言，本节不是要叙述各品种的植物学形态，而是描述由于客观因素而造成的各种蔬菜的非正常、不新鲜状态，例如萎蔫、枯塌、损伤、病变、虫害侵蚀等引起的形态异常，并以此作为鉴别蔬菜品质优劣的依据之一。

2. 黄瓜质量的感官鉴别要点

黄瓜食用部分是幼嫩的果实部分，其营养丰富，脆嫩多汁，一年四季都可以生产和供应，是瓜类和蔬菜类中重要的常见品种。

良质黄瓜——鲜嫩带白霜，以顶花带刺为最佳；瓜体直，均匀整齐，无折断损伤；皮薄肉厚，清香爽脆，无苦味；无病虫害。

次质黄瓜——瓜身弯曲而粗细不均匀，但无畸形瓜或是瓜身萎蔫不新鲜。

劣质黄瓜——色泽为黄色或近于黄色；瓜呈畸形，有大肚、尖嘴、蜂腰等；有苦味或肉质发糠；瓜身上有病斑或烂点。

十、罐头的感官鉴别要点

根据罐头的包装材质不同，可将市售罐头粗略分为马口铁听装和玻璃瓶装两种（软包装罐头这里不述及）。所有罐头的感官鉴别都可以分为开罐前与开罐后两个阶段。

开罐前的鉴别主要依据眼看容器外观、手捏（按）罐盖、敲打听音和漏气检查四个方面进行，具体如下。

第一，眼看鉴别法。主要检查罐头封口是否严密，外表是否清洁，有无磨损及锈蚀情况，如外表污秽、变暗、起斑、边缘生锈等。如果是玻璃瓶罐头，可以放至明亮处直接观察其内部质量情况，轻轻摇动后看内容物是否块形整齐，汤汁是否混浊，有无杂质异物等。

第二，手捏鉴别法。主要检查罐头有无胖听现象。可用手指按压马口铁罐头的底和盖，玻璃瓶罐头按压瓶盖即可，仔细观察有无胀罐现象。

第三，敲听鉴别法。主要用以检查罐头内容物质量情况，可用小木棍或手指敲击罐头的底盖中心，听其声响鉴别罐头的质量。良质罐头的声音清脆，发实音；次质和劣质罐头（包括内容物不足、空隙大的）声音浊，发空音，即"破破"的沙哑声。

第四，漏气鉴别法。罐头是否漏气，对于罐头的保存非常重要。进行漏气检查时，一般是将罐头沉入水中用手挤压其底盖，如有漏气的地方就会发现小气泡。但检查时罐头淹没在水中不要移动，以免小气泡看不清楚。

开罐后的感官鉴别指标主要是色泽、气味、滋味和汤汁。首先应在开罐后目测罐头内容物的色泽是否正常，这里既包括了内容物又包括了汤汁，对于后者还应注意澄清程度、杂质情况等。其次是嗅其气味，看是否为该品种罐头所特有；然后品尝滋味，由于各类罐头的正常滋味人们都很熟悉和习惯，而且这项指标不受环境条件和工艺过程的过多影响，因此品尝一种罐头是否具有其固有的滋味，在感官鉴别时具有特别重要的意义。

由于食品及食品原料种类繁多，在此无法一一述及。本节仅对具有一定代表性的食品及食品原料的感官检验要点及方法进行了说明，供读者在进行其他食品及食品原料感官检验时加以借鉴和推广使用。

总结

本章结合食品研究、开发、质量控制、市场营销等全产业链的重要环节与食品感官分析的关系，有针对性地介绍了食品感官分析的应用，主要包括消费者试验、市场调查、质量控制及新产品开发等内容，同时对日常生活中常用的肉、蛋、乳、水产品、粮油及果蔬等产品质量的快速感官鉴别方法进行了详细说明。

思考题

1）消费者试验的问卷设计原则是什么？

2）市场调查适合哪些对象和场所？

3）感官质量控制与感官评价的关系是什么？

4）感官质量控制方法有哪些？

5）新产品开发包括哪几个阶段？

6）举例说明畜禽肉感官鉴别的要点。

7）举例说明蛋及蛋制品感官鉴别的要点。

8）举例说明乳及乳制品感官鉴别的要点。

9）举例说明粮油产品感官鉴别的要点。

10）举例说明果蔬产品感官鉴别的要点。

⚡ 工程实践

1）结合本章畜禽肉感官鉴别的要点，试确定新鲜鸡肉的感官鉴别要点。

2）结合本章乳及乳制品感官鉴别的要点，试确定乳饮料的感官鉴别要点。

3）结合本章水产品感官鉴别的要点，试确定优质冰冻虾的感官鉴别要点。

4）以一个食品企业销售部工作人员的身份，对于企业近期开发的蛋糕新品，有针对性地设计消费者试验及市场调查方案。

第十二章　实验

食品感官分析是一门具有严谨的科学性及实践性的学科，需要通过系统的组织、实施及科学的统计分析，方可获得可靠的评价结果，其中，实施环节尤为重要，需要借助科学的实验来完成。这就需要系统地学习实验设计方法、实验原理与目的、试剂及仪器设备、实验步骤、结果处理方法等，以确保感官分析过程的顺利实施。

👁 学习目标

1. 掌握味觉敏感度的测定。
2. 熟悉嗅觉辨别试验。
3. 掌握评价员考核试验。
4. 了解产品排序试验。
5. 熟悉感官剖面试验。
6. 掌握风味综合描述检验。
7. 了解葡萄酒品评试验。

实验一　味觉敏感度的测定

一、实验原理与目的

酸、甜、苦、咸是人类的四种基本味觉，取四种标准味感物质按两种系列（几何系列和算术系列）稀释，以浓度递增的顺序向评价员提供样品，品尝后记录味感。

本法适用于评价员味觉敏感度的测定，可用作选择及培训评价员的初始试验，测定评价员对四种基本味道的识别能力及其觉察阈、识别阈、差别阈值。

二、试剂（样品）及器具

① 水　无色、无味、无臭、无泡沫，中性，纯度接近于蒸馏水，对实验结果无影响。

② 四种味感物质储备液　按表4-1规定制备。

③ 四种味感物质的稀释溶液　用上述储备液按两种系列制备的稀释溶液，见表4-2和表4-3。

④ 器具　容量瓶、玻璃容器（玻璃杯）。

三、实验步骤

① 把稀释溶液分别放置在已编号的容器内，另有一容器盛水。

② 溶液依次从低浓度开始，逐渐提交给评价员，每次 7 杯，其中一杯为水。每杯约 15mL，杯号按随机数编号，品尝后按表 12-1 填写记录。

表12-1　四种基本味测定记录（按算术系列稀释）

姓名：_____　　　　　　　　　　　　　　　　　　日期：_____年___月___日

项目	未知	酸味	苦味	咸味	甜味	水
1						
2						
3						
4						
5						
6						
7						
8						
9						

四、结果分析

根据评价员的品评结果，统计该评价员的觉察阈和识别阈。

五、注意事项

① 要求评价员细心品尝每种溶液，如果溶液不咽下，需含在口中停留一段时间。每次品尝后，用水漱口，如果要再品尝另一种味液，需等待 1min 后，再品尝。

② 试验期间样品和水温尽量保持在 20℃。

③ 试验样品的组合，可以是同一浓度系列的不同味感样品，也可以是不同浓度系列的同一味感样品或两三种不同味感样品，每批样品数一致（如均为 7 个）。

④ 样品以随机数编号，无论以哪种组合，各种浓度的试验溶液都应被品评过，浓度顺序应从低浓度逐步到高浓度。

实验二　嗅觉辨别试验

一、实验原理与目的

嗅觉是辨别各种气味的化学感觉。嗅觉的感受器位于鼻腔最上端的嗅上皮内，嗅觉的感受物质必须具有挥发性和可溶性的特点。嗅觉的个体差异很大，有嗅觉敏锐者和迟钝者。嗅觉敏锐者也并非对所有

气味都敏锐，因不同气味而异，且易受身体状况和生理因素的影响。

本法可作为候选评价员的初选及培训评价员的初始试验。

二、试剂（样品）及器具

① 标准香精样品，如柠檬、苹果、茉莉、玫瑰、菠萝、草莓、香蕉、乙酸乙酯、丙酸异戊酯等。

② 溶剂：乙醇、丙二醇等。

③ 具塞棕色玻璃小瓶、辨香纸。

三、实验步骤

（1）基础测试 挑选 3～4 个不同香型的香精（如柠檬、苹果、茉莉、玫瑰），用无色溶剂（如丙二醇）稀释配制成 1% 浓度。以随机数编码（见附录 8），让每个评价员得到 4 个样品，其中有两个相同，一个不同，外加一个稀释用的溶剂（对照样品）。

评价员应有 100% 选择正确率。

（2）辨香测试 挑选 10 个不同香型的香精（其中有 2～3 个比较接近、易混淆的香型），适当稀释至相同香气强度，分装入干净棕色玻璃瓶中，贴上标签名称，让评价员充分辨别并熟悉它们的香气特征。

（3）等级测试 将上述辨香测试的 10 个香精制成两份样品，一份写明香精名称，一份只写编号，让评价员对 20 瓶样品进行分辨评香，并填写下表。

标明香精名称的样品号码	1	2	3	4	5	6	7	8	9	10
你认为香型相同的样品编号										

（4）配对试验 在评价员经过辨香测试熟悉了评价样品后，任取上述香精中 5 个不同香型的香精稀释制备成外观完全一致的两份样品，分别写明随机数码编号。让评价员对 10 个样品进行配对试验，并填写下表。

试验名称：辨香配对试验　　　　　试验日期：_____年___月___日

试验员：_____

经仔细辨香后，填入上下对应你认为二者相同的香精编号，并简单描述其香气特征。

相同的两种香精的编号				
它的香气特征				

四、结果分析

① 参加基础测试的评价员最好有 100% 的选择正确率，如经过几次重复还不能觉察出差别，则不能入选评价员。

② 等级测试中可用评分法对评价员进行初评，总分为 100 分，答对一个香型得 10 分。30 以下者为不及格；30～70 分者为一般评香员；70～100 分者为优选评香员。

③ 配对试验可用差别试验中的配偶试验法进行评估。

五、注意事项

① 评香实验室应有足够的换气设备，以 1min 内可换室内容积的 2 倍量空气的换气能力为最好。

② 香料：香气评定法参见 GB/T 14454.4—2008。

实验三　差别试验（啤酒品评员考核试验）

一、实验原理与目的

三点检验法是差别检验当中最常用的一种方法。在感官评定中，三点检验法是一种专门的方法，可用于两种产品的样品间的差异分析，也可用于挑选和培训品评员。同时提供 3 个编码样品，其中有两个样品是相同的，要求品评员挑选出其中不同于其他两个的样品的检验方法就叫作三点检验法。具体来讲，就是首先需要进行三次配对比较：A 与 B、B 与 C、A 与 C，然后指出哪两个样品是否为同一种样品。

二、试剂（样品）及器具

（1）试剂　蔗糖、α-苦味酸。

（2）啤酒品评杯　直径 50mm、杯高 100mm 的烧杯，或 250mm 高型烧杯。

三、实验步骤

（1）样品制备（样品制备员准备）　以三种方法考核啤酒品评员，从中择优挑选进一步培训。

① 标准样品　12°啤酒（样品 A）。

② 稀释比较样品　12°啤酒间隔用水作 10% 稀释的系列样品：90mL 除气啤酒添加 10mL 纯净水为 B_1，90mL B_1 添加 10mL 纯净水为 B_2，其余类推。

③ 甜度比较样品　以蔗糖 4g/L 的量间隔加入啤酒中的系列样品，做法同上。

④ 苦度比较样品　以 α-苦味酸 4mg/L 的量间隔加入啤酒的系列样品，做法同上。

（2）样品编号（样品制备员准备）　以随机数对样品编号，例如：

标准样品（A）	304（A_1）	547（A_2）	743（A_3）
稀释比较样品（B）	377（B_1）	779（B_2）	537（B_3）
甜度比较样品（C）	462（C_1）	734（C_2）	553（C_3）
苦度比较样品（D）	739（D_1）	678（D_2）	225（D_3）

（3）供样顺序（样品制备员准备）　提供 3 个样品，其中 2 个是相同的。例如，$A_1B_1B_1$、$A_1A_1C_1$、$A_1D_1D_1$、$B_2B_3B_2$、…、$A_2C_2C_2$、…。

（4）品评　每个品评员每次得到一组 3 个样品，依次品评，并填好下表，每人应评 10 次左右。

样品：啤酒对比试验　　　　试验方法：三点检验法	
试验员：＿＿＿＿＿＿	试验日期：＿＿＿＿＿＿
请认真品评你面前的 3 个样品，其中有 2 个是相同的，请做好记录。 相同的 2 个样品编号是：＿＿＿＿＿＿＿＿＿＿＿＿＿＿＿＿ 不同的 1 个样品编号是：＿＿＿＿＿＿＿＿＿＿＿＿＿＿＿＿	

四、结果分析

统计每个品评员的试验结果，查三点检验法检验表（见表 6-14），判断该品评员的鉴别水平。

五、注意事项

试验用啤酒应作除气处理，处理方法如下。

（1）反复流注法　在室温 25℃以下时，取温度为 10～15℃的样品 500～700mL 于清洁、干燥的 1000mL 搪瓷杯中，以细流注入同样体积的另一搪瓷杯中，注入时两杯杯口相距 20～30cm，反复注流 50 次，以充分除去酒液中的二氧化碳，注入具塞瓶中备用。

（2）过滤法　取约 300mL 样品，以快速滤纸过滤至具塞瓶中，加塞备用。

（3）摇瓶法　取约 300mL 样品，置于 500mL 碘量瓶中，用手堵住瓶口摇动约 30s，并不时松手排气几次。静置，加塞备用。

以上三法中，以第（1）法费时最多，且误差较大，酒精挥发较多；第（2）、（3）法操作简便易行，误差较小，特别是第（3）法，国内外普遍采用。无论采用哪一种方法，同一次品尝试验中，必须采用同一种处理方法。

实验四　排序试验（以饼干为样品）

一、实验原理与目的

排序试验是比较数个样品，按指定特性由强度或嗜好程度排出一系列样品的方法。按其形式可以分为：

① 按某种特性（如甜度、黏度等）的强度递增顺序；

② 按质量顺序（如竞争食品的比较）；

③ 赫道尼科（Hedonic）顺序（如喜欢／不喜欢）。

该法只排出样品的次序，不评价样品间差异的大小。

具体来讲，就是以均衡随机的顺序将样品呈送给品评员，要求品评员就指定指标将样品进行排序，计算秩和，然后利用 Friedman 法等对数据进行统计分析。

排序试验的优点在于可以同时比较两个以上的样品。但是当样品品种较多或样品之间差别很小时，就难以进行。所以通常在样品需要为下一步的试验预筛或预分类的时候，可应用此方法。排序试验中的评判情况取决于鉴定者的感官分辨能力和有关食品方面的性质。

二、样品及器具

① 预备足够量的碟、样品托盘。
② 提供 5 种同类型饼干样品，例如不同品牌的苏打饼干或酥性饼干。

三、实验步骤

（1）实验分组　每 10 人为一组，如全班为 30 人，则分 3 个组，每组选出一个小组长，轮流进入实验区。

（2）样品编号　样品制备员给每个样品编出三位数的代码，每个样品给 3 个编码，作为 3 次重复检验之用，随机数码取自随机数表（见附录 8）。编码实例及供样顺序方案见下表。

样品名称：_____　　　　　　　　　　　日期：_____年___月___日

样品	重复检验编码			
	1	2	3	4
A	463	973	434	
B	995	607	227	
C	067	635	247	
D	695	654	490	
E	681	957	343	

检验员	供样顺序	第 1 次检验时号码顺序
1	C A E D B	067　463　681　695　995
2	A C B E D	463　067　995　681　695
3	E A B D C	681　463　995　695　067
4	B A E D C	995　463　681　695　067
5	E D C A B	681　695　067　463　995
6	D E A C B	695　681　463　067　995
7	D C A B E	695　067　463　995　681
8	A B D E C	463　995　695　681　067
9	C D B A E	067　695　995　463　681
10	E B A C D	681　995　463　067　695

在做第 2 次重复检验时，供样顺序不变，样品编码改用上表中第 2 次检验用码，其余类推。检验员每人都有一张单独的登记表。

样品名称：_____	检验日期：____年____月____日

检验员：_____

检验内容：

请仔细品评您面前的 5 个饼干样品，例如酥性甜饼干，请根据它们的入口酥化程度、甜脆性、香气、综合口感以及外形、颜色等综合指标给它们排序，最好的排在左边第 1 位，依此类推，最差的排在右边最后一位，将样品编号填入对应横线上。

样品排序   1（最好）   2   3   4   5（最差）

样品编号   _____   _____   _____   _____   _____

四、结果分析

① 以小组为单位，统计检验结果。

② 用 Friedman 检验和 Page 检验对 5 个样品之间是否有差异作出判定。

③ 用多重比较分组法和 Kramer 法对样品进行分组。

④ 每人分析自己检验结果的重复性。

⑤ 讨论你的工作体会。

实验五   评分试验（白酒评比试验）

一、实验原理与目的

要求品评员以数字标度形式来评价样品的品质特性。所使用的数字标度可以是等距标度或比率标度。与其他方法不同的是，它是所谓的绝对性判断，即根据品评员各自的品评基准进行判断。它出现的粗糙评分现象也可由增加品评员的人数来克服。

此方法可同时鉴评一种或多种产品的一个或多个指标的强度及其差异，所以应用较为广泛，尤其用于鉴评新产品。

二、样品及器具

① 白酒样品   5 个以上（例如浓香型白酒）。

② 漱口用纯净水。

③ 白酒品评杯   无色透明郁金香型玻璃杯，详见 GB/T 10345—2007 和 GB 5009.225—2016。

三、实验步骤

① 品评前由主持者统一白酒的感官指标和记分方法，使每个评价员掌握

统一的评分标准和记分方法，并讲解评酒要求，见表 12-2。

　　② 白酒样品以随机数编号，注入品评杯中，分发给品评员，每次不超过 5 个样品。

　　③ 品评员独立品评并做好记录，见表 12-3 和表 12-4。

表12-2　浓香型白酒感官指标要求

项目	感官指标要求
色泽	无色透明或微黄，无悬浮物、无沉淀
香气	窖香浓郁，具有以乙酸乙酯为主体的纯正、谐调的酯类香气
口味	绵甜爽净，香味谐调，余味悠长
风格	具有本品固有的独特风格

注：浓香型白酒指以粮谷为原料，使用大曲或麸曲为糖化发酵剂，经传统工艺酿制而成，具有以乙酸乙酯为主体的酯类香味的蒸馏酒，以泸州老窖为典型代表。

表12-3　记分方法

项目	记分方法
色泽	1. 符合感官指标要求，得 10 分 2. 凡混浊、沉淀、带异味、有悬浮物等，酌情扣 1 ~ 4 分 3. 有恶性沉淀或悬浮物者，不得分
香气	4. 符合感官指标要求，得 25 分 5. 放香不足，香气欠纯正，带有异香等，酌情扣 1 ~ 6 分 6. 香气不谐调，且邪杂气重，扣 6 分以上
口味	7. 符合感官指标要求，得 50 分 8. 味欠绵软谐调，口味淡薄，后尾欠净，味苦涩，有辛辣感，有其他杂味等，酌情扣 1 ~ 10 分 9. 酒体不谐调，尾不净，且杂味重，扣 10 分以上
风格	10. 具有本品固有的独特风格，得 15 分 11. 基本具有本品风格，但欠谐调或风格不突出，酌情扣 1 ~ 5 分 12. 不具备本品风格要求，扣 5 分以上

表12-4　白酒品评记分表

评价员：_____　　　　　　　　　　评价日期：_____年 ___月_____日

项目＼得分＼样品编号	×××	×××	×××	×××	×××
色泽					
香气					
口味					
风格					
合计					
评语					

第十二章

四、结果分析

① 用方差分析法分析样品之间的差异。
② 用方差分析法分析品评员之间的差异。

实验六　感官剖面试验

一、实验原理与目的

要求品评员尽量完整地对形成样品感官特征的各个指标，按感觉出现的先后顺序进行品评，使用由简单描述试验所确定的词汇中选择的词汇，描述样品的整个感官印象。报告结果以表格（数字标度）或图（线条标度）表示。详见第九章分析或描述试验的第二节。样品可选用香肠、午餐肉或其他样品。

二、样品及器具

① 由主持人选择合适的典型产品，作标准样品供预备品评用，样品以随机数码编号。
② 漱口用纯净水。
③ 选用合适的器具分发样品。

三、实验步骤

① 全体品评员集中，用标准样品作预备品评，讨论其特性特征和感觉顺序，确定 6 ～ 10 个感觉词汇作为描述该类产品的特性特征，供品评样品时选用。
② 讨论感觉出现的顺序作为品评样品时的参考。然后进行一个综合印象评估。
③ 分组进入感官品评室，分发样品，进行独立品评。用预备品评时确定的词汇对各个样品进行评估和定量描述，允许根据不同样品的特性特征出现差异时选用新的词汇进行描述和定量。

四、结果分析

① 以小组为单位，分析品评员之间的差异。
② 得出本小组的平均分值，以表或图表示。必要时全组讨论得出各个样品的综合评价。

实验七 果酱风味综合评价试验（描述检验）

一、实验原理与目的

将学生作为经验型评价员，向评价员介绍试验样品的特性，简单介绍该样品的生产工艺过程和主要原料，使大家对该样品有一个大概的了解，然后提供一个典型样品让大家品尝，在老师的引导下，选定 8～10 个能表达出该类产品的特征名词，并确定强度等级范围，通过品尝后，统一大家的认识。在完成上述工作后，分组进行独立感官检验。

二、样品及器具

① 提供 5 种同类果酱样品（如苹果酱）。
② 漱口或饮用的纯净水。
③ 预备足够量的碟、匙、样品托盘等。

三、实验步骤

① 实验分组：每组 10 人，如全班为 30 人，则共分为 3 个组，轮流进入感官分析实验区。
② 样品编号：样品制备员给每个样品编出三位数的代码，每个样品给 3 个编码，作为 3 个重复检验之用，随机数码取自随机数表（见附录 8）。本例中取自附录 8 中第 10～14 行第 1～3 列的末 3 位数，也可另取其他数列，见下表：

样品号	A（样1）	B（样1）	C（样1）	D（样1）	E（样1）
第 1 次检验	734	042	706	664	813
第 2 次检验	183	747	375	365	854
第 3 次检验	026	617	053	882	388

③ 排定每组检验员的顺序及供样组别和编码，见下表（第一组第 1 次）：

检验员（姓名）	供样顺序	第 1 次检验样品编码
1（×××）	E A B D C	813，734，042，664，706
2（×××）	A C B E D	734，706，042，813，664
3（×××）	D C A B E	664，706，734，042，813
4（×××）	A B D E C	734，042，664，813，706
5（×××）	B A E D C	042，734，813，664，706
6（×××）	E D C A B	813，664，706，734，042
7（×××）	D E A C B	664，813，734，706，042
8（×××）	C D B A E	706，664，042，734，813
9（×××）	E B A C D	813，042，734，706，664
10（×××）	C A E D B	706，734，813，664，042

供样顺序是样品制备员内部参考用的，检验员用的检验记录表上看到的只是编码，无 A、B、C、D、E 字样。在重复检验时，样品编排顺序不变，如第 1 号检验员的供样顺序每次都是 E、A、B、D、C，而编码的数字则换上第 2 次检验的编号。其他组、次排定表略。请按例自行排定。

④ 分发描述性检验记录表，见下例，供参考，也可另自行设计。

描述性检验记录表

样品名称：苹果酱　　　　　　　　　　检验员：＿＿＿＿＿＿

样品编号（如 813）　　　　　　　　　检验日期：＿＿＿年＿＿＿月＿＿＿日

（弱）1 2 3 4 5 6 7 8 9（强）

1. 色泽

2. 甜度

3. 酸度

4. 甜酸比率　　　　（太酸）　　　　　　　　　　　　（太甜）

5. 苹果香气

6. 焦煳香气

7. 细腻感

8. 不良风味（列出）＿＿＿＿＿＿＿＿＿＿＿＿＿＿＿

四、结果分析

① 每组小组长将小组 10 名检验员的记录表汇总后，解除编码密码，统计出各个样品的评定结果。

② 用统计法分别进行误差分析，评价检验员的重复性、样品间差异。

③ 讨论协调后，得出每个样品的总体评估。

④ 绘制 QDA 图（蜘蛛网形图）。

实验八　发酵乳风味的品评（嗜好性检验）

一、实验原理与目的

嗜好性检验属于情感实验，其目的是估计目前和潜在的消费者对某种产品的创意或某种性质的喜爱和接受程度。一项有效的情感实验要求具备 3 个基本条件：合理的实验设计、合格的参评人员、具有代表性的被测产品。类项标度法是要求品评员就样品的某项感官性质在给定的数值或等级中为其选定一个合适的位置，以表明它的强度或自己对它的喜好程度。

本实验采用九点类项标度，对原味发酵乳及仿制的原味发酵乳进行嗜好性品评，并且把品评结果与其对应的工艺过程和调味配方相结合。比较不同调味工艺的酸乳嗜好性品评结果，找出与目标产品的差异，在相关的工艺中进行调整、改进，使其达到与目标产品一样的感官效果。

二、样品及器具

① 样品　原味发酵乳及仿制的原味发酵乳各两种。样品在4℃条件下于冰箱中储存。

② 漱口用纯净水。

③ 品评杯　按试验人数、次数准备好一次性杯子若干，另外每人准备一个漱口水杯和一个吐液杯。

三、实验步骤

（1）样品编码（由样品制备员准备）　利用随机数表或计算机品评系统进行编码。

（2）主持人讲解　实验前由主持人向品评员介绍检验程序与发酵乳的风味特征，以便使品评员熟悉检验程序和产品的感官特征。根据产品的感官要求，品评员应品评发酵乳风味是否酸甜适中，是否偏酸或偏甜；口感是否细腻，黏稠度如何；香气是否浓郁，是否有正常的奶香味等；咽下去后的余味感觉；发酵乳的总体感觉；如实评定感觉喜好。注意观察原味发酵乳与仿制原味发酵乳的色泽是否有变化，品尝其风味是否酸甜适宜，有无异味等。

要求用九点类项标度对4种不同样品的组织状态和风味进行嗜好性品评。

（3）品评评定　A、B、C、D为原味发酵乳与仿制的原味发酵乳各两种，按3位随机数字表随机编号分批呈送给品评员。根据产品的感官要求，对产品的组织状态和风味的喜好程度进行品评。品评员独立品评并将结果记录如下表。

提示：请将收到的已编码的系列样品从左到右依次进行品评，然后在品评表中对应的地方打"√"，检验时每个样品可反复品评。

编号	极其喜欢1	很喜欢2	喜欢3	有点儿喜欢4	无所谓5	有点儿不喜欢6	不喜欢7	很不喜欢8	极其不喜欢9
甜味									
酸味									
奶香味									
细腻感									
黏稠感									
余味									
总体									

四、结果分析

① 将每位品评员的品评结果表转换成酸乳的每个指标的数字得分表。

② 以小组为单位，将统计结果进行方差分析。若某项指标的方差分析结果是不显著的，则说明这项指标与标准样品无明显差异。若某项指标的方差分析结果是显著的，结合雷达图的定性分析，可再用其他品评方法测试，以确定差异的程度。

实验九 成对比较检验（葡萄酒品评试验）

一、实验原理与目的

成对比较检验法是指以随机顺序同时提供两个样品给评价员，要求评价员对这两个样品进行比较，判定整个样品或者某些特征强度顺序的一种评定方法。具体有两种形式：一种是差别成对比较（双边检验），另一种是定向成对比较（单边检验）。

葡萄酒的感官指标主要包括 5 个方面：外观、香气、口感和结构、余味、整体印象。品酒过程包括看、摇、闻、吸、尝和吐 6 个步骤。葡萄酒的品评需要掌握正确的品尝方法。首先，将酒杯举起，杯口放在嘴唇之间，并压住下唇，头部稍往后仰，轻轻地向口中吸入，并控制吸入的酒量，使葡萄酒均匀分布于舌头表面，控制在口腔的前部。每次吸入的酒量应尽可能相等，一般为 6 ～ 10mL(不能过多或过少)。当酒进入口腔后，闭上双唇，头微前倾，利用舌头和面部肌肉运动，搅动葡萄酒；也可将嘴微张，轻轻吸气，可以防止酒流出，并使酒挥发进入鼻腔后部，然后将酒咽下。再用舌头舔牙齿和口腔内表面，以评定余味。通常酒在口腔内保留时间为 10 ～ 15s。

二、样品及器具

① 葡萄酒（市售）。

② 试剂 蔗糖。

③ ISO 葡萄酒标准品评杯 参照国际 NFV09-110-1998。杯口直径（46±2）mm，杯底宽（65±2）mm，杯身高（100±2）mm，杯脚高（55±3）mm，杯脚宽（65±5）mm，杯脚（9±1）mm。杯口必须平滑、一致，且为圆边，能耐 0 ～ 100℃ 的变温，容量为 210 ～ 225mL。白色托盘、小汤匙。

三、实验步骤

（1）样品制备

① 标准样品 12° 葡萄酒，两个样品 A、B。

② 稀释比较样品 12° 葡萄酒 A 间隔用水作 10% 稀释为系列样品。90mL 添加 10mL 纯净水为 A_1；90mL A_1 添加 10mL 纯净水为 A_2。

③ 甜度比较样品 12° 葡萄酒 B 以蔗糖 4g/L 的量间隔加入葡萄酒中的系列样品。90mL 葡萄酒添加 10mL 的蔗糖为 B_1，方法同上制成 B_2。

（2）样品编号 以随机数对样品编号（由样品制备员准备），具体见表 12-5。

表12-5　成对比较法样品编号

样品	编号	
标准样品	534（A）	412（B）
稀释比较样品	791（A_1）	267（A_2）
甜度比较样品	348（B_1）	615（B_2）

（3）供样顺序　每次随机提供两个样品（由样品制备员准备），可以相同，也可以不同，根据目的而定，如 AB、A_1A_2、B_2B_1、…。

（4）比较两个葡萄酒样品的感官特性的差异　每个评价员每次将得到两个样品，品评后作答，结果填入下表。

样品：葡萄酒（异同检验）	实验方法：二点检验法
评价员：_____	实验日期：_____

从左至右品尝你面前的两个样品，确定两个样品是否相同，写出相应的编号。在两种样品之间请用清水漱口，并吐出所有的样品和水。然后进行下一组实验，重复品尝程序。

相同的两个样品编号是：_____　_____

（5）确定两个葡萄酒样品中哪个更甜　每个评价员每次将得到两个样品，品评后作答，结果填入下表。

样品：葡萄酒（定向检验）	实验方法：二点检验法
评价员：_____	实验日期：_____

从左至右品尝你面前的两个样品，在你认为较甜的样品编号上画圈。你可以猜测，但必须有选择。在两种样品之间请用清水漱口，并吐出所有的样品和水。然后进行下一组实验，重复品尝程序。

854　　　　　　612

（6）确定更偏爱哪个样品　每个评价员每次将得到两个样品，品评后作答，结果填入下表。

样品：葡萄酒（定向检验）	实验方法：二点检验法
评价员：_____	实验日期：_____

检验开始前，请用清水漱口。请按给定的顺序从左至右品尝两个样品。你可以尽你喜欢的多喝，在你所偏爱的样品号码上画"○"，谢谢你的参与。

473　　　　　　825

四、结果分析

① 统计每个评价员的实验结果，查二点检验法检验表，判断该评价员的评定水平。

② 统计本组同学的实验结果，查二点检验法检验表，判断该组评价员的评定水平。

五、注意事项

① 二点检验法的品尝顺序一般为 A → B → A。首先将 A 与 B 比较，然后将 B 与 A 比较，从而确定 A、B 之间的差异。若仍无法确定，则待几分钟后，再品尝。

② 根据实验目的来确定评价员人数。若是要确定产品间的差异，可用 20 ～ 40 人；若是要确定产品间的相似性，则为 60 ～ 80 人。

 总结

感官分析要通过系统的组织、实施及科学的统计分析，方可获得可靠的评价结果，其中，实施环节尤为重要，需要通过科学的实验来完成。本章以案例分析的形式，介绍了味觉敏感度测定、嗅觉辨别试验、评价员考核试验、产品排序试验、感官剖面试验、风味综合描述检验、葡萄酒品评试验等实验的设计方法、实验原理与目的、试剂及仪器设备、实验步骤、统计分析方法等，为不同感官实验的实施，提供了基本方案及实施方法。

 思考题

1）一项感官分析实验主要由哪几部分组成？
2）举例说明感官分析实验的原理。
3）举例说明感官分析实验的步骤。
4）举例说明感官分析实验的统计分析方法。

工程实践

参考本章实验六，设计两款乳饮料的感官剖面试验，要求明确实验原理与目的、样品及器具、实验步骤、结果分析，并绘制感官剖面图，最终给出两种乳饮料的质量评价结果。

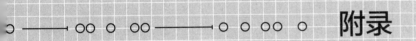 附录

附录1 χ^2分布表

f	α											
	0.995	0.99	0.975	0.95	0.90	0.75	0.25	0.10	0.05	0.025	0.01	0.005
1	—	—	0.001	0.004	0.016	0.102	1.323	2.706	3.841	5.024	6.635	7.879
2	0.010	0.020	0.051	0.103	0.211	0.575	2.773	4.605	5.991	7.378	9.210	10.597
3	0.072	0.115	0.216	0.352	0.584	1.213	4.108	6.251	7.815	9.348	11.345	12.838
4	0.207	0.297	0.484	0.711	1.064	1.923	5.385	7.779	9.488	11.143	13.277	14.860
5	0.412	0.554	0.831	1.145	1.610	2.675	6.626	9.236	11.071	12.833	15.086	16.750
6	0.676	0.872	1.237	1.635	2.204	3.455	7.841	10.645	12.592	14.449	16.812	18.548
7	0.989	1.239	1.690	2.167	2.833	4.255	9.037	12.017	14.067	16.013	18.475	20.278
8	1.344	1.646	2.180	2.733	3.490	5.071	10.219	13.362	15.507	17.535	20.090	21.955
9	1.735	2.088	2.700	3.325	4.168	5.899	11.389	14.684	16.919	19.023	21.666	23.589
10	2.156	2.558	3.247	3.940	4.865	6.737	12.549	15.987	18.307	20.483	23.209	25.188
11	2.603	3.053	3.816	4.575	5.578	7.584	13.701	17.275	19.675	21.920	24.725	26.757
12	3.074	3.571	4.404	5.226	6.304	8.438	14.845	18.549	21.026	23.337	26.217	28.299
13	3.565	4.107	5.009	5.892	7.042	9.233	15.984	19.812	22.362	24.736	27.688	29.819
14	4.075	4.660	5.629	6.571	7.790	10.165	17.117	21.064	23.685	26.119	29.141	31.319
15	4.601	5.229	6.262	7.261	8.547	11.037	18.245	22.307	24.996	27.488	30.578	32.801
16	5.142	5.812	6.908	7.962	9.312	12.212	19.369	23.542	26.296	28.845	32.000	34.267
17	5.697	6.408	7.564	8.672	10.085	12.792	20.489	24.769	27.587	30.191	33.409	35.718
18	6.265	7.015	8.231	9.390	10.865	13.675	21.605	25.989	28.869	31.526	34.805	37.156
19	6.844	7.633	8.907	10.117	11.651	14.562	22.718	27.204	30.144	32.852	36.191	38.582
20	7.434	8.260	9.591	10.851	12.443	15.452	23.828	28.412	31.410	34.170	37.566	39.997
21	8.034	8.897	10.283	11.591	13.240	16.344	24.935	29.615	32.671	35.479	38.932	41.401
22	8.643	9.542	10.982	12.338	14.042	17.240	26.039	30.813	33.924	36.781	40.289	42.796
23	9.260	10.193	11.689	13.091	14.848	18.137	27.141	32.007	35.172	38.076	41.638	44.181
24	9.885	10.593	12.401	13.848	15.659	19.037	28.241	33.196	36.415	39.364	42.980	45.559
25	10.520	11.524	13.120	14.611	16.473	19.939	29.339	34.382	37.652	40.646	44.314	46.928
26	11.160	12.198	13.844	15.379	17.292	20.843	30.435	35.563	38.885	41.923	45.642	48.290
27	11.808	12.879	14.573	16.151	18.114	21.749	31.528	36.741	40.113	43.194	46.963	49.645
28	12.461	13.555	15.308	16.928	18.939	22.657	32.602	37.916	41.337	44.461	48.278	50.993
29	13.121	14.257	16.047	17.708	19.768	23.567	33.711	39.081	42.557	45.722	49.588	52.336
30	13.787	14.954	16.791	18.493	20.599	24.478	34.800	40.256	43.773	46.979	50.892	53.672

f	α											
	0.995	0.99	0.975	0.95	0.90	0.75	0.25	0.10	0.05	0.025	0.01	0.005
31	14.458	15.655	17.539	19.281	21.434	25.390	35.887	41.422	44.985	48.232	52.191	55.003
32	15.134	16.362	18.291	20.072	22.271	26.304	36.973	42.585	46.194	49.480	53.486	56.328
33	15.815	17.047	19.047	20.867	23.110	27.219	38.058	43.745	47.400	50.725	54.776	57.648
34	16.501	17.789	19.806	21.664	23.952	28.136	39.141	44.903	48.602	51.966	56.061	58.964
35	17.682	18.509	20.569	22.465	24.797	29.054	40.223	46.059	49.802	53.203	57.342	60.275
36	17.887	19.233	21.336	23.269	25.643	29.973	41.304	47.212	50.998	54.437	58.619	61.581
37	18.586	19.950	22.106	24.075	26.492	30.893	42.383	48.363	52.192	55.668	59.892	62.883
38	19.289	20.691	22.878	24.884	27.343	31.815	43.462	49.513	53.384	56.896	61.162	64.181
39	19.996	21.426	23.654	25.695	28.196	32.737	44.539	50.660	54.572	58.120	62.428	65.476
40	20.707	22.164	24.433	26.509	29.051	33.660	45.616	51.805	55.758	59.342	63.691	66.766
41	21.421	22.906	25.215	27.326	29.907	34.585	46.692	52.949	56.942	60.561	64.950	68.053
42	22.138	23.650	25.999	28.144	30.765	35.510	47.766	54.090	58.124	61.777	66.206	69.336
43	22.859	24.398	26.785	28.965	31.625	36.436	48.840	55.230	59.304	62.990	67.459	70.615
44	23.584	25.148	27.575	29.787	32.487	37.363	49.913	56.369	60.481	64.201	68.710	71.893
45	24.311	25.901	28.366	30.612	33.350	38.291	50.985	57.505	61.656	65.410	69.957	73.166
46	25.041	26.557	29.160	31.439	34.215	39.220	52.056	58.641	62.830	66.617	71.201	74.437
47	25.775	27.416	29.956	32.268	35.081	40.149	53.127	59.774	64.001	67.821	72.443	75.704
48	26.511	28.177	30.755	33.098	35.949	41.079	54.196	60.907	65.171	69.023	73.683	76.969
49	27.249	28.941	31.555	33.930	36.818	42.010	55.265	62.038	66.339	70.222	74.919	78.231
50	27.991	29.707	32.357	34.764	37.689	42.942	56.334	63.167	67.505	71.420	76.154	79.490
51	28.735	30.475	33.162	35.600	38.560	43.874	57.401	64.295	68.669	72.616	77.386	80.747
52	29.481	31.246	33.968	36.437	39.433	44.808	58.468	65.422	69.832	73.810	78.616	82.001
53	30.230	32.018	34.776	37.276	40.303	45.741	59.534	66.548	70.993	75.002	79.843	83.253
54	30.981	32.793	35.586	38.116	41.183	46.676	60.600	67.673	72.153	76.192	81.069	84.502
55	31.735	33.570	36.398	38.958	42.060	47.610	61.665	68.796	73.311	77.380	82.292	85.749
56	32.490	34.350	37.212	39.801	42.937	48.546	62.729	69.919	74.468	78.567	83.513	86.994
57	33.248	35.131	38.027	40.646	43.816	49.482	63.793	71.040	75.624	79.752	84.733	88.236
58	34.008	35.913	38.844	41.492	44.696	50.419	64.857	72.160	76.778	80.936	85.950	89.477
59	34.770	36.698	39.662	42.339	45.577	51.356	65.919	73.279	77.931	82.117	87.166	90.715
60	35.534	37.485	40.482	43.188	46.459	52.294	66.981	74.397	79.082	83.298	88.379	91.952
61	36.300	38.273	41.303	44.038	47.342	53.232	68.043	75.514	80.232	84.476	89.591	93.186

f	α											
	0.995	0.99	0.975	0.95	0.90	0.75	0.25	0.10	0.05	0.025	0.01	0.005
62	37.058	39.063	42.126	44.889	48.226	54.171	69.104	76.630	81.381	85.654	90.802	94.419
63	37.838	39.855	42.950	45.741	49.111	55.110	70.165	77.745	82.529	86.830	92.010	95.649
64	38.610	40.649	43.776	46.595	49.996	56.050	71.225	78.860	83.675	88.004	93.217	96.878
65	39.383	41.444	44.603	47.450	50.883	56.990	72.285	79.973	84.821	89.117	94.422	98.105
66	40.158	42.240	45.431	48.305	51.770	57.931	73.344	81.085	85.965	90.349	95.626	99.330
67	40.935	43.038	46.261	49.162	52.659	58.872	74.403	82.197	87.108	91.519	96.828	100.554
68	41.713	43.838	47.092	50.020	53.543	59.814	75.461	83.308	88.250	92.689	98.028	101.776
69	42.494	44.639	47.924	50.879	54.438	60.756	76.519	84.418	89.391	93.856	99.228	102.996
70	43.275	45.442	48.758	51.739	55.329	61.698	77.577	85.527	90.531	95.023	100.425	104.215
71	44.058	46.246	49.592	52.600	56.221	62.641	78.634	86.635	91.670	96.189	101.621	105.432
72	44.843	47.051	50.428	53.462	57.113	63.585	79.690	87.743	92.808	97.353	102.816	106.648
73	45.629	47.858	51.265	54.325	58.006	64.528	80.747	88.850	93.945	98.516	104.010	107.862
74	46.417	48.666	52.103	55.189	58.900	65.472	81.803	89.956	95.081	99.678	105.202	109.074
75	47.206	49.475	52.945	56.054	59.795	66.417	82.858	91.061	96.217	100.839	106.393	110.286
76	47.997	50.286	53.782	56.920	60.690	67.362	83.913	92.166	97.351	101.999	107.583	111.495
77	48.788	51.097	54.623	57.786	61.585	68.307	84.968	93.270	98.484	103.158	108.771	112.704
78	49.582	51.910	55.466	58.654	62.483	69.252	86.022	94.374	99.617	104.316	109.958	113.911
79	50.376	52.725	56.309	59.522	63.380	70.198	87.077	95.476	105.473	105.473	111.144	115.117
80	51.172	53.540	57.153	60.391	64.278	71.145	88.130	96.578	106.629	106.629	112.329	116.321
81	51.969	54.357	57.998	61.261	65.176	72.091	89.184	97.680	107.783	107.783	113.512	117.524
82	52.767	55.174	58.845	62.132	66.075	73.038	90.237	98.780	108.937	108.937	114.695	118.726
83	53.567	55.993	59.692	63.004	66.976	73.985	91.289	99.880	110.090	110.090	115.876	119.927
84	54.368	56.813	60.540	63.876	67.875	74.933	92.342	100.980	106.395	111.242	117.057	121.126
85	55.170	57.634	61.389	64.749	68.777	75.881	93.394	102.079	107.522	112.393	118.236	122.325
86	55.973	58.456	62.239	65.623	69.679	76.829	94.446	103.177	108.648	113.544	119.414	123.522
87	56.777	59.279	63.089	66.498	70.581	77.777	95.497	104.275	109.773	114.693	120.591	124.718
88	57.582	60.103	63.941	67.373	71.484	78.726	96.548	105.372	110.898	115.841	121.767	125.913
89	58.389	60.928	64.793	68.249	72.387	79.675	97.599	106.469	112.022	116.980	122.942	127.406
90	59.196	61.754	65.647	69.126	73.291	80.625	98.650	107.365	113.145	118.136	124.116	128.299

附录 2　Spearman 秩相关检验临界值表

α \ n	4	5	6	7	8	9	10	11	12	13	14	15	16	17	18	19	20
0.05	1.000		0.829		0.643		0.564		0.503		0.464		0.429		0.401		0.380
		0.900		0.714		0.600		0.536		0.484		0.446		0.414		0.391	
0.01	—		0.943		0.833		0.745		0.678		0.626		0.582		0.550		0.520
		1.000		0.893		0.783		0.709		0.648		0.604		0.566		0.535	

附录 3　F 分布表

$P(F > F_\alpha) = \alpha$

分母自由度 f_2	α	分子自由度 f_1															
		1	2	3	4	5	6	7	8	9	10	12	15	20	30	60	120
1	0.005	16211	2000	21615	32500	23056	23437	23715	23925	24091	24224	24426	24630	24836	25044	25253	25359
	0.010	4052	4999	5403	5624	5763	5859	5928	5981	6022	6056	6106	6157	6209	6261	6313	6339
	0.025	647.8	799.5	864.2	899.6	921.8	937.1	948.2	855.7	963.3	968.6	976.7	984.9	993.1	1001	1010	1014
	0.050	161.4	199.5	215.7	224.6	230.2	234.0	236.0	238.9	240.5	241.9	243.9	245.9	248.0	250.1	252.2	253.3
2	0.005	198.5	199.0	199.2	199.2	199.3	199.3	199.4	199.4	199.4	199.4	199.4	199.4	199.4	199.5	199.5	199.5
	0.010	98.50	99.00	99.17	99.25	99.30	99.33	99.36	99.37	99.39	99.40	99.42	99.43	99.45	99.47	99.48	99.49
	0.025	38.51	39.00	39.17	39.25	39.30	39.30	39.36	39.37	39.39	39.40	39.41	39.43	39.45	39.46	39.48	39.49
	0.050	18.51	19.00	19.16	19.25	19.30	19.33	19.35	19.37	19.38	19.40	19.41	19.43	19.45	19.46	19.48	19.49
3	0.005	55.55	49.80	47.47	46.19	45.39	44.84	44.43	44.13	43.88	43.69	43.39	43.08	42.78	42.47	42.15	41.99
	0.010	34.12	30.82	29.46	28.71	28.24	27.91	27.67	27.49	27.35	27.23	27.05	27.87	26.69	26.50	26.32	26.22
	0.025	17.44	16.04	15.44	15.10	14.88	14.73	14.62	14.54	14.47	14.42	14.34	14.25	14.17	14.08	13.99	13.95
	0.050	10.13	9.552	9.277	9.117	9.014	8.941	8.887	8.845	8.812	8.786	8.745	8.703	8.660	8.617	8.572	8.549
4	0.005	31.33	26.28	24.26	23.15	22.46	21.97	21.62	21.35	21.41	20.97	20.70	20.44	20.17	19.89	19.61	19.47
	0.010	21.20	18.00	16.69	15.98	15.52	15.21	14.98	14.80	14.65	14.55	14.37	14.20	14.02	13.84	13.65	13.56
	0.025	12.22	10.65	9.979	9.604	9.364	9.197	9.074	8.980	8.905	8.844	8.751	8.656	8.560	8.461	8.360	8.309
	0.050	7.709	6.944	6.591	6.388	6.256	6.163	6.094	6.041	5.999	5.964	5.912	5.858	5.802	5.746	5.688	5.658
5	0.005	22.78	18.31	15.53	15.56	14.94	14.51	14.20	13.96	13.77	13.62	13.38	13.15	12.90	12.66	12.40	12.27
	0.010	16.26	13.27	12.06	11.39	10.97	10.67	10.46	10.29	10.16	10.05	9.888	9.722	9.553	9.370	9.202	9.112
	0.025	10.01	8.434	7.764	7.388	7.146	6.978	6.853	6.757	6.681	6.619	6.525	6.428	5.328	6.227	6.122	6.069
	0.050	6.608	5.786	5.410	5.192	5.050	4.950	4.876	4.818	4.772	4.735	4.678	4.619	4.558	4.496	4.431	4.398

附录

分母自由度 f_2	α	分子自由度 f_1															
		1	2	3	4	5	6	7	8	9	10	12	15	20	30	60	120
6	0.005	18.63	14.54	12.92	12.03	11.46	11.07	10.79	10.57	10.25	10.13	10.03	9.814	9.589	9.358	9.122	9.002
	0.010	13.75	10.92	9.780	9.148	8.746	8.466	8.260	8.102	7.976	7.874	7.718	7.559	7.396	7.228	7.057	6.969
	0.025	8.813	7.260	6.599	6.227	5.988	5.820	5.696	5.600	5.523	5.461	5.366	5.269	5.168	5.065	4.956	4.904
	0.050	5.987	5.143	4.757	4.534	4.387	4.284	4.207	4.147	4.099	4.060	4.000	3.874	3.938	3.808	3.740	3.705
7	0.005	16.24	12.40	10.88	10.05	9.522	9.155	8.885	8.678	8.514	8.380	8.176	7.968	7.754	7.534	7.309	7.193
	0.010	12.25	9.547	8.451	7.847	7.460	7.191	6.993	6.840	6.719	6.620	6.469	6.314	6.155	5.992	5.824	5.737
	0.025	8.073	6.542	5.890	5.523	5.285	5.119	4.995	4.899	4.823	4.761	4.666	4.568	4.467	4.362	4.254	4.199
	0.050	5.591	4.737	4.347	4.120	3.972	3.868	3.787	3.726	3.677	3.636	3.575	5.511	3.444	3.376	3.304	3.267
8	0.005	14.69	11.04	9.536	8.805	8.302	7.952	7.694	7.495	7.339	7.211	7.015	6.814	6.608	6.396	6.177	6.065
	0.010	11.26	8.649	7.591	7.006	6.632	6.371	6.178	5.029	5.911	5.814	5.667	5.515	5.359	5.198	5.032	4.946
	0.025	7.571	6.060	5.416	5.053	4.817	4.652	4.529	4.433	4.357	4.295	4.200	4.101	4.000	3.894	3.784	3.728
	0.050	5.318	4.459	4.066	3.838	3.688	3.581	3.500	3.438	3.388	3.347	3.284	3.218	3.150	3.079	3.005	2.967
9	0.005	13.81	10.11	8.717	7.956	7.471	7.134	6.885	6.693	6.541	6.417	6.227	6.032	5.832	5.625	5.410	5.300
	0.010	10.56	8.022	6.992	6.422	6.057	5.592	5.613	5.467	5.351	5.256	5.111	4.962	4.808	4.649	4.483	4.398
	0.025	7.209	5.715	5.078	4.718	4.484	4.320	4.197	4.102	4.026	3.964	3.868	3.769	3.667	3.560	3.449	3.392
	0.050	5.117	4.256	3.863	3.633	3.482	3.374	3.293	3.230	3.179	3.173	3.073	3.006	2.936	2.864	2.787	2.748
10	0.005	12.83	9.247	8.081	7.343	6.872	6.545	6.302	6.116	5.968	5.847	5.661	5.471	5.274	5.070	4.859	4.750
	0.010	10.04	7.559	6.552	5.994	5.636	5.386	5.200	5.057	4.942	4.849	4.706	4.558	4.405	4.247	4.082	3.996
	0.025	6.937	5.456	4.826	4.468	4.236	4.072	3.950	3.855	3.779	3.717	3.621	3.522	3.419	3.311	3.198	3.140
	0.050	4.955	4.103	3.708	3.478	3.236	3.217	3.136	3.072	3.020	2.978	2.913	2.845	2.774	2.700	2.621	2.580
12	0.005	11.75	8.510	7.226	6.521	6.071	5.757	5.524	5.345	5.202	5.086	4.906	4.721	4.530	4.331	4.123	4.015
	0.010	9.330	6.927	5.953	5.412	5.064	4.821	4.640	4.499	4.388	4.296	4.15	4.010	3.858	3.701	3.536	3.449
	0.025	6.554	3.096	4.474	4.121	3.891	3.728	3.606	3.512	3.436	3.374	3.277	3.177	3.073	2.963	2.848	2.787
	0.050	4.747	3.885	3.490	3.259	3.106	2.996	2.913	2.849	2.976	2.753	2.687	2.617	2.544	2.466	2.384	2.341
15	0.005	10.30	7.701	6.476	5.803	5.372	5.071	4.847	4.674	4.536	4.424	4.250	4.070	3.663	3.687	3.480	3.372
	0.010	8.683	6.359	5.417	4.893	4.556	4.318	4.142	4.004	3.895	3.805	3.666	3.522	3.372	3.214	3.047	2.960
	0.025	6.200	4.765	3.153	3.804	3.576	3.415	3.293	3.199	3.123	3.060	2.963	2.862	2.756	2.644	2.524	2.461
	0.050	4.543	3.682	3.287	3.056	2.901	2.790	2.707	2.641	2.538	2.544	2.475	2.404	2.328	2.247	2.160	2.114
20	0.005	9.944	6.986	5.818	5.174	4.762	4.472	4.257	4.090	3.956	3.847	3.678	3.502	3.318	3.123	2.916	2.806
	0.010	8.096	5.819	4.938	4.431	4.103	3.871	3.699	3.564	3.457	3.368	3.231	3.088	2.938	2.778	2.608	2.517
	0.025	5.872	4.461	3.859	3.515	3.289	3.128	3.007	2.913	2.836	2.774	2.676	2.573	2.464	2.349	2.223	2.156
	0.050	4.351	3.493	3.098	2.866	2.711	2.599	2.514	2.447	2.393	2.348	2.278	2.203	2.124	2.309	1.946	1.896

分母自由度 f_2	α	分子自由度 f_1															
		1	2	3	4	5	6	7	8	9	10	12	15	20	30	60	120
30	0.005	9.180	6.355	5.239	4.623	4.228	3.949	3.742	3.580	3.450	3.344	3.179	3.006	2.823	2.628	2.415	2.300
	0.010	7.562	5.390	4.510	4.018	3.699	3.474	3.304	3.173	3.066	2.979	2.843	2.700	2.549	2.386	2.208	2.111
	0.025	5.568	4.182	3.589	3.250	3.026	2.867	2.746	2.651	2.575	2.511	2.412	2.307	2.195	2.074	1.940	1.866
	0.050	4.171	3.316	2.922	2.090	2.534	2.420	2.334	2.266	2.211	2.165	2.092	2.015	1.932	1.841	1.740	1.684
60	0.005	8.495	5.795	4.729	4.140	3.760	3.492	3.291	3.134	3.008	2.904	2.742	2.570	2.387	2.187	1.962	1.834
	0.010	7.077	4.977	4.126	3.649	3.339	3.119	2.953	2.823	2.718	2.632	2.496	2.352	2.193	2.028	1.836	1.726
	0.025	5.286	3.925	3.342	3.008	2.786	2.627	2.507	2.412	2.334	2.270	2.169	2.061	1.944	1.815	1.667	1.581
	0.050	4.001	3.150	2.758	2.525	2.368	2.254	2.163	2.097	2.040	1.993	1.917	1.836	1.748	1.649	1.534	1.467
120	0.005	8.179	5.539	4.497	3.921	3.548	3.285	3.087	2.933	2.808	2.705	2.544	2.373	2.188	1.984	1.747	1.606
	0.010	6.851	4.786	3.949	3.480	3.174	2.956	2.792	2.663	2.559	2.472	2.336	2.192	2.035	1.860	1.656	1.533
	0.025	5.512	3.80	53.227	2.894	2.674	2.515	2.395	2.299	2.222	2.157	2.055	1.915	1.825	1.690	1.530	1.433
	0.050	3.920	3.072	2.680	2.447	2.290	2.175	2.087	2.016	1.969	1.910	1.834	1.750	1.659	1.564	1.429	1.352

附录 4　方差齐次性检验临界值表

评价员数	显著水平		评价员数	显著水平	
	0.01	0.05		0.01	0.05
3	0.942	0.871	17	0.372	0.305
4	0.864	0.768	18	0.356	0.293
5	0.788	0.684	19	0.343	0.281
6	0.722	0.616	20	0.330	0.270
7	0.664	0.561	21	0.318	0.261
8	0.615	0.516	22	0.307	0.252
9	0.573	0.478	23	0.297	0.243
10	0.536	0.445	24	0.287	0.235
11	0.504	0.417	25	0.278	0.228
12	0.475	0.392	26	0.270	0.221
13	0.450	0.371	27	0.262	0.215
14	0.427	0.352	28	0.255	0.209
15	0.407	0.335	29	0.248	0.203
16	0.388	0.319	30	0.241	0.198

附录 5　顺位检验法检验表（α＝5%）

样品数 p

评价员数 q	2	3	4	5	6	7	8	9	10	11	12	13	14	15
2	······	······	······	3~9	3~11	3~13	4~14	4~16	4~18	5~19	5~21	5~23	5~25	6~26
3	······	4~8	4~11	4~14 / 5~13	4~17 / 6~15	4~20 / 6~18	4~23 / 7~20	5~25 / 8~22	5~28 / 8~25	5~31 / 9~27	5~34 / 10~29	5~37 / 10~32	5~40 / 11~34	6~42 / 12~36
4	······	5~11 / 5~11	5~15 / 6~14	6~18 / 7~17	6~22 / 8~20	7~25 / 9~23	7~29 / 10~26	8~32 / 11~29	8~36 / 13~31	8~40 / 14~34	9~43 / 15~37	9~47 / 16~40	10~50 / 17~43	10~54 / 18~46
5	6~9	6~14 / 7~13	7~18 / 8~17	8~22 / 10~20	9~26 / 11~24	9~31 / 13~27	10~35 / 14~31	11~39 / 15~35	12~43 / 17~38	12~48 / 18~42	13~52 / 20~45	14~56 / 21~49	14~61 / 23~52	15~65 / 24~56
6	7~11 / 7~11	8~16 / 9~15	9~21 / 11~19	10~26 / 12~24	11~31 / 14~28	12~36 / 16~32	13~41 / 18~36	14~46 / 20~40	15~51 / 21~45	17~55 / 23~49	18~60 / 25~53	19~65 / 27~57	19~71 / 29~61	20~76 / 31~65
7	8~13 / 8~13	10~18 / 10~18	11~24 / 13~22	12~30 / 15~27	14~35 / 17~32	15~41 / 19~37	17~46 / 22~41	18~52 / 24~46	19~58 / 26~51	21~63 / 28~56	22~69 / 30~61	23~75 / 33~65	25~80 / 35~70	26~86 / 37~75
8	9~15 / 10~14	11~21 / 12~20	13~27 / 15~25	15~33 / 17~31	17~39 / 20~36	18~46 / 23~41	20~52 / 25~47	22~58 / 28~52	24~64 / 31~57	25~71 / 33~63	27~77 / 36~68	29~83 / 39~73	30~90 / 41~79	32~96 / 44~84
9	11~16 / 11~16	13~23 / 14~22	15~30 / 17~28	17~37 / 20~34	19~44 / 23~40	22~50 / 26~46	24~57 / 29~52	26~64 / 32~58	28~71 / 35~64	30~78 / 38~70	32~85 / 41~76	34~92 / 45~81	36~99 / 48~87	38~106 / 51~93
10	12~18 / 12~18	15~25 / 16~24	17~33 / 19~31	20~40 / 23~37	23~48 / 26~44	25~55 / 30~50	27~63 / 33~57	30~70 / 37~63	32~78 / 40~70	34~86 / 44~76	37~93 / 47~83	39~101 / 51~89	41~109 / 54~96	44~116 / 57~103
11	13~20 / 14~19	16~28 / 18~26	19~36 / 21~34	22~44 / 25~41	25~52 / 29~48	28~60 / 33~56	31~68 / 37~62	34~76 / 41~69	36~85 / 45~76	39~93 / 49~83	42~101 / 53~90	45~109 / 57~97	47~118 / 60~105	50~126 / 64~112
12	15~21 / 15~21	18~30 / 19~29	21~39 / 24~36	25~47 / 28~44	28~56 / 32~52	31~65 / 37~59	34~74 / 41~67	38~82 / 45~75	41~91 / 50~82	44~100 / 54~90	47~109 / 58~98	50~118 / 63~105	53~127 / 67~113	56~136 / 71~121
13	16~23 / 17~22	20~32 / 21~31	24~41 / 26~39	27~51 / 31~47	31~60 / 35~56	35~69 / 40~64	38~79 / 45~72	42~88 / 50~80	45~98 / 54~89	49~107 / 59~97	52~117 / 64~105	56~126 / 69~113	59~136 / 74~121	62~146 / 78~130

续表

评价员数 q	样品数 p													
	2	3	4	5	6	7	8	9	10	11	12	13	14	15
14	17 ~ 25	22 ~ 34	26 ~ 44	30 ~ 54	34 ~ 64	38 ~ 74	42 ~ 84	46 ~ 94	50 ~ 104	54 ~ 114	57 ~ 125	61 ~ 135	65 ~ 145	69 ~ 155
	18 ~ 24	23 ~ 33	28 ~ 42	33 ~ 51	38 ~ 60	44 ~ 68	49 ~ 77	54 ~ 86	59 ~ 95	65 ~ 103	70 ~ 112	75 ~ 121	80 ~ 130	85 ~ 139
15	19 ~ 26	23 ~ 37	28 ~ 47	32 ~ 58	37 ~ 68	41 ~ 79	46 ~ 89	50 ~ 100	54 ~ 111	58 ~ 122	63 ~ 132	67 ~ 143	71 ~ 154	75 ~ 165
	19 ~ 26	25 ~ 35	30 ~ 45	36 ~ 54	42 ~ 63	47 ~ 73	53 ~ 82	59 ~ 91	64 ~ 101	70 ~ 110	75 ~ 120	81 ~ 129	87 ~ 138	92 ~ 148
16	20 ~ 28	25 ~ 39	30 ~ 50	35 ~ 61	40 ~ 72	45 ~ 83	49 ~ 95	54 ~ 106	59 ~ 119	63 ~ 129	68 ~ 140	73 ~ 151	77 ~ 163	82 ~ 174
	21 ~ 27	27 ~ 37	33 ~ 47	39 ~ 57	45 ~ 67	51 ~ 77	57 ~ 87	63 ~ 97	69 ~ 107	75 ~ 117	81 ~ 127	87 ~ 137	93 ~ 147	100 ~ 156
17	22 ~ 29	27 ~ 41	32 ~ 53	38 ~ 64	43 ~ 76	48 ~ 88	53 ~ 100	58 ~ 112	63 ~ 124	68 ~ 136	73 ~ 148	78 ~ 160	83 ~ 172	88 ~ 184
	22 ~ 29	28 ~ 40	35 ~ 50	41 ~ 61	48 ~ 71	54 ~ 82	61 ~ 92	67 ~ 103	74 ~ 113	81 ~ 123	87 ~ 134	94 ~ 144	100 ~ 155	107 ~ 165
18	23 ~ 31	29 ~ 43	34 ~ 56	40 ~ 68	46 ~ 80	51 ~ 93	57 ~ 105	62 ~ 118	68 ~ 130	73 ~ 143	79 ~ 155	84 ~ 168	90 ~ 180	95 ~ 193
	24 ~ 30	30 ~ 42	37 ~ 53	44 ~ 64	51 ~ 75	58 ~ 86	65 ~ 97	72 ~ 108	79 ~ 119	86 ~ 130	93 ~ 141	100 ~ 152	107 ~ 163	114 ~ 174
19	24 ~ 33	30 ~ 46	37 ~ 58	43 ~ 71	49 ~ 84	55 ~ 97	61 ~ 110	67 ~ 123	73 ~ 136	78 ~ 150	84 ~ 163	90 ~ 176	96 ~ 189	102 ~ 202
	25 ~ 32	32 ~ 44	39 ~ 56	47 ~ 67	54 ~ 79	62 ~ 90	69 ~ 102	76 ~ 114	84 ~ 125	91 ~ 137	99 ~ 148	106 ~ 160	114 ~ 171	121 ~ 183
20	26 ~ 34	32 ~ 48	39 ~ 61	45 ~ 75	52 ~ 88	58 ~ 102	65 ~ 115	71 ~ 129	77 ~ 143	83 ~ 157	90 ~ 170	96 ~ 184	102 ~ 198	108 ~ 212
	26 ~ 34	34 ~ 46	42 ~ 58	50 ~ 70	57 ~ 83	65 ~ 95	73 ~ 107	81 ~ 119	89 ~ 131	97 ~ 143	105 ~ 155	112 ~ 168	120 ~ 180	128 ~ 192
21	27 ~ 36	34 ~ 50	41 ~ 64	48 ~ 78	55 ~ 92	62 ~ 106	68 ~ 121	75 ~ 135	82 ~ 149	89 ~ 163	95 ~ 178	102 ~ 192	108 ~ 207	115 ~ 221
	28 ~ 35	36 ~ 48	44 ~ 61	52 ~ 74	61 ~ 86	69 ~ 99	77 ~ 112	86 ~ 124	94 ~ 137	102 ~ 150	110 ~ 163	119 ~ 175	127 ~ 188	135 ~ 201
22	28 ~ 36	36 ~ 52	43 ~ 67	51 ~ 81	58 ~ 96	65 ~ 111	72 ~ 126	80 ~ 140	87 ~ 155	94 ~ 170	101 ~ 185	108 ~ 200	115 ~ 215	122 ~ 230
	29 ~ 37	38 ~ 50	46 ~ 64	55 ~ 77	64 ~ 90	73 ~ 103	81 ~ 117	90 ~ 130	99 ~ 143	108 ~ 156	116 ~ 170	125 ~ 183	134 ~ 196	143 ~ 209
23	30 ~ 38	38 ~ 54	46 ~ 69	53 ~ 85	61 ~ 100	69 ~ 115	76 ~ 131	84 ~ 146	91 ~ 162	99 ~ 177	106 ~ 193	114 ~ 208	121 ~ 224	128 ~ 240
	31 ~ 38	40 ~ 52	49 ~ 66	58 ~ 80	67 ~ 94	76 ~ 108	85 ~ 122	95 ~ 135	104 ~ 149	113 ~ 163	122 ~ 177	131 ~ 191	141 ~ 204	150 ~ 218
24	31 ~ 41	40 ~ 56	48 ~ 72	56 ~ 88	64 ~ 104	72 ~ 120	80 ~ 136	88 ~ 152	96 ~ 168	104 ~ 184	112 ~ 200	120 ~ 216	127 ~ 233	135 ~ 249
	32 ~ 40	41 ~ 55	51 ~ 69	61 ~ 83	70 ~ 98	80 ~ 112	90 ~ 126	99 ~ 141	109 ~ 155	119 ~ 169	128 ~ 184	138 ~ 198	147 ~ 213	157 ~ 227
25	33 ~ 42	41 ~ 59	50 ~ 75	59 ~ 91	67 ~ 108	76 ~ 124	84 ~ 141	92 ~ 158	101 ~ 174	109 ~ 191	117 ~ 208	126 ~ 224	134 ~ 241	142 ~ 258
	33 ~ 42	43 ~ 57	53 ~ 72	63 ~ 87	73 ~ 102	84 ~ 116	94 ~ 131	104 ~ 146	114 ~ 161	124 ~ 176	134 ~ 191	144 ~ 206	154 ~ 221	164 ~ 236
26	34 ~ 44	43 ~ 61	52 ~ 78	61 ~ 95	70 ~ 112	79 ~ 129	88 ~ 146	97 ~ 163	106 ~ 180	114 ~ 198	123 ~ 215	132 ~ 232	140 ~ 250	149 ~ 267
	35 ~ 43	45 ~ 59	56 ~ 74	66 ~ 90	77 ~ 105	87 ~ 121	98 ~ 136	108 ~ 152	119 ~ 167	129 ~ 183	140 ~ 198	151 ~ 213	161 ~ 229	172 ~ 244

续表

样品数 p

评价员数 q	2	3	4	5	6	7	8	9	10	11	12	13	14	15
27	35～46	45～63	55～80	64～98	73～116	83～133	92～151	101～169	110～187	119～205	129～222	138～240	147～258	156～276
	36～45	47～61	58～77	69～93	80～109	91～125	102～141	113～157	124～173	135～189	146～205	157～221	168～237	179～253
28	37～47	47～65	57～83	67～101	76～120	86～138	96～156	106～174	115～193	125～211	134～230	144～248	153～267	162～286
	38～46	49～63	60～80	72～96	83～113	95～129	106～146	118～162	129～179	140～196	152～212	163～229	175～245	186～262
29	38～49	49～67	59～86	69～105	80～123	90～142	100～161	110～180	120～199	130～218	140～237	150～256	160～275	169～295
	39～48	51～65	63～82	74～100	86～117	98～134	110～151	122～168	134～185	146～202	158～219	170～236	182～253	194～270
30	40～50	51～69	61～89	72～108	83～127	93～147	104～166	114～186	125～205	135～225	145～245	156～264	166～284	176～304
	41～49	53～67	65～85	77～103	90～120	102～138	114～156	127～173	139～191	151～209	164～226	176～244	189～261	201～279
31	41～51	52～72	64～91	75～111	86～131	97～151	108～171	119～191	130～211	140～232	151～252	162～272	173～292	183～313
	42～51	55～69	67～88	80～106	93～124	106～142	119～160	131～179	144～197	157～215	170～233	183～251	196～269	208～288
32	42～54	54～74	66～94	77～115	89～135	100～156	112～176	123～197	134～218	146～238	157～259	168～280	179～301	190～322
	43～53	56～72	70～90	83～109	96～128	109～147	123～165	136～184	149～203	163～221	176～240	189～259	202～278	216～296
33	44～55	56～76	68～97	80～118	92～139	104～160	116～181	128～202	139～224	151～245	163～266	174～288	186～309	197～331
	45～54	58～74	72～93	86～112	99～132	113～151	127～176	141～189	154～209	168～226	182～247	196～266	209～286	223～305
34	45～57	58～78	70～100	83～121	95～143	108～164	120～186	132～208	144～230	156～252	168～274	180～296	192～318	204～340
	46～56	60～76	74～96	88～116	103～135	117～155	131～175	145～195	159～215	174～234	188～254	202～274	216～294	231～313
35	47～58	60～80	73～102	86～124	98～147	111～169	124～191	136～214	149～236	161～259	174～281	186～304	199～326	211～349
	48～57	62～78	77～98	91～119	106～139	121～159	135～180	150～200	165～220	179～241	194～261	209～281	223～302	238～322
36	48～60	62～82	75～105	88～128	102～150	115～173	128～196	141～219	154～242	167～265	180～288	193～311	205～335	218～358
	49～59	64～80	79～101	94～122	109～143	124～164	139～185	155～205	170～226	185～247	200～268	215～289	230～310	245～331
37	50～61	63～85	77～108	91～131	105～154	118～178	132～201	145～225	159～248	172～272	185～296	199～319	212～343	225～367
	51～60	66～82	81～104	97～125	112～147	128～168	144～189	159～211	175～232	190～254	206～275	222～296	237～318	253～339
38	51～63	65～87	80～110	94～134	108～158	122～182	136～206	150～230	164～254	177～279	191～303	205～327	219～351	232～376
	52～62	68～84	84～105	100～128	116～150	132～172	148～194	164～216	180～238	196～260	212～282	228～304	244～326	260～348

附录 6　顺位检验法检验表（α＝1%）

评价员数 q	\ 样品数 p → 2	3	4	5	6	7	8	9	10	11	12	13	14	15
2	…	…	…	…	…	…	…	…	3~19	3~21	3~23	3~26	3~27	3~29
3	…	…	…	…	…	…	…	…	4~29	4~32	4~35	4~38	4~41	4~44
	…	…	…	4~14	4~17	4~20	5~22	5~25	6~27	6~30	6~33	7~35	7~38	7~41
4	…	…	…	5~19	5~23	5~27	6~30	6~34	6~38	6~42	7~45	7~49	7~53	7~57
	…	…	5~15	6~18	6~22	7~25	8~28	8~32	9~35	10~38	10~42	11~45	12~48	13~51
5	…	…	6~19	7~23	7~28	8~32	8~37	9~41	9~46	10~50	10~55	11~59	11~64	12~68
	…	6~14	7~18	8~22	9~26	10~30	11~34	12~38	13~42	14~46	15~50	16~54	17~58	18~62
6	…	7~17	8~22	9~27	9~33	10~38	11~43	12~48	13~53	13~59	14~64	15~69	16~74	16~80
	…	8~16	9~21	10~26	12~30	13~35	14~40	16~44	17~49	18~54	20~58	21~63	23~67	24~72
7	…	8~20	10~25	11~31	12~37	13~43	14~49	15~55	16~61	17~67	18~73	19~79	20~85	21~91
	8~13	9~19	11~24	12~30	14~35	16~40	18~45	19~51	21~56	23~61	25~66	26~72	28~77	30~82
8	9~15	10~22	11~29	13~35	14~42	16~48	17~55	19~61	20~68	21~75	23~81	24~88	25~95	27~101
	9~15	11~21	13~27	15~33	17~39	19~45	21~51	23~57	25~63	28~68	30~74	32~80	34~86	36~92
9	10~17	12~24	13~32	15~39	17~46	19~53	21~60	22~68	24~75	26~82	27~90	29~97	31~104	32~112
	10~17	12~24	15~30	17~37	20~43	22~50	25~56	27~63	30~69	32~76	35~82	37~89	40~95	42~102
10	11~19	13~27	15~35	18~42	20~50	22~58	24~66	26~74	28~82	30~90	32~98	34~106	36~114	38~122
	11~19	14~26	17~33	20~40	23~47	25~55	28~62	31~69	34~76	37~83	40~90	42~98	46~104	49~111
11	12~21	15~29	17~38	20~46	22~55	25~63	27~72	30~80	32~89	34~98	37~106	39~115	41~124	44~132
	13~20	16~28	19~36	22~44	25~52	28~60	32~67	34~76	39~82	42~90	45~98	48~106	52~113	55~121
12	14~22	17~31	19~41	22~50	25~59	28~68	31~77	33~87	36~96	39~105	42~114	44~124	47~133	50~142
	14~22	18~30	21~39	25~47	28~56	32~64	36~72	39~81	43~89	47~97	50~106	54~114	58~122	62~130

续表

评价员数 q	样品数 p													
	2	3	4	5	6	7	8	9	10	11	12	13	14	15
13	15 ~ 24	18 ~ 34	21 ~ 44	25 ~ 53	28 ~ 63	31 ~ 73	34 ~ 83	37 ~ 93	40 ~ 103	43 ~ 113	46 ~ 123	50 ~ 132	53 ~ 142	56 ~ 152
	15 ~ 24	19 ~ 33	23 ~ 42	27 ~ 51	31 ~ 60	35 ~ 69	39 ~ 78	44 ~ 86	48 ~ 96	52 ~ 104	56 ~ 113	60 ~ 122	64 ~ 131	68 ~ 140
14	16 ~ 26	20 ~ 36	24 ~ 46	27 ~ 57	31 ~ 67	34 ~ 78	38 ~ 88	41 ~ 99	45 ~ 109	48 ~ 120	51 ~ 131	55 ~ 141	58 ~ 152	62 ~ 162
	17 ~ 25	21 ~ 35	25 ~ 45	30 ~ 54	34 ~ 64	39 ~ 73	43 ~ 83	48 ~ 92	52 ~ 103	57 ~ 111	61 ~ 121	66 ~ 130	71 ~ 140	75 ~ 149
15	18 ~ 27	22 ~ 38	26 ~ 49	30 ~ 60	34 ~ 71	37 ~ 83	41 ~ 94	45 ~ 105	49 ~ 116	53 ~ 127	57 ~ 138	60 ~ 150	64 ~ 161	68 ~ 172
	18 ~ 27	23 ~ 37	28 ~ 47	32 ~ 58	37 ~ 68	42 ~ 78	47 ~ 88	52 ~ 98	57 ~ 108	62 ~ 118	67 ~ 128	72 ~ 138	76 ~ 149	81 ~ 159
16	19 ~ 29	23 ~ 41	28 ~ 52	32 ~ 64	36 ~ 76	41 ~ 87	45 ~ 99	49 ~ 111	53 ~ 123	57 ~ 135	62 ~ 146	66 ~ 158	70 ~ 170	74 ~ 182
	19 ~ 29	25 ~ 39	30 ~ 50	35 ~ 61	40 ~ 72	46 ~ 82	51 ~ 93	56 ~ 104	61 ~ 115	67 ~ 125	72 ~ 136	77 ~ 147	83 ~ 157	88 ~ 168
17	20 ~ 31	25 ~ 43	30 ~ 55	35 ~ 67	39 ~ 80	44 ~ 92	49 ~ 104	53 ~ 117	58 ~ 129	62 ~ 142	67 ~ 154	71 ~ 167	76 ~ 179	80 ~ 192
	21 ~ 30	26 ~ 42	32 ~ 53	38 ~ 64	42 ~ 77	49 ~ 87	55 ~ 98	60 ~ 110	66 ~ 121	72 ~ 132	78 ~ 143	83 ~ 155	89 ~ 166	95 ~ 177
18	22 ~ 32	27 ~ 45	32 ~ 58	37 ~ 71	42 ~ 84	47 ~ 97	52 ~ 110	57 ~ 123	62 ~ 136	67 ~ 149	72 ~ 162	77 ~ 175	82 ~ 188	86 ~ 202
	22 ~ 32	28 ~ 44	34 ~ 56	40 ~ 68	46 ~ 80	52 ~ 92	59 ~ 103	65 ~ 115	71 ~ 127	77 ~ 139	83 ~ 151	89 ~ 163	95 ~ 175	102 ~ 186
19	23 ~ 34	29 ~ 47	34 ~ 61	40 ~ 74	45 ~ 88	50 ~ 102	56 ~ 115	61 ~ 129	67 ~ 142	72 ~ 156	77 ~ 170	82 ~ 184	88 ~ 197	93 ~ 211
	24 ~ 33	30 ~ 46	36 ~ 59	43 ~ 71	49 ~ 84	56 ~ 96	62 ~ 109	69 ~ 121	76 ~ 133	82 ~ 146	89 ~ 158	95 ~ 171	102 ~ 183	108 ~ 196
20	24 ~ 36	30 ~ 50	36 ~ 64	42 ~ 78	48 ~ 92	54 ~ 106	60 ~ 120	65 ~ 135	71 ~ 149	77 ~ 163	82 ~ 178	88 ~ 192	94 ~ 206	99 ~ 221
	25 ~ 35	32 ~ 48	38 ~ 62	45 ~ 75	52 ~ 88	59 ~ 101	66 ~ 114	73 ~ 127	80 ~ 140	87 ~ 153	94 ~ 166	101 ~ 179	108 ~ 192	115 ~ 205
21	26 ~ 37	32 ~ 52	38 ~ 67	45 ~ 81	51 ~ 96	57 ~ 111	63 ~ 126	69 ~ 141	75 ~ 156	82 ~ 170	88 ~ 185	94 ~ 200	100 ~ 215	106 ~ 230
	26 ~ 37	33 ~ 51	41 ~ 64	48 ~ 78	55 ~ 92	63 ~ 105	70 ~ 119	78 ~ 132	85 ~ 146	92 ~ 160	100 ~ 173	107 ~ 187	115 ~ 200	122 ~ 214
22	27 ~ 39	34 ~ 54	40 ~ 70	47 ~ 85	54 ~ 100	60 ~ 116	67 ~ 131	74 ~ 146	80 ~ 162	86 ~ 178	93 ~ 193	99 ~ 209	106 ~ 224	112 ~ 240
	28 ~ 38	35 ~ 53	43 ~ 67	51 ~ 81	58 ~ 96	66 ~ 110	74 ~ 124	82 ~ 138	90 ~ 152	98 ~ 166	106 ~ 180	113 ~ 195	121 ~ 209	129 ~ 223
23	28 ~ 41	36 ~ 56	43 ~ 72	50 ~ 88	57 ~ 104	64 ~ 120	71 ~ 136	78 ~ 152	85 ~ 168	91 ~ 185	98 ~ 201	105 ~ 217	112 ~ 233	119 ~ 249
	29 ~ 40	37 ~ 55	45 ~ 70	53 ~ 85	62 ~ 99	70 ~ 114	78 ~ 129	86 ~ 144	95 ~ 158	103 ~ 173	111 ~ 188	119 ~ 203	128 ~ 217	136 ~ 232
24	30 ~ 42	37 ~ 59	45 ~ 75	52 ~ 92	60 ~ 108	67 ~ 125	75 ~ 141	82 ~ 158	89 ~ 175	96 ~ 192	104 ~ 208	111 ~ 225	118 ~ 242	125 ~ 259
	30 ~ 42	39 ~ 57	47 ~ 73	56 ~ 88	65 ~ 103	73 ~ 119	82 ~ 134	91 ~ 149	99 ~ 165	108 ~ 180	117 ~ 195	126 ~ 210	134 ~ 226	143 ~ 241
25	31 ~ 44	39 ~ 61	47 ~ 78	55 ~ 95	63 ~ 112	71 ~ 129	78 ~ 147	86 ~ 164	94 ~ 181	101 ~ 199	109 ~ 216	117 ~ 233	124 ~ 251	132 ~ 268
	32 ~ 43	41 ~ 59	50 ~ 75	59 ~ 91	68 ~ 107	77 ~ 123	86 ~ 139	95 ~ 155	104 ~ 171	113 ~ 187	123 ~ 202	132 ~ 218	141 ~ 234	150 ~ 250

续表

样品数 p

评价员数 q	2	3	4	5	6	7	8	9	10	11	12	13	14	15
26	33~45	41~63	49~81	57~99	66~116	74~134	82~152	90~170	98~188	106~206	114~224	122~242	130~260	138~278
	33~45	42~62	52~78	61~95	71~111	80~128	90~144	100~166	109~177	119~193	128~210	138~226	147~243	157~259
27	34~47	43~65	51~84	60~102	69~120	77~139	86~157	94~176	103~194	111~213	120~231	128~250	137~268	145~287
	35~46	44~64	54~81	64~98	74~115	84~132	94~149	104~166	114~183	124~200	134~217	144~234	154~251	164~268
28	35~49	44~68	54~86	63~105	72~124	81~143	90~162	99~181	108~200	116~220	125~239	134~258	143~277	152~296
	36~48	46~66	56~84	67~101	77~119	88~136	98~154	108~172	119~189	129~207	140~224	150~242	161~259	171~277
29	37~50	46~70	56~89	65~109	75~128	84~148	94~167	103~187	112~207	122~226	131~246	140~266	149~286	158~306
	38~49	48~68	59~86	69~105	80~123	91~141	102~159	113~177	124~195	135~213	145~232	156~250	167~268	178~286
30	38~52	48~72	58~92	68~112	78~132	88~152	98~172	107~193	117~213	127~233	136~254	146~274	155~295	165~315
	39~51	50~70	61~89	72~108	83~127	95~145	106~164	117~188	129~201	140~220	151~239	163~257	174~276	185~295
31	39~54	50~74	60~95	71~115	81~136	91~157	101~178	112~198	122~219	132~240	142~261	152~282	162~303	172~324
	40~53	51~73	63~92	75~111	85~131	98~150	110~169	122~194	133~208	145~227	157~246	169~265	180~285	192~304
32	41~55	52~76	62~98	73~119	84~140	95~161	105~183	116~204	126~226	137~246	147~269	158~290	168~312	179~333
	41~55	53~75	65~95	77~115	90~134	102~154	114~174	126~199	138~214	151~233	163~253	175~273	187~293	199~313
33	42~57	53~79	65~100	76~122	87~144	98~166	109~188	120~210	134~232	142~254	153~276	164~298	174~321	185~343
	43~56	55~77	68~97	80~118	93~138	105~159	118~179	131~205	145~220	156~240	169~260	181~281	194~301	206~322
34	44~58	55~79	67~103	78~126	90~148	102~170	113~193	125~216	136~238	147~261	158~284	170~306	181~329	192~352
	44~58	57~79	70~100	83~121	96~142	109~163	122~184	135~210	148~226	161~247	174~268	187~289	201~309	214~330
35	45~60	57~83	69~106	81~129	93~152	105~175	117~198	129~221	141~244	152~267	164~291	176~314	187~338	199~361
	46~59	59~81	72~103	86~124	99~146	113~167	126~189	140~216	153~232	167~253	180~275	193~296	207~318	221~339
36	46~62	59~85	71~109	84~132	96~156	109~179	121~203	133~227	145~251	157~275	170~298	182~322	194~346	206~370
	47~61	61~83	74~106	88~128	102~150	116~172	130~194	144~221	158~238	172~260	186~282	200~304	214~326	228~348
37	48~63	61~87	74~111	86~136	99~160	112~184	125~208	138~233	150~257	163~281	175~306	188~330	200~355	213~379
	48~63	63~85	77~108	91~131	105~154	120~176	134~199	149~227	163~244	177~267	192~288	206~312	221~334	235~357
38	49~65	62~90	76~114	89~139	102~164	116~188	130~213	142~239	155~263	168~288	181~318	194~338	207~363	219~389
	50~64	64~83	79~111	94~134	109~157	123~181	138~204	153~233	168~250	183~273	198~296	213~319	227~323	242~366

附录7 斯图登斯化范围表

$q(p,f,0.05)$

自由度 f	样品数 p											
	2	3	4	5	6	7	8	9	10	12	15	20
1	18.00	27.0	32.8	37.1	40.4	43.1	45.4	47.4	49.1	52.0	55.4	59.6
2	6.09	8.3	9.8	10.9	11.7	12.4	13.0	13.5	14.0	14.7	15.7	16.8
3	4.50	5.91	6.82	7.50	8.04	8.48	8.85	9.18	9.46	9.95	10.52	11.24
4	3.93	5.04	5.76	6.29	6.71	7.05	7.35	7.60	7.83	8.21	8.66	9.23
5	3.64	4.60	5.22	5.67	6.03	6.38	6.58	6.80	6.99	7.32	7.72	8.21
6	3.46	4.34	4.90	5.31	5.63	5.89	6.12	6.32	6.49	6.79	7.14	7.59
7	3.34	4.16	4.68	5.06	5.36	5.61	5.82	6.00	6.16	6.43	6.76	7.17
8	3.26	4.04	5.43	4.89	5.17	5.40	5.60	5.77	5.92	6.18	4.48	6.87
9	3.20	3.95	4.42	4.76	5.02	5.24	5.43	5.60	5.74	5.98	6.28	6.64
10	3.15	3.88	4.33	4.65	4.91	5.12	5.30	5.46	5.60	5.83	6.11	6.47
11	3.11	3.82	4.26	4.57	4.82	5.03	5.20	5.35	5.49	5.71	5.99	6.33
12	3.08	3.77	4.20	4.51	4.75	4.95	5.12	5.27	5.40	5.62	5.88	6.21
13	3.06	3.73	4.15	4.45	4.69	4.88	5.05	5.19	5.32	5.53	5.79	6.11
14	3.03	3.70	4.11	4.41	4.64	4.88	4.99	5.13	5.25	5.46	5.72	6.03
15	3.01	3.67	4.08	4.37	4.60	4.78	4.94	5.08	5.20	5.40	5.65	5.96
16	3.00	3.65	4.05	4.30	4.56	4.74	4.90	5.03	5.15	5.35	5.59	5.90
17	2.98	3.63	4.02	4.30	4.52	4.71	4.86	4.99	5.11	5.31	5.55	5.84
18	2.97	3.61	4.00	4.28	4.49	4.67	4.82	4.96	5.07	5.27	5.50	5.79
19	2.96	3.59	3.98	4.25	4.47	4.65	4.79	4.92	5.07	5.23	5.46	5.75
20	2.95	3.58	3.96	4.23	4.45	4.62	4.77	4.90	5.01	5.20	5.43	5.71
24	2.92	3.53	3.90	4.17	4.37	4.54	4.68	4.81	4.92	5.10	5.32	5.59
30	2.89	3.49	3.84	4.10	4.30	4.46	4.60	4.72	4.83	5.00	5.21	5.48
40	2.86	3.44	3.79	4.04	4.23	4.39	4.52	4.63	4.74	4.91	5.11	5.36
60	2.83	3.40	3.74	3.93	4.16	4.31	4.44	4.55	4.65	4.81	5.00	5.24
120	2.80	3.36	3.84	3.92	4.10	4.24	4.36	4.48	4.56	4.72	4.90	5.13
∞	2.77	3.31	3.63	3.88	4.03	4.17	4.29	4.39	4.47	4.62	4.80	5.01

附录8　随机数表

	00　04	05　09	10　14	15　19	20　24	25　29	30　34	35　39	40　44	45　49
00	39591	66082	48626	95780	55228	87189	75717	97042	19696	48613
01	46304	97377	43462	21739	14566	72533	60171	29024	77581	72760
02	99547	60779	22734	23678	44895	89767	18249	41702	35850	40543
03	06743	63537	24553	77225	94743	79448	12753	95986	78088	48019
04	69568	65496	49033	88577	98606	92156	08846	54912	12691	13170
05	68198	69571	34349	73141	42640	44721	30462	35075	33475	47407
06	27974	12609	77428	64441	49008	60489	66780	55499	80842	57706
07	50552	20688	02769	63037	15494	71784	70559	58158	53437	46216
08	74687	02033	98290	62635	88877	28599	63682	35566	03271	05651
09	49303	76629	71897	50990	62923	36686	96167	11492	90333	84501
10	89734	39183	52026	14997	15140	18250	62831	51236	61236	09179
11	74042	40747	02617	11346	01884	82066	55913	72422	13971	64209
12	84706	31375	67053	73367	95349	31074	36908	42782	89690	48002
13	83664	21365	28882	48926	45435	60577	85270	02777	06878	27561
14	47813	74854	73388	11385	99108	97878	32858	17473	07682	20166
15	00371	56525	38880	53702	09517	47281	15995	98350	25233	79718
16	81182	48434	27431	55806	25389	20774	72978	16835	60566	28732
17	75242	35904	73077	24537	81354	48902	03478	42867	04552	66034
18	96239	80246	07000	09555	55051	49596	44629	88225	28195	44598
19	82988	17440	85311	03360	38176	51462	86070	03924	84413	92363
20	77599	29143	89088	57593	60036	17297	30923	36224	46327	96266
21	61433	33118	53488	82981	44709	63655	64388	00498	14135	57514
22	76008	15045	45440	84062	52363	18079	33726	44301	86246	99727
23	26494	76598	85834	10844	56300	02244	72118	96510	98388	80161
24	46570	88558	77533	33359	07830	84752	53260	46755	36881	98535
25	73995	41532	87933	79930	14310	64333	49020	70067	99726	97007
26	53901	38276	75544	19679	82899	11365	22896	42118	77165	08734
27	41925	28215	40966	93501	45446	27913	21708	01788	81404	15119
28	80720	02782	24326	41328	10357	86883	80086	77138	67072	12100
29	92596	39416	50362	04423	04561	58179	54188	44978	14322	97056
30	39693	58559	45839	47278	38548	33385	19875	26829	86711	57005
31	86923	37863	14340	30927	04079	65274	03030	15106	09362	82972
32	99700	79237	18172	58879	56221	65644	33331	87502	32961	40996

	00 04	05 09	10 14	15 19	20 24	25 29	30 34	35 39	40 44	45 49
33	60248	21953	52321	16987	03252	80433	97304	50181	70162	01946
34	29136	71987	03992	47025	31070	78348	47823	11033	13037	47732
35	57471	42913	85212	42319	92901	97727	04775	94396	38154	25238
36	57424	93847	03269	56096	95028	14039	76128	63747	27301	65529
37	56768	71694	63361	80836	30841	71875	40944	54827	01887	54822
38	70400	81534	02148	41441	26582	27481	84262	14084	42409	62950
39	05454	88418	48646	99565	36635	85469	18894	77271	26894	00889
40	80934	56136	47063	96311	19067	59790	08752	68040	85685	83076
41	06919	46237	50676	11238	75637	43086	95323	52867	06891	32089
42	00152	23997	41751	74756	50975	75365	70158	67663	51431	46375
43	88505	74625	71783	82511	13661	63178	39291	76796	74736	10980
44	64514	80967	33545	09582	86329	58152	05931	35961	70069	12142
45	25280	53007	99651	96366	49378	80971	10419	12981	70572	11575
46	71292	63716	93210	59312	39493	24252	54849	29754	41497	79228
47	49734	50498	08974	05904	68172	02864	10994	22482	12912	17920
48	43075	09754	71880	92614	99928	94424	86353	87549	94499	11459
49	15116	16643	03981	06566	14050	33671	03814	48856	41267	76252

参考文献

[1] 徐树来，王永华. 食品感官分析与实验. 第 2 版. 北京：化学工业出版社，2009.

[2] 李云飞，殷永光，徐树来. 食品物性学. 第 2 版. 北京：中国轻工业出版社，2017.

[3] 傅德成，等. 食品质量感官鉴别知识问答. 北京：中国标准出版社，2001.

[4] Harry T. Lawless, Hildegrads Heymann 著. 食品感官评价原理与技术. 王栋，等译. 北京：中国轻工业出版社，2001.

[5] 林翔云. 日用品加香. 北京：化学工业出版社, 2003.

[6] 陈幼春，等. 食物品评指南. 北京：中国农业出版社, 2003.

[7] K. Khodabandehloo. *Robotics in Meat, Fish and Poultry Processing*. UK : Blackie Academic and Professional, 1993.

[8] 王永华，戚穗坚. 食品风味化学. 北京：中国轻工业出版社，2015.

[9] 李里特. 食品物性学. 北京：中国农业出版社，2001.

[10] 王俊，等. 电子鼻与电子舌在食品检测中的应用研究进展. 农业工程学报，2004，20（2）：292-295.

[11] 周亦斌，王俊. 电子鼻在食品感官检测中的应用进展. 食品与发酵工业，2004，30（2）：129-131.

[12] 藤炯华，等. 基于电子舌的饮料识别技术. 测控技术，2004，30（11）：4-5.

[13] 胡永红，等. 综合评价方法. 北京：科学出版社，2000：12-20.

[14] ZHAO Lei. Sensory Analysis: Frontier, Technology and Standardization. // International Workshop on Sensory Science. April 27-28, 2018, Beijing, China.

[15] Thomas Carr. Issues to Consider When Relating Consumer and Sensory // Date and Statistical Methods to Deal with them. // International Workshop on Sensory Science. April 27-28, 2018, Beijing, China.